高等院校艺术设计类"十四五"新形态特色教材

园林规划设计实用软件教程

主　编　杜　娟　刘　澜
副主编　李钏源　白　天　华　予　董则奉　汤　鹏

中国水利水电出版社
www.waterpub.com.cn
·北京·

内 容 提 要

本书以园林规划设计实践的软件操作为主线,从方案生成、空间建模、空间渲染、效果表达、图文排版、空间分析、施工设计 7 个工作面向出发,以实用性为原则,筛选出各个工作环节中使用较为广泛的 AutoCAD、SketchUp、Lumion、Adobe Photoshop、InDesign、ArcGIS 以及 Autodesk Revit 软件,分别从知识、技能、应用 3 个模块,梳理出这些软件在风景园林规划设计领域所涉及的核心功能和操作技巧。

本书提供与章节内容配套的 101 节微课程及大量练习素材,为学习者搭建系统且详细的实训平台,通过引入应用实例,建联软件技能与规划设计需求的支撑关系,提高学习者适应行业发展不断拓宽的能力。本书可供风景园林及相关专业学习者使用,也可供相关专业从业人员自学使用。

图书在版编目(CIP)数据

园林规划设计实用软件教程 / 杜娟, 刘澜主编.
北京 : 中国水利水电出版社, 2025. 3. -- ISBN 978-7
-5226-2849-3
Ⅰ. TU986-39
中国国家版本馆CIP数据核字第2024PG8758号

书　　名	高等院校艺术设计类"十四五"新形态特色教材 **园林规划设计实用软件教程** YUANLIN GUIHUA SHEJI SHIYONG RUANJIAN JIAOCHENG
作　　者	主　编　杜　娟　刘　澜 副主编　李钏源　白　天　华　予　董则奉　汤　鹏
出版发行	中国水利水电出版社 (北京市海淀区玉渊潭南路1号D座　100038) 网址:www.waterpub.com.cn E-mail:sales@mwr.gov.cn 电话:(010)68545888(营销中心)
经　　售	北京科水图书销售有限公司 电话:(010)68545874、63202643 全国各地新华书店和相关出版物销售网点
排　　版	中国水利水电出版社微机排版中心
印　　刷	清淞永业(天津)印刷有限公司
规　　格	210mm×285mm　16开本　12印张　355千字
版　　次	2025年3月第1版　2025年3月第1次印刷
印　　数	0001—2000册
定　　价	**58.00元**

凡购买我社图书,如有缺页、倒页、脱页的,本社营销中心负责调换
版权所有·侵权必究

本书编委会

主　编

杜　娟　云南农业大学　教授

刘　澜　三江学院　副教授

副主编

李钏源　三江学院　讲师

白　天　云南农业大学　副教授

华　予　淮阴工学院　讲师

董则奉　上海园林（集团）有限公司　高级工程师

汤　鹏　南京开放大学　讲师

参　编

朴恩庆　PARK EUNKYOUNG 韩国尚志大学　教授

曾　莉　陕西科技大学　教授

沙金明　两朵小云教育科技发展（昆明）有限公司　景观设计师

夏涛东　两朵小云教育科技发展（昆明）有限公司　景观设计师

杨宇杰　上海园林（集团）有限公司　工程师

倪　明　杭州园林设计院股份有限公司　高级工程师

杨峻明　湛江科技学院　助教

王嘉鑫　云南农业大学　科研助理

前　言

在这个快速发展的数字化时代，技术的革新不断推动着各行各业的进步与转型。园林规划设计领域亦是如此。数字技术尤其是各类设计软件的快速发展与广泛应用，已经深刻改变了风景园林规划设计的流程和工作方式。对设计人员而言，往往需要同时掌握多种软件的操作技能才能应对未来不同尺度和类型的风景园林规划设计的实践需求。因此，为提升专业学习者在规划设计领域的数字技术应用能力，编者集成了规划设计各实操环节中的常用软件，编写了《园林规划设计实用软件教程》教材，主要供风景园林及相关专业学习者使用，也可供专业从业人员自学使用。

本教材顺应风景园林专业新形态教材研发趋势，着眼知识更新及时、学习内容丰富、学习环境可交互，按照数字化、网络化和交互性的要求，以学习者的能力提升为中心，根据学习目标搭建符合其进阶认知模式的"模块化"教材结构，纳入风景园林行业功能延伸拓展中的多个实践领域，拆解各个软件的基础知识、操作技能和专业应用，配套"微课链"讲解，构建辅助学习者有的放矢高效自学的资源指引，同时在软件应用场景中通过衔接专业核心知识单元，以解决实际问题为导向，避免学习者一味追求软件操作技能而忽视"发现—分析—解决"问题能力的系统化训练，从而导致软件技能无法有效输出规划与设计信息的问题。

本教材共设7章，以园林规划设计实践的软件操作为主线，从方案生成、空间建模、空间渲染、效果表达、图文排版、空间分析、施工设计7个工作面出发，以实用性为原则，筛选出各个工作环节中使用较为广泛的AutoCAD、SketchUp、Lumion、Adobe Photoshop、InDesign、ArcGIS以及Autodesk Revit软件，分别从知识、技能、应用3个模块，梳理出这些软件在风景园林规划设计领域所涉及的核心功能和操作技巧，并提供与章节内容配套的101节微课程及大量练习素材，为学习者搭建系统且详细的实训平台。通过引入应用实例，建联软件技能与规划设计需求的支撑关系，提高学习者吸纳相关学科知识集成创新，适应行业发展边界不断拓宽的能力。

本教材编写团队由来自多个高校的一线教师、设计行业的高级工程师、软件培训机构的资深教师共同组成，不仅拥有深厚的园林规划设计理论知识和教学经验，同时也具备丰富的专业实践经验。这一"跨界"合作确保了教材内容的专业性、实用性、权威性和前瞻性，并充分考虑理实一体化的呈现，着力建设数字化教学资源，为学习者提供前沿的知识和技能，使教材贴近专业人才培养目标和行业发展需求。

希望本教材成为支撑学习者自主学习的"参考书"、服务学习者建立专业系统认知的"说明书"、辅助学习者以目标学习为导向的"指导书"、指引学习者知识整合集成输出的"拓展书"，从而激发学习者积极探索软件学习的深度和广度，提升作为风景园林从业者的数智素养和技能水平。

教材编写是一项探索性工作，其中定会存在疏漏和不足，还需在教学和专业实践中不断改进完善，恳请广大读者在使用过程中指正并提出宝贵意见。

编 者

2024 年 8 月

目　录

前言

第 1 章　方案生成——AutoCAD 软件 … 1
1.1　AutoCAD 的基础操作 … 1
1.1.1　AutoCAD 的功能 … 1
1.1.2　AutoCAD 的界面与绘图环境 … 2
1.1.3　AutoCAD 的基本操作 … 2
1.1.4　园林规划设计中 AutoCAD 高频绘图命令 … 5
1.2　园林景观平面图的绘制 … 7
1.2.1　方案平面图的绘制 … 7
1.2.2　方案平面图的完善 … 9
1.2.3　方案平面图的打印 … 10
1.3　园林景观施工图的绘制 … 12
1.3.1　园林景观施工图的文本制作 … 12
1.3.2　园林景观施工图的平面图绘制 … 13
1.3.3　园林景观施工分项设计图的绘制 … 17
1.3.4　园林景观施工图的打印输出 … 21

第 2 章　空间建模——SketchUp 软件 … 23
2.1　SketchUp 的基础操作 … 23
2.1.1　SketchUp 的基本原理 … 23
2.1.2　SketchUp 界面与绘图环境 … 23
2.1.3　SketchUp 的工具栏介绍 … 25
2.1.4　SketchUp 的基础出图操作 … 26
2.2　SketchUp 的进阶操作 … 27
2.2.1　SketchUp 的进阶工具 … 27
2.2.2　SketchUp 模型的导入 … 30
2.2.3　SketchUp 插件的介绍 … 31
2.2.4　SketchUp 更多插件的介绍 … 32
2.3　SketchUp 的拓展操作 … 35
2.3.1　SketchUp 样式与场景工具的介绍 … 35
2.3.2　SketchUp 材质与光影工具的介绍 … 35
2.3.3　SketchUp 出图与渲染工具的介绍 … 36
2.3.4　SketchUp 动画漫游与导出工具的介绍 … 38

第 3 章　空间渲染——Lumion 软件 … 41
3.1　Lumion 软件的基本操作 … 41

  3.1.1 Lumion 的基础认识 ··· 41
  3.1.2 Lumion 的操作环境 ··· 42
  3.1.3 Lumion 的模型调节 ··· 45
  3.1.4 Lumion 的材质系统 ··· 49
  3.1.5 Lumion 的场景创建与编辑 ·· 51
  3.1.6 Lumion 的特效系统 ··· 54
 3.2 Lumion 园林景观静帧效果图渲染 ·· 58
  3.2.1 渲染的工作流程 ·· 58
  3.2.2 场景的参数调节 ·· 59
  3.2.3 场景的环境布置及出图 ·· 62
 3.3 Lumion 在园林景观动画漫游中的应用 ·· 65
  3.3.1 动画漫游在园林景观的应用 ··· 65
  3.3.2 场景的参数调节 ·· 66
  3.3.3 场景的环境布置 ·· 68
  3.3.4 场景的优化出图 ·· 70

第 4 章 效果表达——Adobe Photoshop 软件 ··· 73
 4.1 Photoshop 的基础操作 ··· 73
  4.1.1 Photoshop 的基本功能 ··· 73
  4.1.2 Photoshop 的界面及文件保存 ··· 74
  4.1.3 图层和选区的使用方法及技巧 ·· 76
 4.2 Photoshop 的进阶操作 ··· 80
  4.2.1 绘图命令 ··· 80
  4.2.2 编辑命令 ··· 81
  4.2.3 命令应用——现场照片转效果图 ······································ 89
 4.3 Photoshop 的应用操作 ··· 92
  4.3.1 园林景观平面效果图的绘制 ··· 92
  4.3.2 园林景观剖立面效果图的绘制 ·· 97
  4.3.3 园林景观透视效果图的绘制 ··· 101

第 5 章 图文排版——InDesign 软件 ·· 104
 5.1 InDesign 软件的基础操作 ·· 104
  5.1.1 InDesign 排版方式的介绍 ··· 104
  5.1.2 InDesign 工作区与首选项的介绍 ······································· 105
  5.1.3 InDesign 菜单栏的介绍 ·· 106
  5.1.4 InDesign 的基本排版出图方式的介绍 ······························· 108
 5.2 InDesign 的进阶操作 ··· 110
  5.2.1 文本版式设计的技巧 ·· 110
  5.2.2 横向版式设计的技巧 ·· 110
  5.2.3 展板版式设计的技巧 ·· 111
  5.2.4 掌握版式出图的技巧 ·· 114
 5.3 InDesign 的拓展操作 ··· 117
  5.3.1 方案阶段文本框架逻辑的介绍 ·· 117

5.3.2　方案阶段的文本制作方式解读 …………………………………………………… 117

第6章　空间分析——ArcGIS软件　118

6.1　ArcGIS的基本介绍　118
　　6.1.1　ArcGIS的主要功能 …………………………………………………………………… 118
　　6.1.2　ArcGIS的核心应用程序 ……………………………………………………………… 119
　　6.1.3　ArcCatalog的功能和操作 …………………………………………………………… 119
　　6.1.4　ArcMap的功能和基础操作 …………………………………………………………… 120

6.2　ArcGIS的进阶操作　122
　　6.2.1　影像处理 ………………………………………………………………………………… 122
　　6.2.2　地形分析 ………………………………………………………………………………… 125
　　6.2.3　地理配准 ………………………………………………………………………………… 128
　　6.2.4　插值分析 ………………………………………………………………………………… 128
　　6.2.5　空间统计 ………………………………………………………………………………… 129
　　6.2.6　水文分析 ………………………………………………………………………………… 130
　　6.2.7　拓扑分析 ………………………………………………………………………………… 132
　　6.2.8　网络分析 ………………………………………………………………………………… 135
　　6.2.9　视域分析 ………………………………………………………………………………… 137

6.3　ArcGIS的应用实例　140
　　6.3.1　遥感影像波段合成 ……………………………………………………………………… 140
　　6.3.2　最大似然法分类 ………………………………………………………………………… 141
　　6.3.3　Iso聚类非监督分类 …………………………………………………………………… 143
　　6.3.4　标准出图设置 …………………………………………………………………………… 145

第7章　施工设计——Autodesk Revit软件　149

7.1　Revit软件的基础知识　149
　　7.1.1　Revit软件的基础认识 ………………………………………………………………… 149
　　7.1.2　Revit软件的操作准备 ………………………………………………………………… 151
　　7.1.3　Revit软件的基础操作 ………………………………………………………………… 155

7.2　园林景观模型的建立　162
　　7.2.1　园林景观模型建立的基本流程 ………………………………………………………… 162
　　7.2.2　简单结构模型的建立 …………………………………………………………………… 163
　　7.2.3　复杂结构模型的建立 …………………………………………………………………… 167

7.3　在园林景观工程施工中的应用　174
　　7.3.1　Revit的应用说明 ……………………………………………………………………… 174
　　7.3.2　施工阶段应用场景 ……………………………………………………………………… 176

微 课 程 目 录

第 1 章 方案生成——AutoCAD 软件

编　号	资　源　名　称	页　码
微课程 1.1	章节内容介绍	1
微课程 1.2	绘图环境设置说明	2
微课程 1.3	AutoCAD 图层使用说明	4
微课程 1.4	AutoCAD 绘图命令介绍	5
微课程 1.5	AutoCAD 编辑命令介绍	6
微课程 1.6	AutoCAD 综合操作使用说明	6
微课程 1.7	天正软件辅助绘图的介绍	7
微课程 1.8	UCS 的概念与应用	8
微课程 1.9	平面方案线稿的生成	9
微课程 1.10	方案平面图的标注与填充	9
微课程 1.11	方案平面图的打印	10
微课程 1.12	施工图封面、目录及设计说明的制作操作演示	13
微课程 1.13	园林景观施工图中地形的绘制演示	14
微课程 1.14	园林景观施工图中道路与广场的填充演示	15
微课程 1.15	园林景观施工图的案例绘制演示（1）	16
微课程 1.16	园林景观施工图的案例绘制演示（2）	16
微课程 1.17	园林景观竖向设计图的绘制	17
微课程 1.18	园林景观施工图案例的打印演示	21
第 1 章	素材库	22

第 2 章 空间建模——SketchUp 软件

编　号	资　源　名　称	页　码
微课程 2.1	章节内容介绍	23
微课程 2.2	SketchUp 绘图环境设置说明	24
微课程 2.3	绘图工具栏的介绍	25
微课程 2.4	编辑工具栏的介绍	26
微课程 2.5	SketchUp 的基础出图操作	26
微课程 2.6	SketchUp 进阶工具的介绍	30
微课程 2.7	SketchUp 插件安装以及封面插件的操作说明	31
微课程 2.8	SketchUp 阴影分析插件的操作说明	32

续表

编　号	资　源　名　称	页　码
微课程 2.9	SketchUp 更多插件的介绍	32
微课程 2.10	SketchUp 样式与场景工具的操作介绍	35
微课程 2.11	SketchUp 风格化出图的操作介绍	37
微课程 2.12	SketchUp 漫游与导出的操作介绍	39
第 2 章	素材库	40

第 3 章　空间渲染——Lumion 软件

编　号	资　源　名　称	页　码
微课程 3.1	章节内容介绍	41
微课程 3.2	Lumion 的工作界面介绍	42
微课程 3.3	Lumion 的视图操作介绍	44
微课程 3.4	素材库的使用	45
微课程 3.5	模型调节的操作演示	46
微课程 3.6	材质编辑面板	49
微课程 3.7	标准材质	49
微课程 3.8	景观天气面板	51
微课程 3.9	拍照面板	53
微课程 3.10	导入模型	59
微课程 3.11	构图创建	59
微课程 3.12	材质调节	61
微课程 3.13	环境布置	62
微课程 3.14	特效布置	63
微课程 3.15	批量渲染	64
微课程 3.16	模型导入	66
微课程 3.17	动画镜头创建	67
微课程 3.18	材质调节	68
微课程 3.19	场景搭配	69
微课程 3.20	植物布置	69
微课程 3.21	场景润色	70
第 3 章	素材库	72

第 4 章　效果表达——Adobe Photoshop 软件

编　号	资　源　名　称	页　码
微课程 4.1	章节内容介绍	73
微课程 4.2	文档新建与保存	74

续表

编号	资源名称	页码
微课程 4.3	图层的应用	76
微课程 4.4	选区应用	78
微课程 4.5	选区及图层练习	79
微课程 4.6	矢量绘图工具应用	80
微课程 4.7	图像编辑工具应用	81
微课程 4.8	图像调整工具应用	86
微课程 4.9	现场照片转效果图	89
微课程 4.10	绘图工具及小品效果练习	92
微课程 4.11	彩平图练习（上）	92
微课程 4.12	彩平图练习（下）	92
微课程 4.13	剖立面图练习	97
微课程 4.14	景观透视图练习	101
微课程 4.15	效果图及分析图练习	103
第 4 章	素材库	103

第 5 章　图文排版——InDesign 软件

编号	资源名称	页码
微课程 5.1	章节内容介绍	104
微课程 5.2	工作区面板的介绍	105
微课程 5.3	菜单栏的介绍	106
微课程 5.4	基本排版出图方式的介绍	108
微课程 5.5	版式出图技巧的解读	114
微课程 5.6	方案阶段文本框架逻辑的介绍	117
微课程 5.7	方案阶段文本制作的解读（1）	117
微课程 5.8	方案阶段文本制作的解读（2）	117
微课程 5.9	方案阶段文本制作的解读（3）	117
第 5 章	素材库	117

第 6 章　空间分析——ArcGIS 软件

编号	资源名称	页码
微课程 6.1	章节内容介绍	118
微课程 6.2	影像处理	122
微课程 6.3	地形分析——DEM 的合并和裁剪	125
微课程 6.4	地形分析——坡度、坡向、等线值、山体影像分析	126

续表

编　号	资　源　名　称	页　码
微课程 6.5	地理配准	128
微课程 6.6	插值分析	128
微课程 6.7	空间统计——栅格计算器的使用	129
微课程 6.8	水文分析	130
微课程 6.9	拓扑分析	132
微课程 6.10	网络分析与路径分析	135
微课程 6.11	视域分析	137
微课程 6.12	实际应用	140
第 6 章	素材库	148

第 7 章　施工设计——Autodesk Revit 软件

编　号	资　源　名　称	页　码
微课程 7.1	章节内容介绍	149
微课程 7.2	理解族的概念	150
微课程 7.3	理解样板文件的概念	151
微课程 7.4	Revit 标准构建族的创建说明	160
微课程 7.5	Revit 图元修改工具栏说明	161
微课程 7.6	Revit 中景观地形建模操作	163
微课程 7.7	Revit 中景观园路建模操作	164
微课程 7.8	Revit 中参数化苗木建模操作	165
微课程 7.9	Revit 中景观台阶建模操作	167
微课程 7.10	Revit 中景观驳岸建模操作	167
微课程 7.11	Revit 中景观廊架建模操作	169
微课程 7.12	Revit 中综合管网建模操作	170
微课程 7.13	Revit 中的合模操作	171
微课程 7.14	园林景观工程中施工模型的应用介绍	176
第 7 章	素材库	178

第1章 方案生成——AutoCAD 软件

AutoCAD 是一款由 Autodesk 公司开发的专业的 CAD 软件，现已成为全球领先的 CAD 软件之一。AutoCAD 在园林规划设计专业中的应用非常广泛，可以快速生成设计图纸，提高设计效率；减少人工绘图带来的误差；将设计信息数字化，便于团队之间的分享和协作，便于后续检索和管理、修改和审核。

本章将以 AutoCAD 2022 版本为例进行介绍，包括了解该版本的基础功能、软件基础操作、工作界面及绘图环境的认知。

知识模块

☑ 了解 AutoCAD 功能与绘图逻辑；
☑ 熟悉 AutoCAD 界面与绘图环境；
☑ 掌握 AutoCAD 基础操作与绘图命令。

微课程 1.1
章节内容介绍

1.1 AutoCAD 的基础操作

1.1.1 AutoCAD 的功能

AutoCAD 是一款功能强大且易于使用的设计软件，具有丰富的图形编辑、制图、标注和测量工具，支持多种文件格式，如图 1.1 所示。

图 1.1 AutoCAD 2022 启动界面

1.1.2 AutoCAD 的界面与绘图环境
1.1.2.1 AutoCAD 的界面

AutoCAD 2022 的工作界面设计简洁直观，分为快速访问工具栏、功能区、标注栏、块面板、图层面板、属性控制器、命令行和状态栏等内容。快速访问工具栏提供常用命令和工具的快速访问，功能区包括常用命令、对象操作和视图操作，标注栏提供标注工具，块面板用于批量管理图形，图层面板用于控制图形的可见性和属性，属性控制器显示选定对象的属性并可进行编辑，命令行提供快速输入命令和状态信息，状态栏显示当前图形的相关信息，如图 1.2 所示。

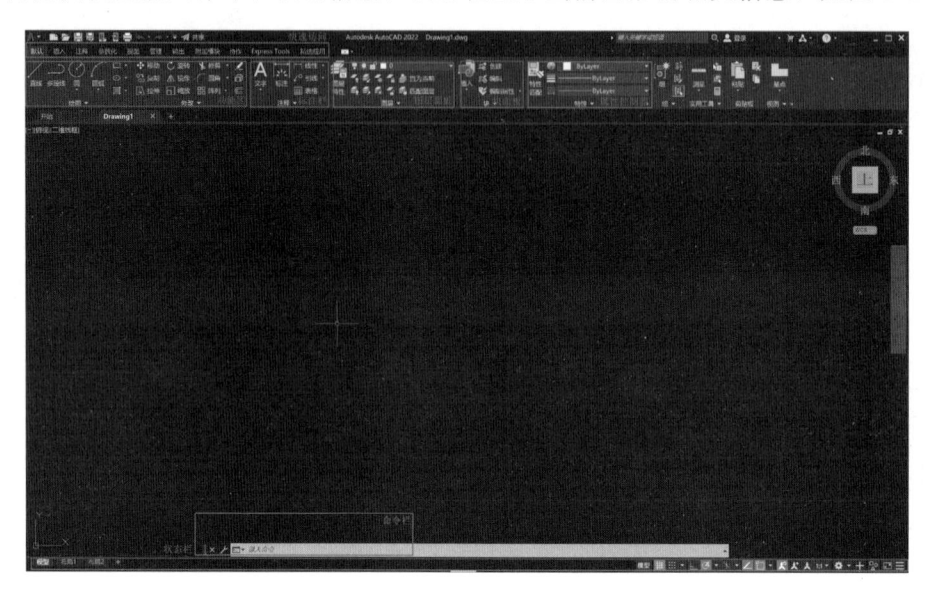

图 1.2 AutoCAD 2022 工作界面

1.1.2.2 AutoCAD 的绘图环境

在 AutoCAD 2022 中，调试绘图环境的设置可通过选项菜单栏完成。点击软件主界面上的"选项"按钮，或在命令行中输入"OPTIONS"并空格弹出绘图环境设计界面。该界面用于设置系统选项和用户参数，包括文件管理、显示设置、打印和发布配置、用户系统配置、绘图设置、三维建模、选择集管理和全局配置等，以满足用户个性化需求和控制 AutoCAD 的整体外观，如图 1.3 所示。

菜单栏中以下参数会直接影响用户的绘图环境，可选用个人喜欢的模式进行调整，如图 1.4 所示。

1.1.3 AutoCAD 的基本操作

AutoCAD 中新建文件，可以通过点击"开始"菜单中的"新建"选项，工具栏中的"新建"按钮，或在命令行中输入"新建"并按 Enter 键，也可以使用快捷键 Ctrl+N。随后，可以选择所需的模板或空白图纸来创建新文件。打开文件，通过点击"开始"菜单中的"打开"选项，工具栏中的"打开"按钮，或在命令行中输入"打开"并按回车键，也可以使用快捷键 Ctrl+O。保存文件，可在"文件"菜单中选择"保存"子菜单项，或使用快捷键 Ctrl+S，如图 1.5 所示。

1.1.3.1 鼠键的基本操作

在 AutoCAD 2022 中，鼠标是完成多数操作的主要工具之一，其操作包括选择、拖动、滚动、缩放和放缩等。鼠标左键用于选择、创建图形对象和弹出命令对话框，右键用于弹出快捷菜单和取消操作，滚轮常用于放大和缩小视图。选择对象的方法包括窗口选择和框选，前者是在屏幕上拉出一个框选择对象，后者是在图形上拉出一个矩形选择矩形内的所有对象。

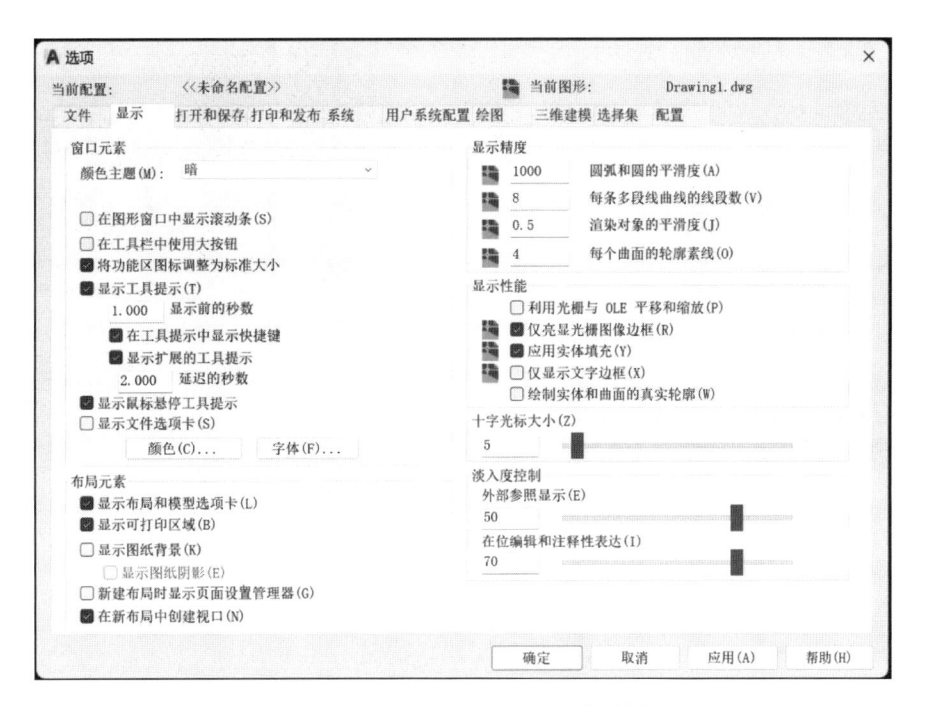

图 1.3　AutoCAD 2022 选项菜单栏

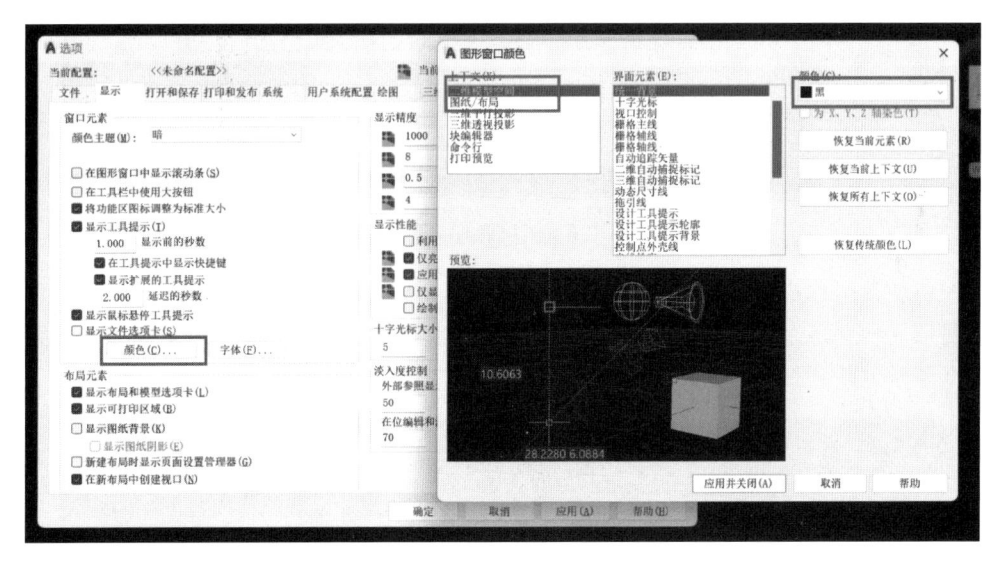

图 1.4　菜单栏设置

AutoCAD中还可以通过键盘进行操作，常用的快捷键包括 Ctrl＋S（保存文件）、Ctrl＋C（复制）、Ctrl＋V（粘贴）、Ctrl＋Z（撤销）、Ctrl＋Y（重做）、Ctrl＋A（全选）、Space（启动当前命令）和 Esc（取消当前命令）。键盘不仅可以完成命令和操作，还可以进行更精细的控制，例如键盘导航和键盘选择，以便快速选择和编辑图形。

使用快捷键的重要性在于提高工作效率和准确性。在本书的素材库中，提供了园林规划设计常用的命令快捷键，可以下载素材包以方便使用。

1.1.3.2　图层的概念和操作

AutoCAD 图层是一种强大的工具，用于管理和组织图形元素。每个图层都是一个独立的工作区域，允许用户创建不同类型的图形元素，并且可以通过单独控制它们的可见性、颜色、线型

图1.5 新建与保存CAD文件

等特性来简化图形的组织和管理。

（1）创建和管理。

通过"图层"面板可以创建、管理和编辑图层，如图1.6所示。

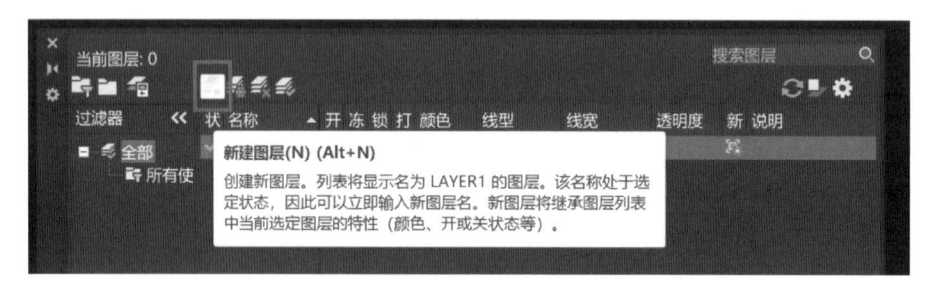

图1.6 图层管理与编辑

微课程1.3
AutoCAD
图层使用
说明

（2）图层的使用方法。

设置图层属性：可以设置图层的颜色、线型、宽度以及是否可见等属性，图层线型可在属性面板中根据要求调整，如图1.7所示。

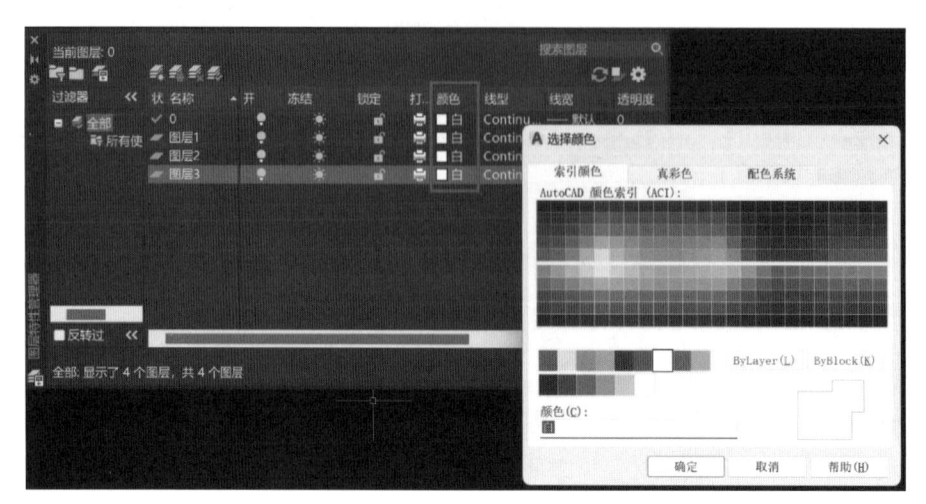

图1.7 图层设置

锁定图层：通过"图层"面板或图层管理器锁定图层，以防止对图层中的图形进行意外更改，如图 1.8 所示。

图 1.8　图层锁定

1.1.3.3　特性菜单栏的调用

AutoCAD 的特性菜单栏提供了便捷的方式来设置和修改图形对象的属性。用户可以通过该菜单栏对图形对象进行格式化，包括线型、颜色、粗细、填充等。要调整对象属性，打开对象并右键选择"属性"，或从"主页"选项卡中选择"属性"，打开特性菜单栏。在特性菜单栏中，可查看和修改对象的属性，如图层、颜色、线型等。只需在相应字段中键入新值即可完成修改。

园林规划设计 CAD 绘图中，关于线型与颜色的要求会根据不同的项目或团队而有所不同。资料库中有某公司的标准线型与颜色设置，以供下载参考，如图 1.9 所示。

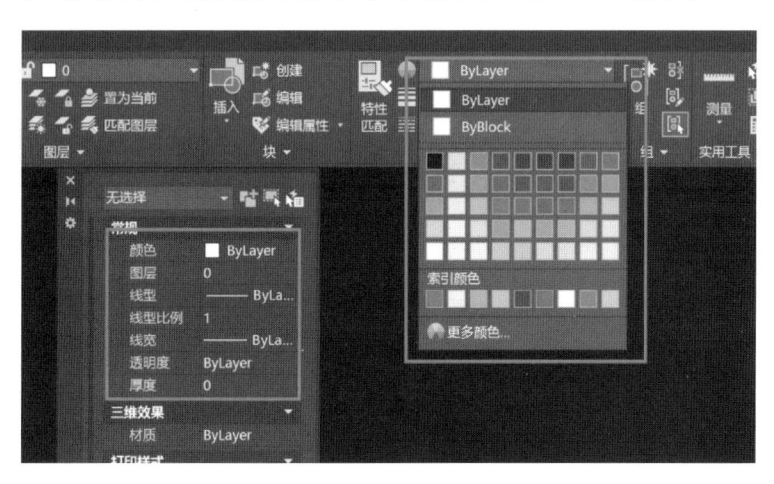

图 1.9　特性调整

1.1.4　园林规划设计中 AutoCAD 高频绘图命令

1.1.4.1　基本绘图命令

基本绘图命令包括：点、直线、圆、矩形、多段线、弧、椭圆、文字等。绘制点时，可选择"绘图"菜单中的"点"命令或直接输入"Point"，然后在图形区域中指定点的坐标位置。绘制直线可通过"绘图"菜单中的"直线"命令或直接输入"Line"，在指定起点和终点确定直线。绘制圆可选"绘图"菜单中的"圆"命令或直接输入"Circle"，然后设置圆心和半径。矩形、多段线、弧、椭圆、文字的绘制方法类似，可根据需要选择相应命令，然后根据命令提示在图形区域中进行绘制并调整属性，如图 1.10 所示。

1.1.4.2　基本编辑命令

常用的基本编辑命令包括：Erase（删除对象）、Copy（复制对象）、Move（移动对象）、Rotate（旋转对象）、Mirror（镜像对象）、Explode（爆炸对象）、Scale（缩放对象）、Stretch（拉

微课程 1.4
AutoCAD
绘图命令介绍

图 1.10　基本绘图命令位置

伸对象)、Array（阵列对象）、Offset（偏移对象）、Trim（修剪对象）、Extend（延伸对象）、Fillet（圆角对象）、Divide（定距等分）等，如图 1.11 所示。

图 1.11　基本编辑命令位置

1.1.4.3　综合操作使用说明

园林规划设计中常用的 CAD 基本查询与编辑命令包括：Matchprop（将原图形属性变成原对象属性）、Zoom（缩放视图）、Regen（重新生成图形）、Id（查询图形的细节信息）、Dist（测量图形中两点之间的距离）、List（用于计算图形面积）、Bo（用于闭合图形），这些命令可通过在命令行中输入快捷键来调用。

微课程 1.5　AutoCAD 编辑命令介绍

微课程 1.6　AutoCAD 综合操作使用说明

小　　结

本模块介绍了 AutoCAD 的基本界面，包括快速访问工具栏、功能区、标注栏、块面板、图层面板、属性控制器、命令行和状态栏等。基本操作涵盖新建文件、打开保存文件、鼠标和键盘操作、图层管理和特性菜单栏调用等。基本绘图和编辑命令如点、直线、圆、复制、移动、旋转等，是园林规划设计中常用的工具。AutoCAD 还提供了丰富的查询和测量功能，包括测量距离和计算面积等。

练习实训

1. 练习使用 CAD 的基本绘图命令，如绘制、移动、复制等。

练习使用修改命令，如旋转、缩放、拉伸等，对几何图形进行编辑。

练习使用修剪、延伸、偏移等命令，掌握对图形的修整和扩展操作。

2. 练习使用图层管理，将不同的图层分配给不同的图形元素。

练习使用填充命令，对地形图中的区域进行填充。

练习使用文本命令，标注建筑平面图中的各个部分。

3. 练习使用命令行输入命令，并熟悉CAD命令的快捷键。

练习使用数组（Array）命令创建重复图案。

练习使用镜像（Mirror）命令对图形进行镜像处理。

4. 尝试绘制自己感兴趣的图形，如动物、建筑、车辆等，以提升创造力和绘图能力。

素材库中列有CAD常用的命令及快捷键汇总，可自行查阅。

技能模块

☑ 绘制方案平面图，掌握AutoCAD绘制平面图的技能；

☑ 完善平面图，掌握标注与填充的技能；

☑ 输出平面图，掌握AutoCAD文件出图的技能。

1.2 园林景观平面图的绘制

1.2.1 方案平面图的绘制

1.2.1.1 状态栏的应用

状态栏位于软件面板最下方，包含多个重要功能：坐标显示光标在图形中的当前位置，模型或图纸空间用于创建和编辑三维模型或绘制页面布局，栅格模式帮助用户对齐和管理图形尺寸比例，动态输入提高工作效率，正交模式限制光标只能在水平或竖直方向移动，极轴追踪控制对象方向，等轴测图基于标准笛卡尔坐标系绘制图形，对象捕捉追踪/捕捉精确定位图形特定点，如图1.12所示。

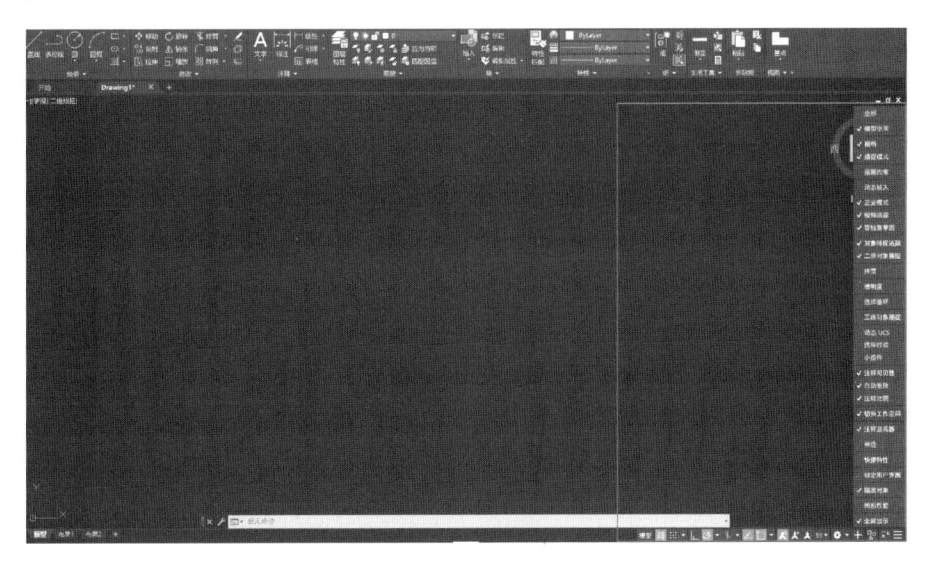

图1.12 状态栏

1.2.1.2 天正软件辅助绘图的介绍

作为基于AutoCAD的二次开发软件，天正建筑软件在辅助绘图方面具有许多便捷功能，能够提高设计效率和精度。天正建筑软件提供了丰富的建筑图元库和符号库，可以快速插入常用的建筑元素，如墙体、门窗、家具等，减少了绘图的重复工作。此外，它还具有智能化的绘图辅助功能，如自动识别闭合区域并填充、自动生成标注等，可以帮助设计师快速完成图纸绘制。这些辅助绘图的功能使得天正建筑软件成为国内建筑和园林景观设计单位的首选软件之一。

微课程1.7
天正软件辅助
绘图的介绍

1.2.1.3 附着方案草图的绘制

AutoCAD 中的"附着"命令允许当前图形中插入一个图块、外部参照（Xref）、图像或 DWG 文件。从"主页"功能区标签中选择"附着"命令，或者在命令行中输入 Insert＋空格确认。在"附着"对话框中，选择要插入的对象的类型：图像或 DWG 文件等，如图 1.13 所示。

图 1.13　附着命令

图像是一个可以插入到绘图中的光栅图像，作为一个单一的实体插入，不能被编辑。DWG 文件是可插入当前绘图中的 CAD 绘图文件，插入的 DWG 文件被视为一个块，可以单独进行编辑，如图 1.14 所示。

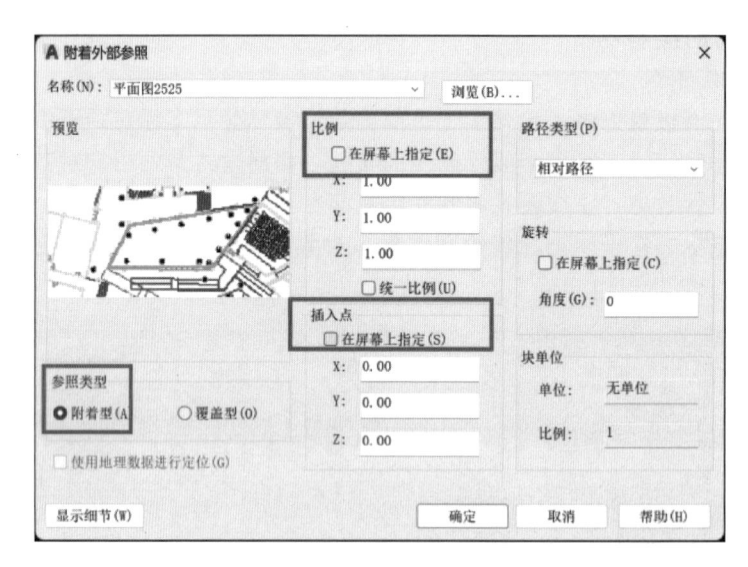

图 1.14　插入 DWG 文件

参照类型的区别在于附着型是单独编辑，覆盖型是将目标文件直接导入到当前 AutoCAD 文件中。

1.2.1.4 UCS 的概念与应用

UCS（用户坐标系）是 AutoCAD 中用于确定图形在 X、Y、Z 轴上位置的工具，与之对应的是 WCS（世界坐标系），其原点位于文档的世界原点（0，0，0），X 轴朝右、Y 轴朝上、Z 轴朝屏幕外。在平面视图中，通过自定义 UCS 可以定义图形的工作平面，并在不同的平面上进行绘制。要设置新的 UCS，可通过输入"UCS＋空格"命令或图形界面中的"视图"菜单选择"用户坐标系"命令，然后选择基线作为新 UCS 的 X 轴和方向作为新 UCS 的 Y 轴。完成选择后，AutoCAD 会自动设置新的 UCS，从而在新的坐标系中绘制图形，并使用该坐标系中的数值进行操作。若需还原 UCS 为 WCS，可在命令栏中使用 UCS 命令，并选择"W"选项。反复练习 UCS 命令与状态栏选择可以显著提高绘图效率。

1.2.1.5 平面方案线稿的生成

在生成平面方案线稿时，首先需要确保已经设置好适当的绘图单位和图纸尺寸。根据设计需求和参考资料,确定绘制的内容和布局。通过使用绘图命令和工具,可以快速绘制建筑或园林方案的线稿。使用直线、圆弧、多边形等基本几何图形绘制建筑的轮廓和主要构件。在绘制过程中,可以根据需要调整图层、线型和线宽,使得线稿更加清晰和易于理解,如图1.15所示。

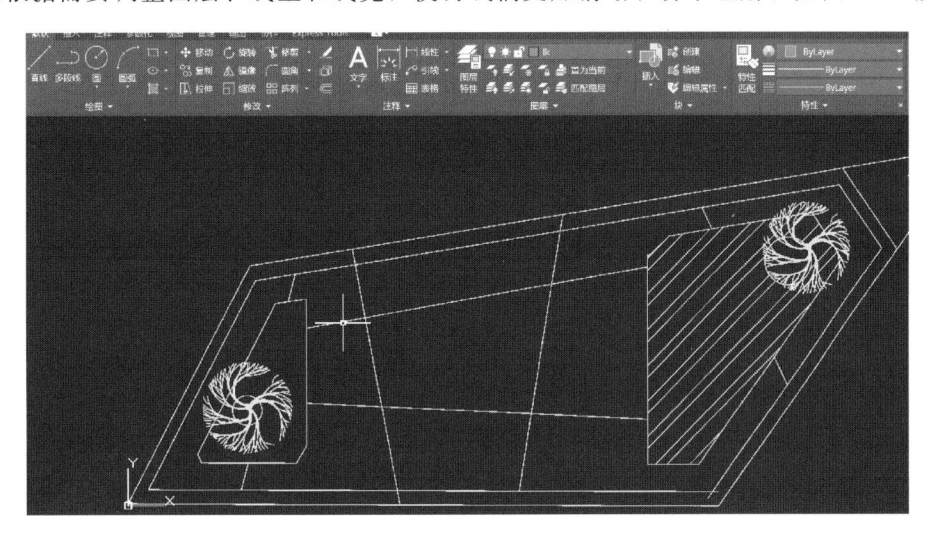

图1.15 平面方案线稿

1.2.2 方案平面图的完善

1.2.2.1 标注命令的使用

(1)标注样式调整:一般情况下,园林规划设计采用建筑样式标注。在"标注栏"窗口中,选择标注样式管理,如图1.16所示。

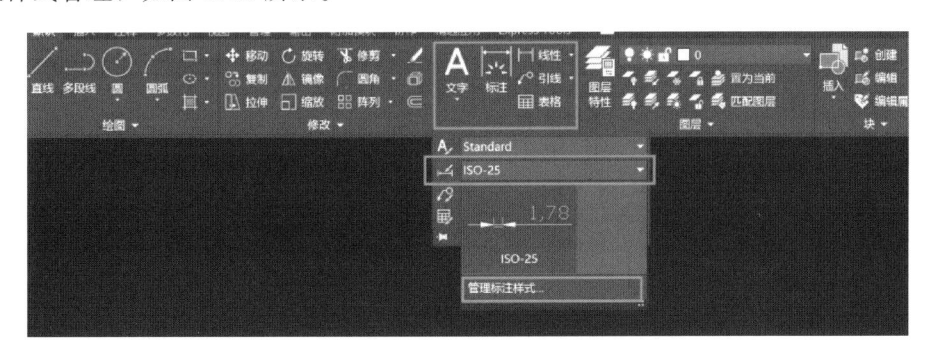

图1.16 调出标注样式

(2)修改标注样式:可以对选定的标注样式进行修改,如调整符号和箭头菜单栏下的箭头为建筑风格,符合建筑样式标注,此外还可调整标注的字体、字号、颜色等进行设置以满足个性需求,如图1.17所示。

(3)应用标注样式:修改完标注样式后,可以选择标注栏上的"应用样式"按钮将样式应用到图纸中,使用此标注样式进行标注如图1.18所示。

1.2.2.2 填充命令的使用

"填充"命令是AutoCAD中的重要工具,用于给图形内部添加颜色或纹理,增强图形的视觉效果。在园林规划设计中,不同机构可能有不同的填充规范,但通常要求填充图案和颜色能清晰地表达图形特征,便于观察者识别。使用填充命令的步骤包括选择目标图形后输入"H+空格命令",在"样式"对话框中选择所需的图案和颜色,通过调整参数如"比例""对齐""间距"等完成填充,如图1.19所示。需要注意的是填充命令只能用于闭合图形,填充颜色会影响图形

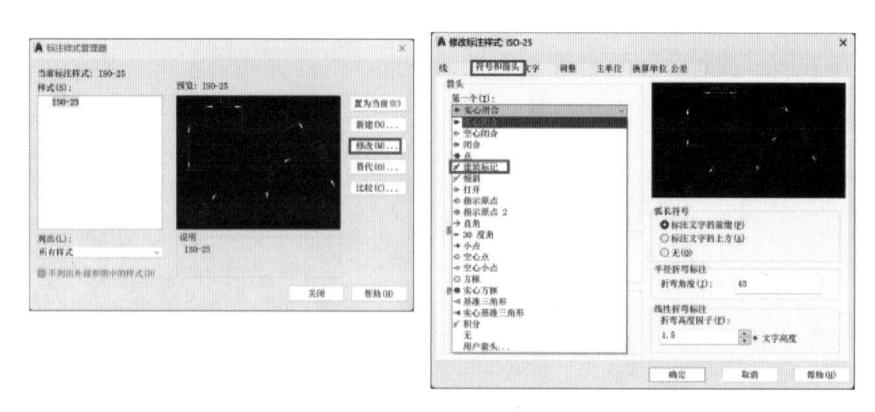

图1.17 样式调整

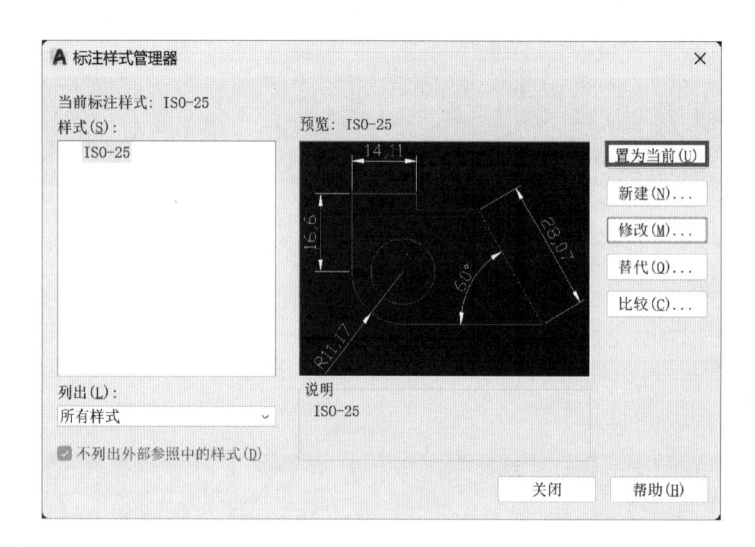

图1.18 应用样式

显示效果,可以通过"修改"命令进行调整,而填充目标图案最好为闭合图形。

图1.19 调出标注样式

1.2.3 方案平面图的打印
1.2.3.1 模型布局空间的设置
根据图纸内容需求,在AutoCAD中新建布局并可右键更改布局标题,在页面设置对话框中根据要求选择页面大小,如图1.20所示。根据具体要求选择绘制竖版或者横版的图纸,确保图纸方向符合内容特点,提高绘图效率和可读性,如图1.21所示。在布局视图中使用插入命令("MV+空格")将模型中的图形插入到布局中,调整插入的图形大小、位置以及注释比例,使其适应布局大小,并将图层设置为"Defpoints"图层,以确保打印时该布局图框不可见。

1.2.3.2 AutoCAD的打印设置
根据设计要求设置打印边框。选择图形大小填满图纸、图纸大小按需设置,将图形位置设置

微课程1.11 方案平面图的打印

图 1.20　页面设置调整

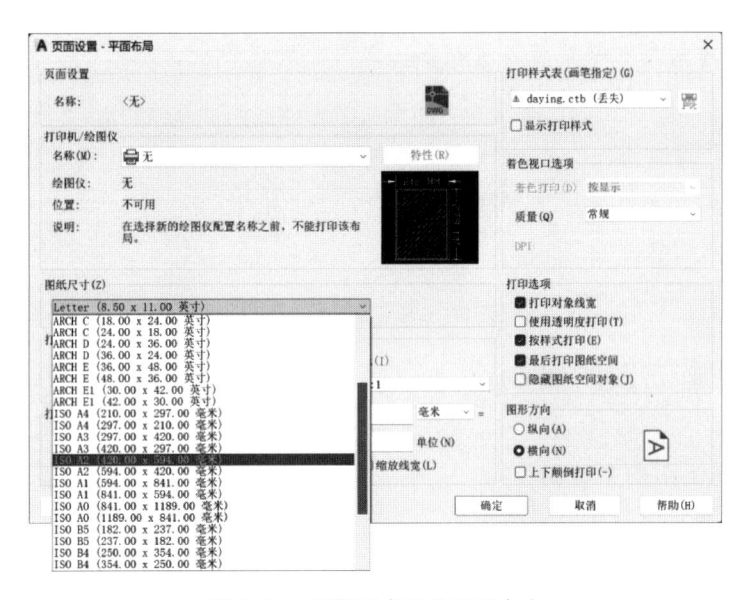

图 1.21　根据要求选择图纸大小

为居中打印。单击"打印"按钮开始打印，并注意保存位置和确保所选打印机的纸张大小与所需图纸大小相同，同时确保打印样式设置正确，如图 1.22 所示。

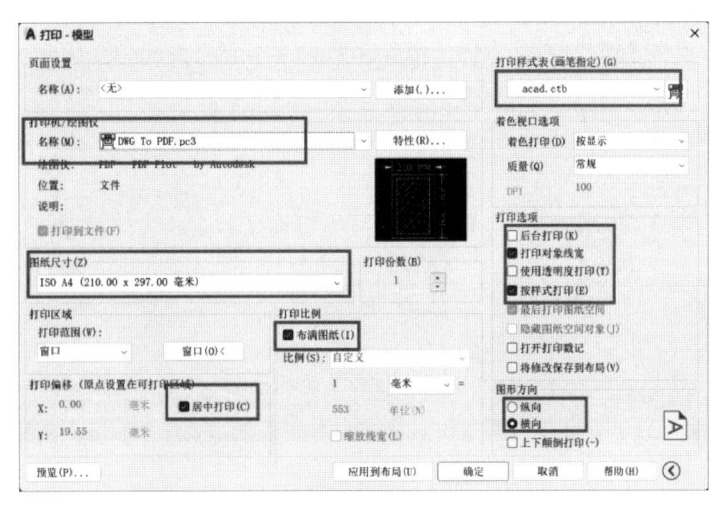

图 1.22　打印设置

小　　结

本模块以某大学图书馆中庭为项目为例，进行了基本的CAD平面图出图训练。在进行基本的操作培训基础上，选择高效绘图方式绘制图纸。根据设计要求进行绘图，并选择合适的图形参数和图层。在图形中加入文字标注和标记。进行图纸布局，将图纸按照比例尺、标题、图例、单位等按照需求进行整理，并考虑图纸的美观性和易读性。在图纸整理完毕后，将图纸导出，便于其他人员进行审核和使用，图纸导出格式有.pdf、.dwg、.jpg等。

练习实训

1. 参照素材库中《CAD描图训练》案例，绘制一张小花园平面图，并按照A3图幅大小导出。

2. 参考素材库中的《中庭平面图方案》进行CAD绘制，确保在绘制过程中注意标注比例，以保证图纸的清晰度和易读性，并按照A2图幅大小导出。

应用模块

☑ 理解并应用施工图纸的出图逻辑；
☑ 掌握图纸绘制的技术与方法；
☑ 熟练进行图纸的最终输出。

1.3　园林景观施工图的绘制

1.3.1　园林景观施工图的文本制作

1.3.1.1　园林景观施工图封面的制作

景观施工图的封面通常在AutoCAD的图纸绘制工作空间中完成。根据需要设置图纸的尺寸（如A2大小），使用CAD工具在图纸上绘制封面。封面内容可以包括项目名称、项目地址、项目编号、日期等相关信息，如图1.23所示。

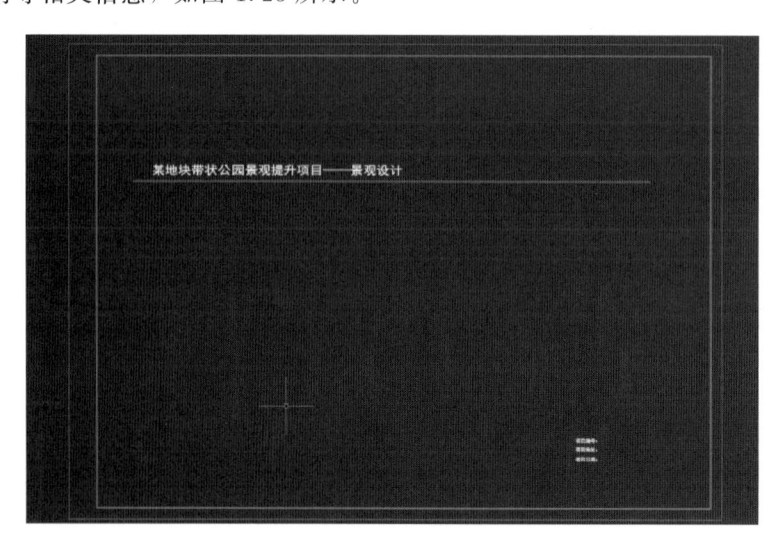

图1.23　封面图制作

1.3.1.2 园林景观施工图目录的制作

绘制景观施工图目录表格时，在图形或布局空间中确定表格的位置和大小。启动表格命令，可在命令栏中输入"TB+空格"确定插入表格。设置表格的行数和列数，对表格中的单元格进行格式设置，并输入表格内容，包括目录代号、图纸名称等，如图1.24所示。调整表格的位置和大小，以符合景观施工图的设计要求。确保表格的格式清晰易读，考虑合适的字体、颜色、大小和方式。可以使用单元格合并功能使目录的布局更加合理。最后，输入图纸目录的标题，使用命令行输入"DT+空格"确定，按照命令提示完成标题文字的输入，如图1.25所示。

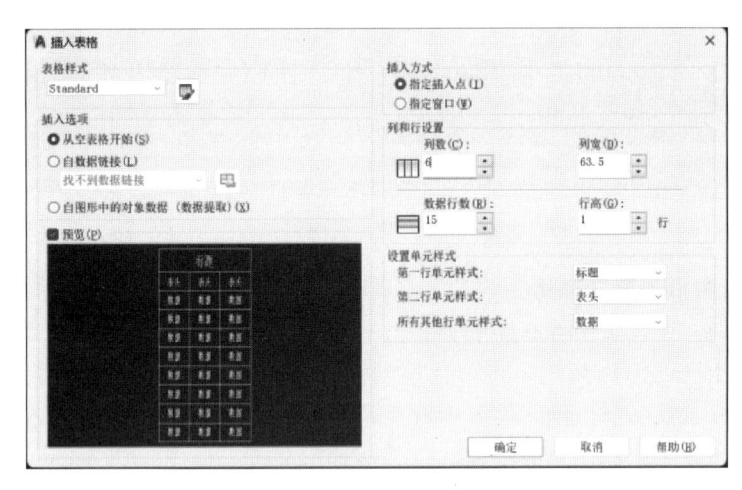

图1.24 图纸目录的标题制作

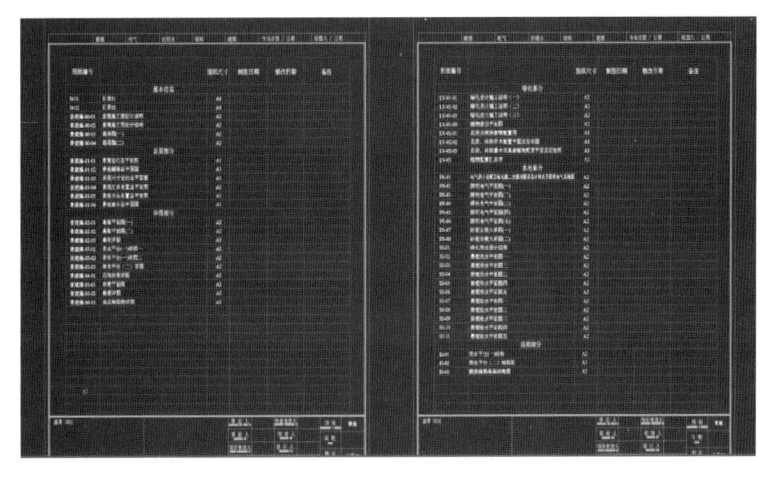

图1.25 根据要求调整好目录格式

1.3.1.3 园林景观施工图设计说明的制作

设计说明一般应包括景观施工图的设计思路、设计要求、设计标准等。它是使用者了解景观施工图的重要依据，也是施工过程中指导施工的重要资料，如图1.26所示。

1.3.2 园林景观施工图的平面图绘制

在绘制景观设计平面底图之前，先了解园林规划设计中的要素，应采用国家标准或行业规范的图像或线形。正确绘制这些要素有助于实现高质量园林设计和建造，沟通设计意图，简化图纸信息，提高可读性和操作性，并减少施工误差，提高效率和质量。绘图步骤包括创建图纸，建立基准线，绘制基础图形，注意图层、线型和颜色，最后检查并修正图纸。

微课程1.12
施工图封面、目录及设计说明的制作操作演示

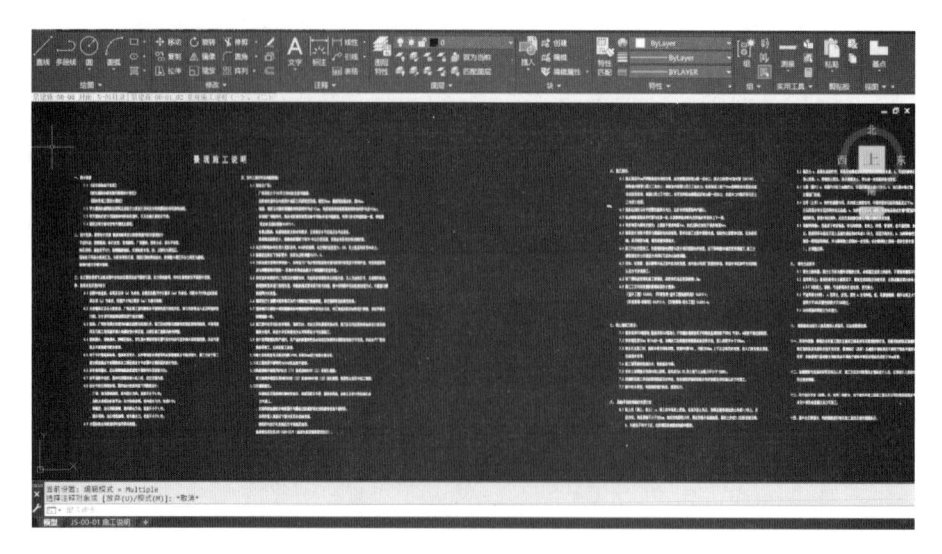

图1.26 设计说明制作

1.3.2.1 施工平面图中的要素表达

(1)地形的绘制:通常采用等高线和高程点来表达。等高线使用相同的颜色和线型,通过加上标注标高值表示相同的海拔高度,还可以绘制地面平整度、坡度、坡向等图形来展示地形要素。高程点是指图样上某一部位的高度,用标高符号表示,分为相对标高和绝对标高,通过在标高符号上绘制引线和数字来标注点的高程,以表达地形高差,如图1.27所示。

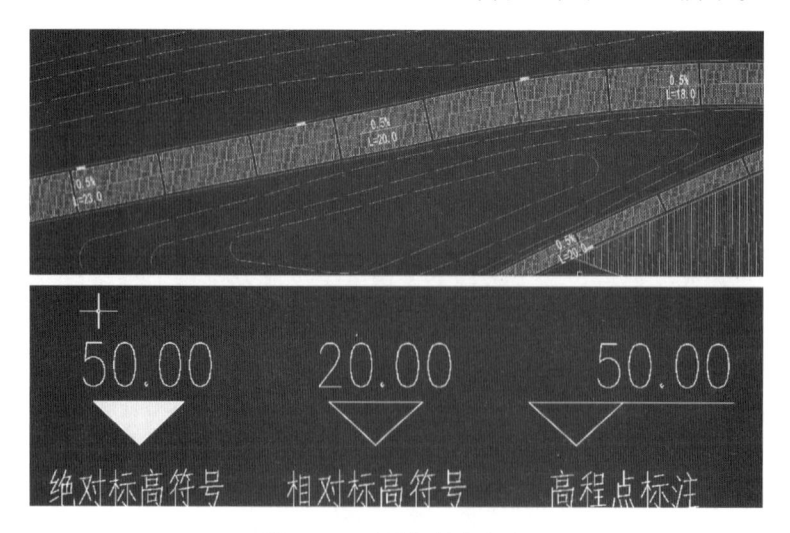

图1.27 地形与标高表达

(2)园林建筑小品的绘制:园林建筑小品的CAD绘制要求以简练而精确的方式呈现,主要集中于绘制水平投影的外轮廓线,使用粗实线突出其轮廓特征,以确保绘图的清晰度和准确性,如图1.28所示。

(3)水体的绘制:在AutoCAD制图中,水体一般用蓝色的线型,比如粗实线、虚线等来表示水的颜色,如图1.29所示。

(4)山石的绘制:山石要素通常是通过图形和符号组合来表示。山石可以用实线和虚线表示不同的高度和起伏。山石造型用暗灰色表示,而线条一般采用黑色或其他颜色。图例和符号也可以使用,以更直观地展示山石的形状和分布。此外,还可以使用山石模板使图纸更加生动,如图1.30所示。

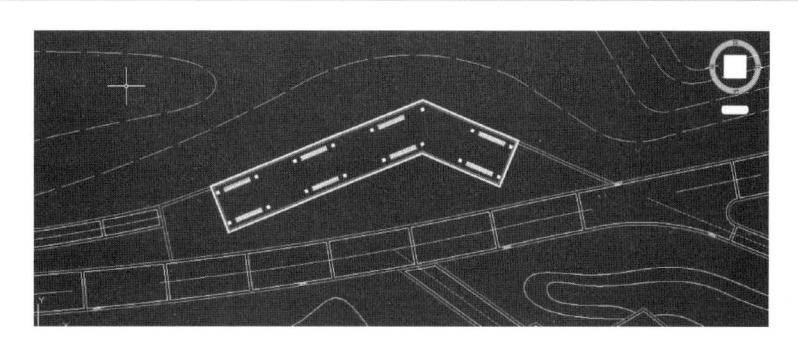

图 1.28　建筑平面表达方式

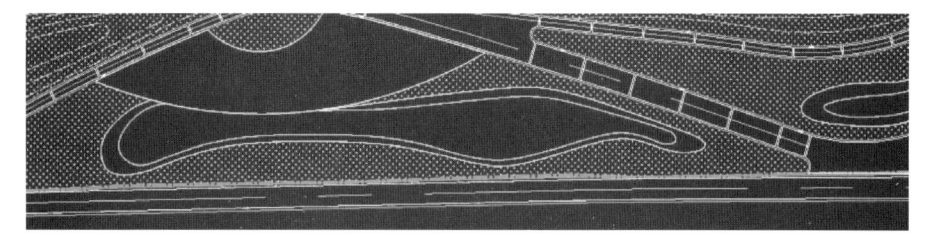

图 1.29　水体表达方式

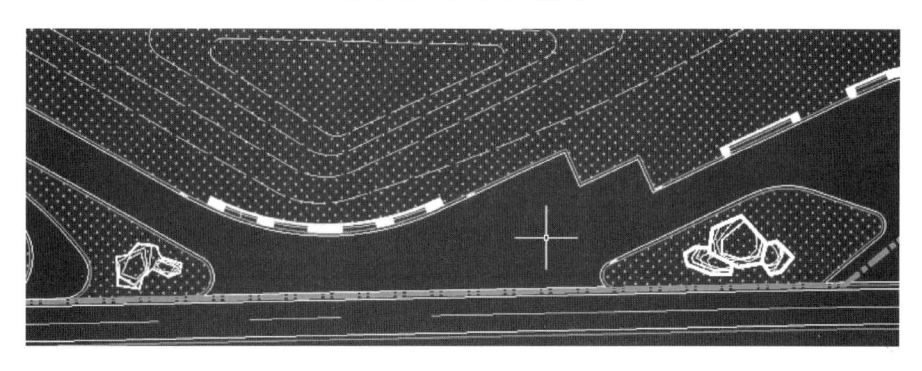

图 1.30　利用模板的山石表达方式

（5）道路与广场的绘制：道路通常用中心线和边缘线表现出路径。广场可以通过实线表示，内部铺装是否表达具体取决于图面表示方式和比例，铺装颜色通常是选择不同色阶的灰色系来表达，如图 1.31 所示。

微课程 1.14
园林景观施工图中道路与广场的填充演示

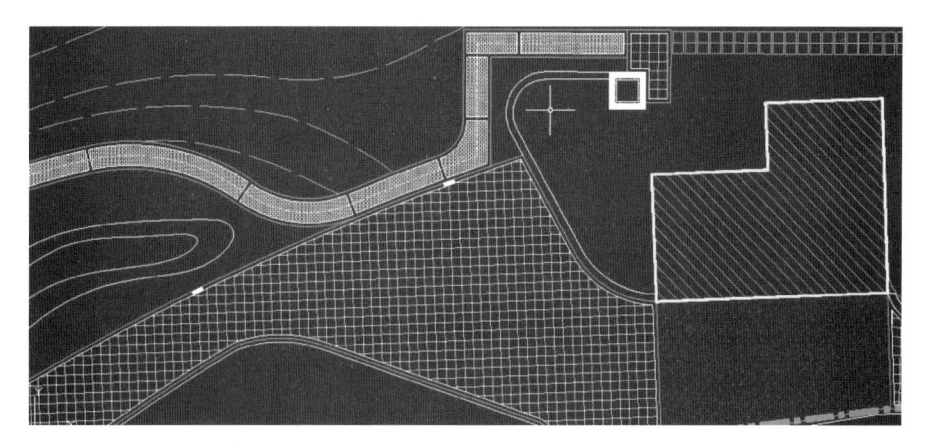

图 1.31　路网与广场表达方式

（6）植物的绘制：植物要素一般以模板图形或简化符号的形式进行图像表达，如圆形表示单棵树木、云线符号表示植物组团等要素。通常用绿色的线条表示植物，如图 1.32 所示。

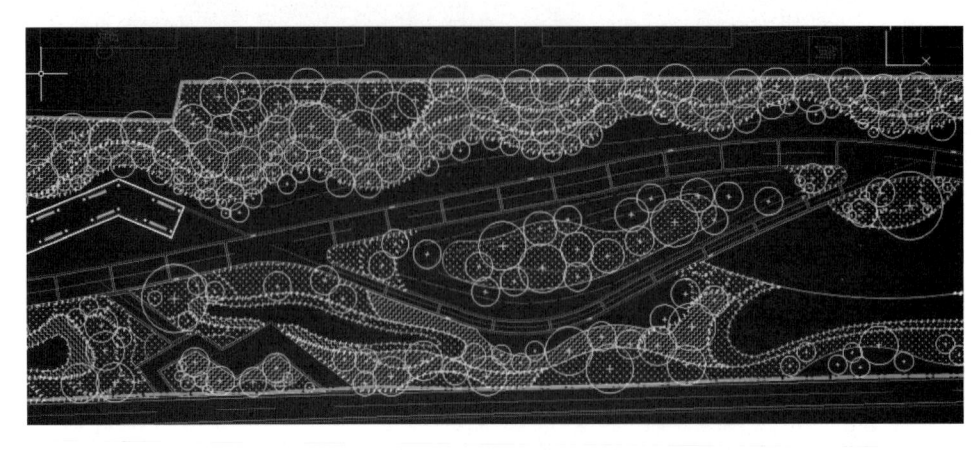

图 1.32　利用模板的植物平面表达方式

（7）使用天正命令进行园林图例的导入：在图形窗口中选择"TKW＋空格"调出天正标准通用图库，在图形库中选择需要使用的园林图例和符号，并通过拖拽或点击插入到图形中。如有需要，可以对园林图例和符号进行编辑，以适应图形的特定需求，如图 1.33 所示。此外，也可以用复制粘贴的方式进行导入。

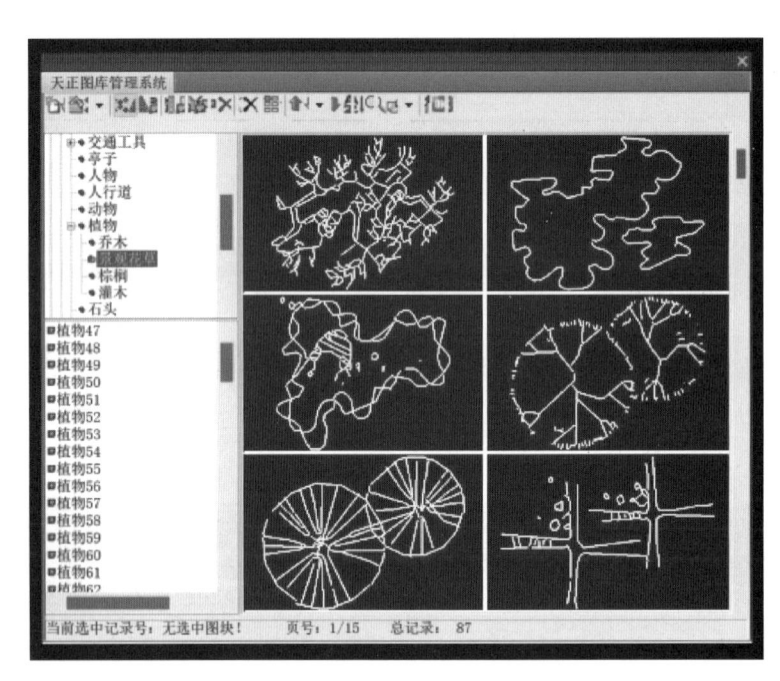

图 1.33　图块编辑

绘制相关要素时，可按要素划分图层，如图 1.34 所示。

1.3.2.2　施工平面图的补充完善

在景观底图（也可称为 Base 图）完成后，需要在其基础上添加图框信息进行图纸布局，并补充图例等细节。绘制图框，包括图框线、文件编号、标题、图号、比例、图例、设计人员信息、日期、版本和注释等内容。在布局中插入图框，并将景观底图插入模型中，进行总平面构图的布局。添加比例尺、指北针等细节，以确保图纸的美观和易读性。补充完整图纸信息，并检查图名、图号及其他相关信息是否完整标注，如图 1.35～图 1.37 所示。

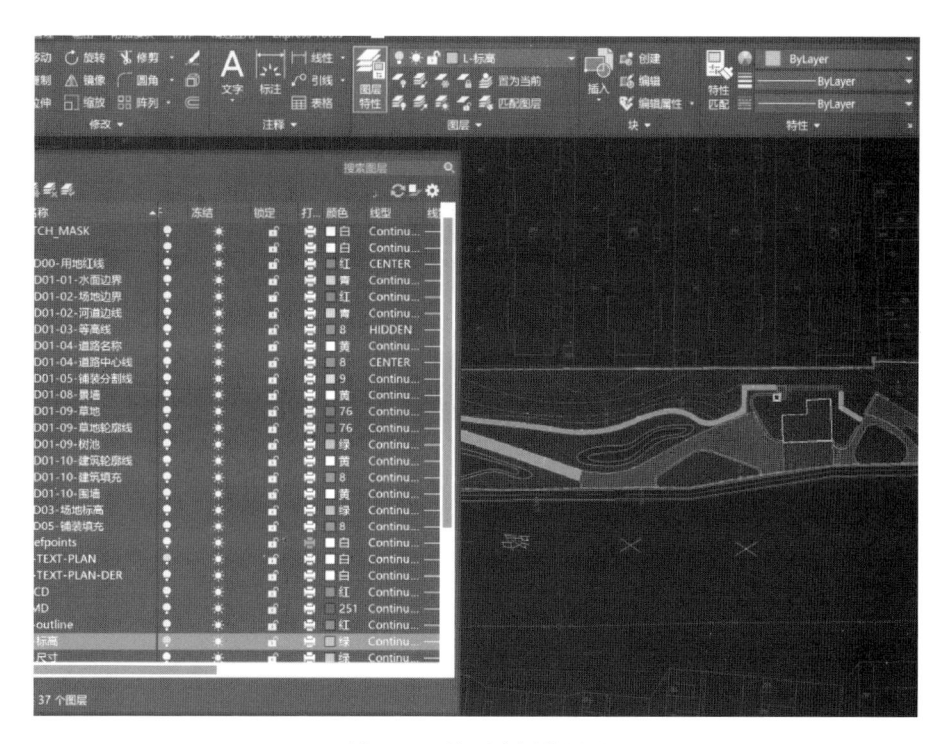

图 1.34　按要素划分图层

图 1.35　图框绘制

1.3.3　园林景观施工分项设计图的绘制
1.3.3.1　竖向设计图的绘制

除了基本的等高线表示场地地形外，在竖向设计图中，通常也会将竖向设计的坡度绘制其中，如图 1.38 所示。

根据园林工程中的竖向设计等资料计算出各相应点的标高，绘制好各高程点、等高线及坡度即可获得竖向设计图，如图 1.39 所示。

微课程 1.17
园林景观竖向设计图的绘制

图 1.36　图框插入

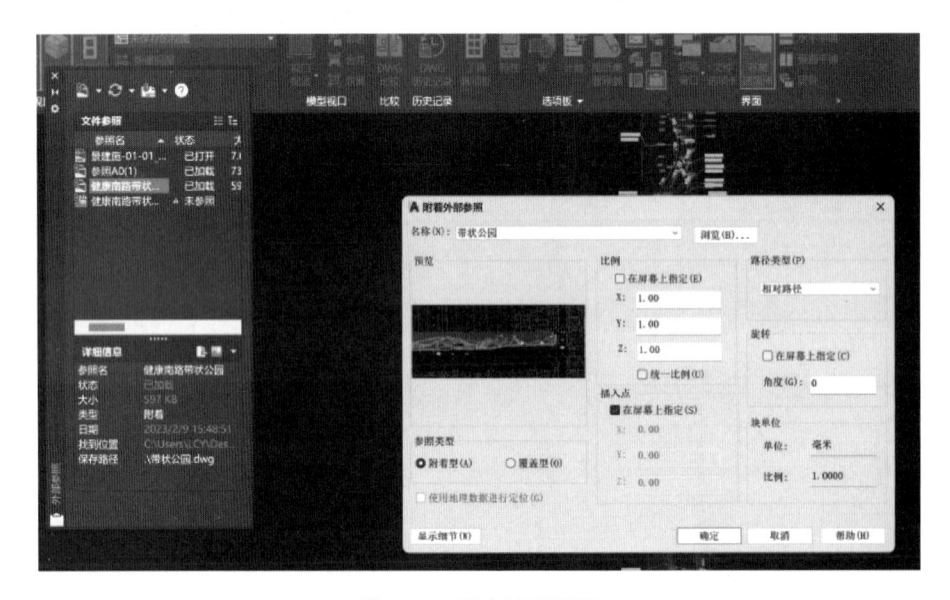

图 1.37　插入景观底图

1.3.3.2　植物种植设计图的绘制

植物按照其生态习性和园林布局要求，一般分为乔木、灌木、花卉、草坪及垂直绿化种类。通过块命令制作植物图例，定义图块并插入到图形中，或者使用现有的植物图例进行导入，也可使用天正软件中的植物图库和"引出标注"命令对植物进行布局与标记。根据设计要求绘制植物统计表，包括数量统计和规格说明等部分，如图 1.40~图 1.42 所示。

1.3.3.3　其他分项设计图的绘制

园林工程施工中的其他分项设计图绘制方法与前述图纸相似，包括园林建筑设计图、照明电气图、给排水施工图和园林小品施工详图。园林建筑设计图详细描述了建筑的平面布局、立面图和剖面图，以及与周围环境的整合。照明电气图展示了园林中照明设施的布局、灯具类型和控制系统设计。给排水施工图涵盖了园林内的供水和排水系统设计，包括灌溉系统、雨水排放系统和

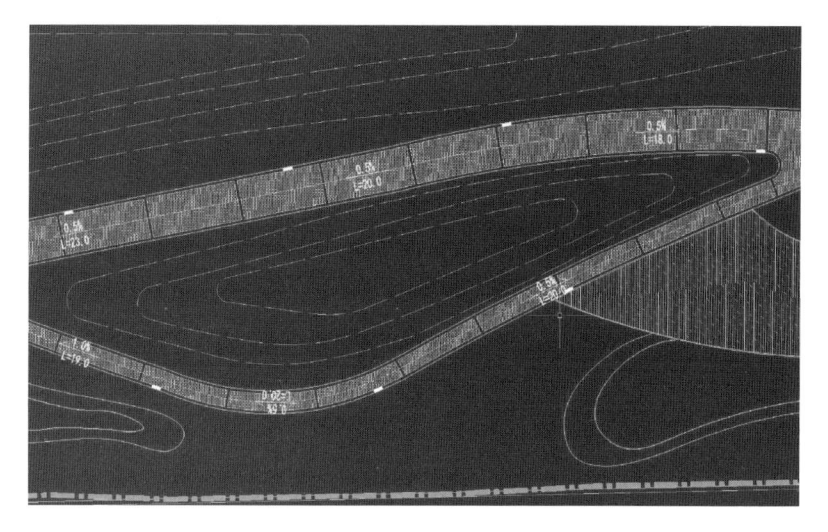

图 1.38 坡度表示

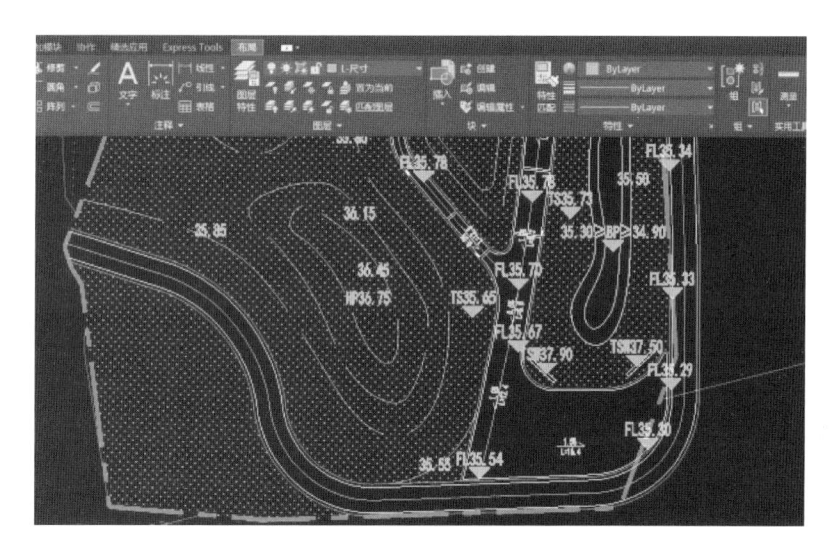

图 1.39 竖向图绘制

图 1.40 植物图例的图块定义

管道信息。园林小品施工详图呈现了小品的尺寸、材料规格、装饰图案和施工方法等细节，如图 1.43 所示。

相关成套图纸参考资料集：某社区公园景观设计施工技术详图。

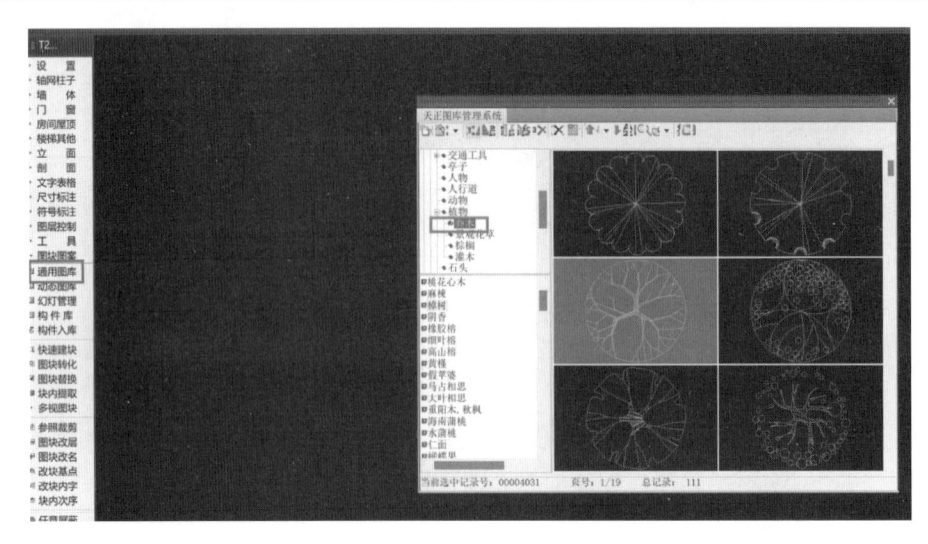

图1.41 使用天正插件导入植物图例

图1.42 统计苗木表

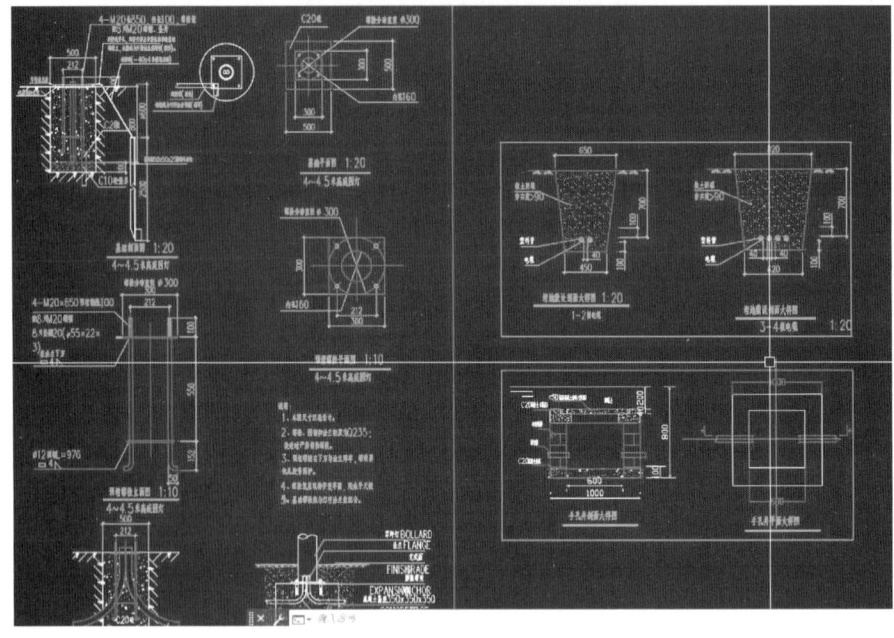

图1.43 园林其他图纸

1.3.4 园林景观施工图的打印输出

1.3.4.1 打印输出的设置

图纸打印设置如图 1.44 所示，打印样式表可选 CAD 自带 ACAD 样式。

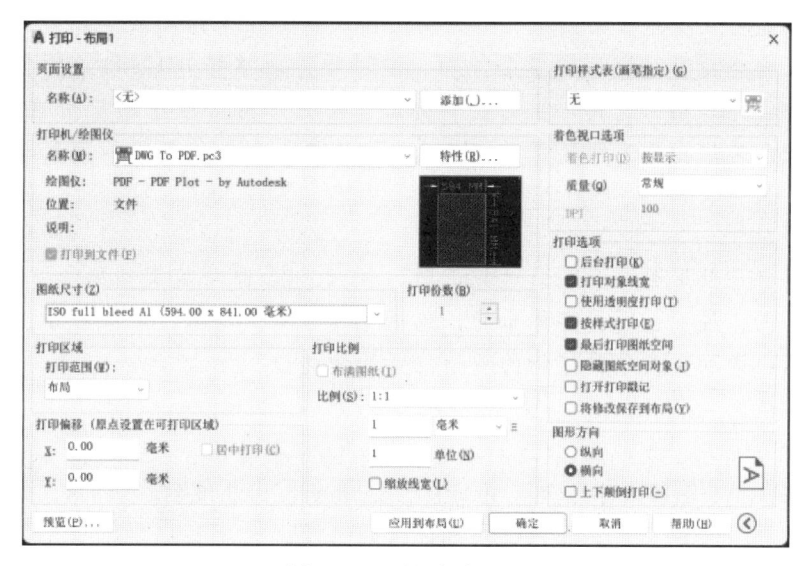

图 1.44 图纸打印设置

1.3.4.2 打印输出格式的设置

CAD 图纸转绘可输出不同格式，包括 .dwg、.pdf、.dwf、.dgn、.dxf、.dwfx、.bmp、.jpg、.png 和 .tiff 等，各格式适用于不同的需求和应用场景。.dwg 是 AutoCAD 的原生文件格式，保存了所有图形信息和数据；.pdf 是可移植文档格式，便于发送和分发图纸；.dwf 是设计 Web 格式，用于在 Web 浏览器中查看图纸；.dxf 是互操作性数字交换格式，可与其他 CAD 软件兼容；而 .bmp、.jpg、.png 和 .tiff 等格式适用于不同的图像处理需求，如图 1.45 所示。

微课程 1.18 园林景观施工图案例的打印演示

图 1.45 转出格式

小　　结

本模块中以具体案例"社区公园景观设计施工图"为背景，详细介绍了多种施工图纸的绘制方法，包括如何合理地布局图纸、如何使用图层和标注来清晰表达设计意图、如何通过不同类型的图纸来全面展示设计的各个方面。通过学习能够提升CAD绘图技能，理解景观施工图纸背后的设计和出图逻辑，从而在实际工作中更加得心应手地应用这些知识和技能，有效地将设计理念转化为施工团队可以准确执行的图纸，以支持最终的项目实施。

练习实训

参照配套素材"社区公园景观设计施工图"，绘制以下景观施工图纸：

总平面布局图：展示公园的整体布局，包括植被区域、步道、休息区等。

植物配置图：详细说明各种植物的种植位置和种类。

其他相关图纸。

图纸要求：

所有图纸应按A1图幅大小绘制，并确保图纸清晰、标注准确。

比例尺应适合图纸内容，确保图纸信息的清晰可读。

文字和标注大小需符合标准，保证图纸的专业性和易读性。

完成绘图后，将图纸导出为PDF格式，以便检查和评估。

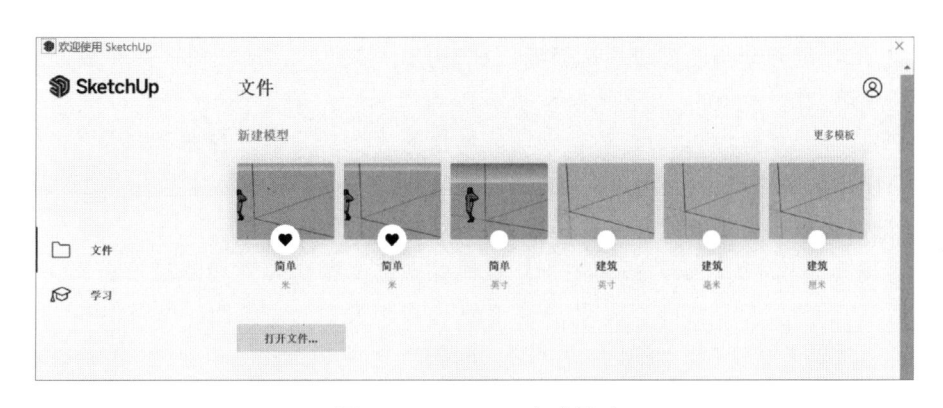

第 2 章 空间建模——SketchUp 软件

SketchUp 广泛用于建筑、室内设计、园林规划、工程建设等领域，被称作"草图大师"。SketchUp 具有直观的操作方式，界面简洁，操作命令简单。与 AutoCAD 相比，SketchUp 更专注于快速、简单地创造和编辑三维模型，因其直观的用户界面和易于上手的工具而备受欢迎。

本章将以 SketchUp 2021 为例进行介绍。内容涵盖了 SketchUp 基础功能的了解、软件基础操作演示、工作界面及绘图环境的认知。通过本章的学习，读者将掌握 SketchUp 的基本操作和高级功能，为读者在园林规划设计项目中提供实用的技能和指导。

知识模块

☑ 了解 SketchUp 基本原理，能够理解 SketchUp 建模逻辑；
☑ 熟悉 SketchUp 界面与绘图环境与工具模块；
☑ 掌握 SketchUp 基础出图操作。

微课程 2.1
章节内容介绍

2.1 SketchUp 的基础操作

2.1.1 SketchUp 的基本原理

SketchUp 直观的界面和简洁的操作，能够让用户轻松上手。推拉功能允许用户通过选择面并拖动，快速生成三维几何体，使建模过程更加自然和直观，如图 2.1 所示。

图 2.1 SketchUp 启动界面

2.1.2 SketchUp 界面与绘图环境

2.1.2.1 SketchUp 的界面

SketchUp 的界面主要由以下部分组成：标题栏、菜单栏、工具集、绘图区、状态栏以及数值输入框等。菜单栏位于软件窗口顶部，提供了文件、编辑、视图、工具、窗口和帮助等功能选项。工具集包含了常用的绘图和编辑工具，如选择、绘制、构造、建模、修改、辅助和视图工具。绘图区是主要的工作区域，提供了实时的三维场景和坐标轴，用户可以在其中创建和编辑模型。状态栏位于软件窗口底部，显示了当前坐标、长度单位等信息，并提供了一些快捷操作按钮。数值输入框用于精确输入数值，支持尺寸单位选择和快捷操作，使得建模和编辑操作更加精确和高效，如图 2.2 所示。

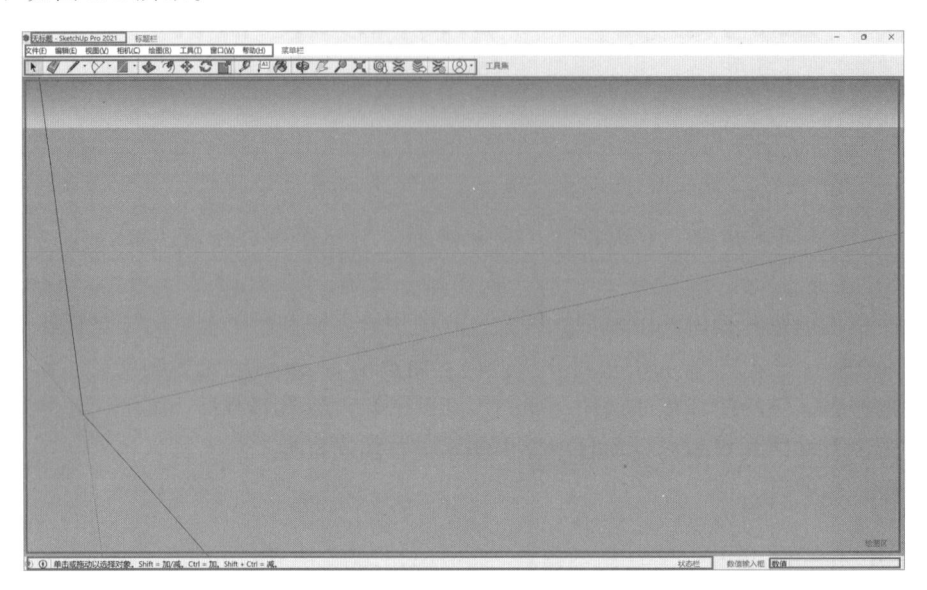

图 2.2 SketchUp 界面介绍

2.1.2.2 文件的新建与保存

新建文件可以通过菜单栏中的"文件"→"新建"选项或快捷键 Ctrl+N 来完成。打开文件则可通过菜单栏中的"文件"→"打开"选项或快捷键 Ctrl+O 来实现。保存文件可通过菜单栏中的"文件"→"保存"选项或快捷键 Ctrl+S 来进行，而另存为文件则可选择"文件"→"另存为"选项。SketchUp 文件通常以".skp"扩展名保存。

2.1.2.3 鼠键的基本操作

鼠标和键盘的基本操作使用户可以高效地进行建模工作。使用鼠标时，可以通过单击左键选择对象，按住 Shift 键并单击左键以多选对象，拖动选中的对象进行移动，并释放左键以放置对象。通过按住中键（鼠标滚轮）并移动鼠标来旋转场景视图，按住 Shift 键并同时按住中键进行场景视图的平移，以及通过滚动鼠标滚轮来实现场景的放大和缩小。右键单击可以弹出上下文菜单，提供常用操作选项。键盘操作详细快捷键内容请在配套资源素材库中查找并下载。

2.1.2.4 标记面板和系统设置的介绍

（1）标记面板，也称为图层面板，用于管理模型中的标签。标签和图层是在 SketchUp 中组织模型元素的重要工具，利用它们可以更好地管理和控制模型的可见性、编辑性和组织结构。打开标记面板可通过点击"窗口"菜单中的"默认面板"选项并选择"标记"。控制标签的可见性和编辑性则在标记面板中通过眼睛和笔图标实现。删除标签可通过选中并右键弹出删除标签，选择删除或保留其中元素，如图 2.3 所示。

标记面板能够更好地控制模型的结构、可见性和编辑性，合理使用标签可以在复杂模型中更清晰地组织和管理元素，使建模过程更加高效和便捷。

（2）系统设置。该设置允许调整 SketchUp 的行为、界面、单位和其他各种选项，以满足使

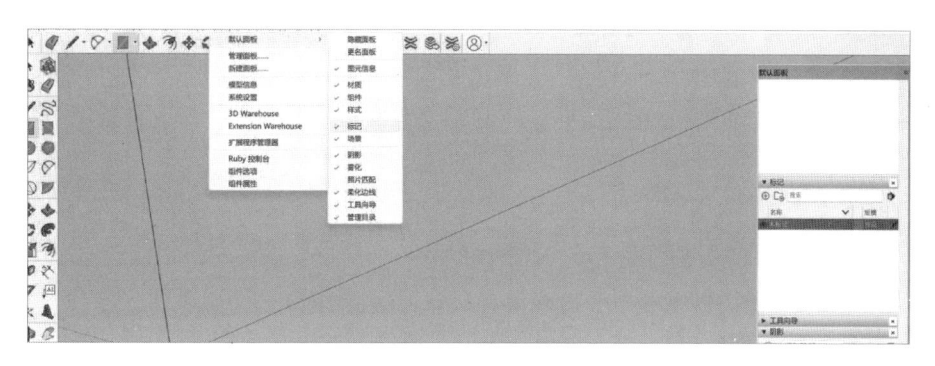

图2.3 标记面板

用偏好和需求。通过模型设置可以调整单位、精度、轴向和角度度量标准，确保模型的准确性和一致性。自定义快捷键可提高工作效率。OpenGL设置则影响图形渲染和性能优化，可根据计算机性能调整获得更流畅的操作体验。在工具选项中，可以调整不同工具的行为和选项以满足需求。文件选项涉及导入/导出的默认设置和备份设置。管理和配置额外插件或扩展的设置可在附加组件中完成。系统设置允许自定义SketchUp的工作环境，满足个性化需求，同时优化软件性能和使用体验，如图2.4所示。

图2.4 系统设置位置

2.1.3 SketchUp的工具栏介绍

2.1.3.1 绘图工具栏的介绍

（1）直线工具：在使用直线工具时，用户只需点击绘图区域确定直线的起点和终点，即可绘制出直线段。使用直线工具绘制直线时，若所绘制直线与坐标轴平行，可按住Shift键，此时线条会变粗并被锁定在该轴上，显示"限制在直线"的提示，保持沿该轴绘制直线。此外，若在一条线段上绘制直线，则SketchUp会自动将原线段以新直线的起点处断开，实现线段的分割。同样地，通过绘制起点和端点都在平面边线上的直线，可以分割该平面为两个部分。在绘制直线时，常需使用捕捉功能，SketchUp自动打开了端点、中点和交点捕捉。此外，SketchUp中的线段可以被等分为若干段，可通过右键单击线段并选择"拆分"，然后移动鼠标来实现等分，如图2.5所示。

（2）矩形工具：使用该工具时，通过定位矩形的两个对角点进行绘制。为了绘制精确的矩形，应在绘制过程中配合键盘输入数值，在数值输入框动态显示尺寸，并在输入完成后按下回车键获取精确尺寸的矩形。输入的数值应以逗号分隔长和宽，如"1500,1200"，若不是场景单位的数值，则需在后面加上单位，如"150cm,120cm"。此外，可以将矩形的边缘对齐到其他对象的边缘，当鼠标悬停在其他对象的边缘上时，会显示"对齐"提示，单击即可对齐矩形的边缘，如图2.6所示。

微课程2.3
绘图工具栏的介绍

图 2.5　直线绘图工具　　　　　　　　图 2.6　矩形绘图工具

（3）其他工具：圆形、多边形、手绘线等工具，具体操作方式详见微课程 2.3 绘图工具栏的介绍。

2.1.3.2　编辑工具栏的介绍

（1）选择工具：通过空格键快速切换至选择工具，可轻松选中或取消选中模型。

（2）移动工具：用于移动、复制和拉伸对象，通过鼠标操作或精确输入数值，可完成对图形对象的精准调整。

（3）橡皮擦工具：用于删除不需要的部分。

（4）推拉工具：将平面形状变成立体模型的重要工具，通过拖动鼠标或输入数值，可以快速创建三维体积。

（5）旋转工具：围绕中心点进行旋转操作，缩放工具用于调整对象尺寸，实现等比或非等比缩放，可适用于调整建筑尺寸、家具大小或纹理尺寸等需求。

图 2.7　编辑工具栏位置

（6）偏移工具：用于在平面形状上创建平行线条，通过输入偏移距离，可以实现挤出效果、细化边缘或添加装饰等操作，如图 2.7 所示。

微课程 2.4 编辑工具栏的介绍

微课程 2.5 SketchUp 的基础出图操作

2.1.4　SketchUp 的基础出图操作

在出图之前，通过在图层面板中新建图层，并为每个图层指定不同的颜色或线型，就可以在出图时轻松区分和标记不同的元素。确保按照设计要求和尺度准确地创建模型。完成模型构建后，可使用"标注"工具和"文本"工具添加尺寸和文字，并在实体信息面板中调整标注样式，如图 2.8 所示。导出为图像文件（如.jpg、.png）或 CAD 文件（如.dwg、.dxf），也可存为.skp 格式。

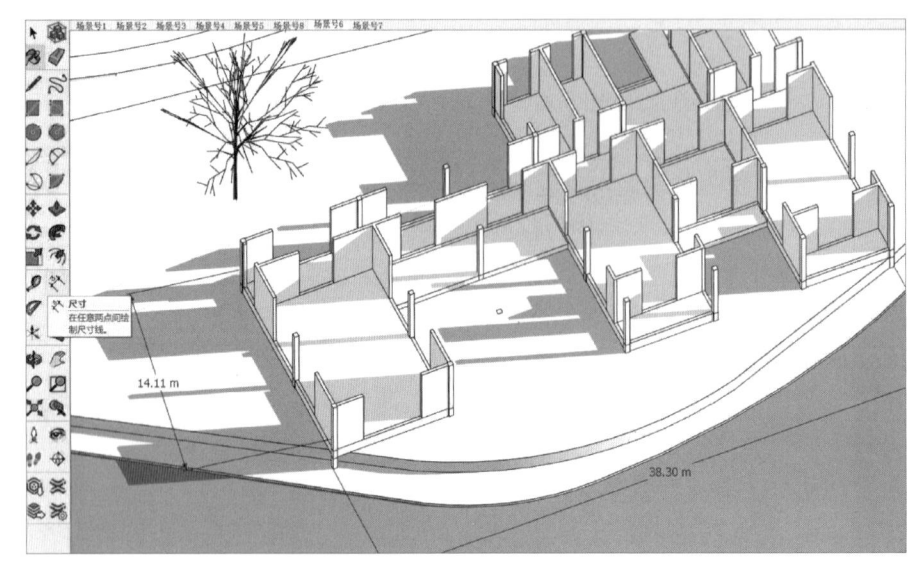

图 2.8　添加尺寸样式

小　　结

SketchUp 的基本界面包括标题栏、菜单栏、工具集、绘图区、状态栏和数值输入框等元素。绘图工具和编辑工具丰富多样，如矩形工具、直线工具、画圆工具等，满足用户的绘制和编辑需求。在基础出图操作中，通过创建图层、构建模型、添加尺寸标注、文字和标签以及渲染等步骤管理、展示和导出模型，实现清晰易懂的出图效果。

练习实训

1. 在 SketchUp 中创建一个矩形，然后使用推拉（Push/Pull）工具将其变为一个立方体。
2. 绘制两个相交的矩形，一个在水平面上，另一个在垂直面上，使用推拉工具分别对它们进行操作，形成一个简单的 L 形结构。
3. 视图操作基础：创建任意一个简单三维形状（如立方体或圆柱体），尝试使用鼠标和视图工具（如缩放、平移和旋转）从不同角度查看该形状并导出图像。

技能模块

☑ 了解 SketchUp 的进阶工具；
☑ 学会 SketchUp 的插件应用。

2.2　SketchUp 的进阶操作

2.2.1　SketchUp 的进阶工具

2.2.1.1　视图工具的介绍

视图工具是调整场景视角、显示效果和可见性的重要功能。通过视图设置，可以定制模型在 SketchUp 视图中的呈现方式，以满足不同的需求和展示要求。通过隐藏或显示不同模型，使场景呈现出理想的展示效果。视图样式可以控制模型的外观和渲染方式，包括线框、隐藏线、实体和 X-ray 等样式，如图 2.9 所示。

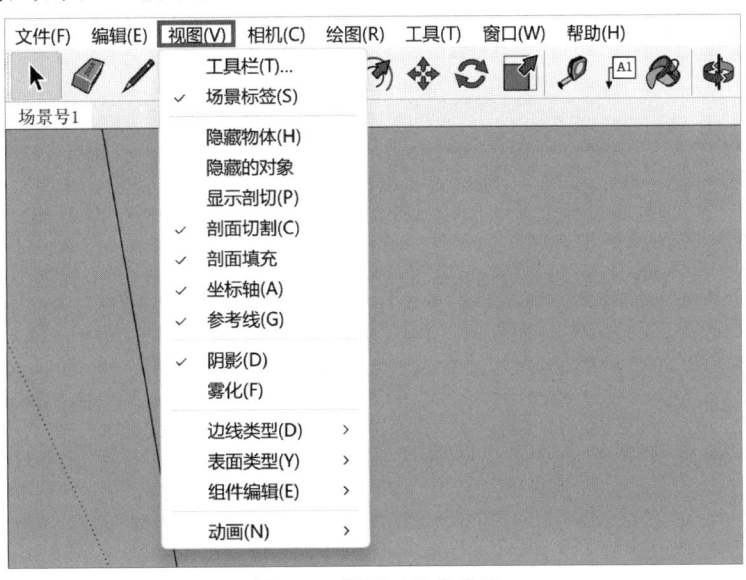

图 2.9　视图工具的位置

2.2.1.2 截面工具的介绍

截面工具用于展示建筑模型或物体内部的结构和细节。剖面功能允许在模型中创建虚拟的截面，就像将建筑或物体切成两半，以便查看其内部组成和构造。在工具栏中找到"截面"工具或通过菜单栏"视图"→"工具栏"→"截面"来激活剖面工具。点击"剖面"工具，在模型中单击鼠标放置剖面，即可创建一条虚拟的剖面面板，表示模型被切割成两半。创建截面后，可以使用"移动"工具来调整剖面的位置和方向，以更好地观察模型的内部结构。双击剖面进入编辑模式，在此模式下可以调整截面的尺寸、位置和方向，使其适应需求。通过单击"剖面"工具旁边的图标来切换剖面的状态，例如将其切换为隐藏状态或显示状态。要删除剖面，选中剖面，然后删除即可，如图 2.10 和图 2.11 所示。

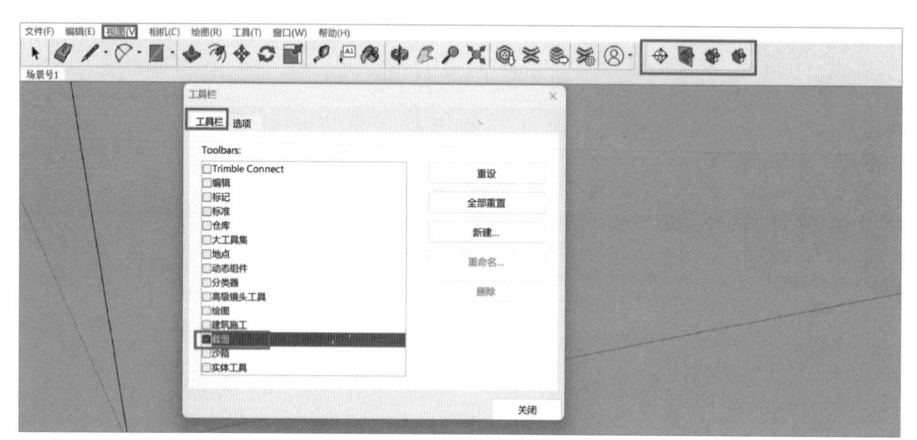

图 2.10 截面工具的设置

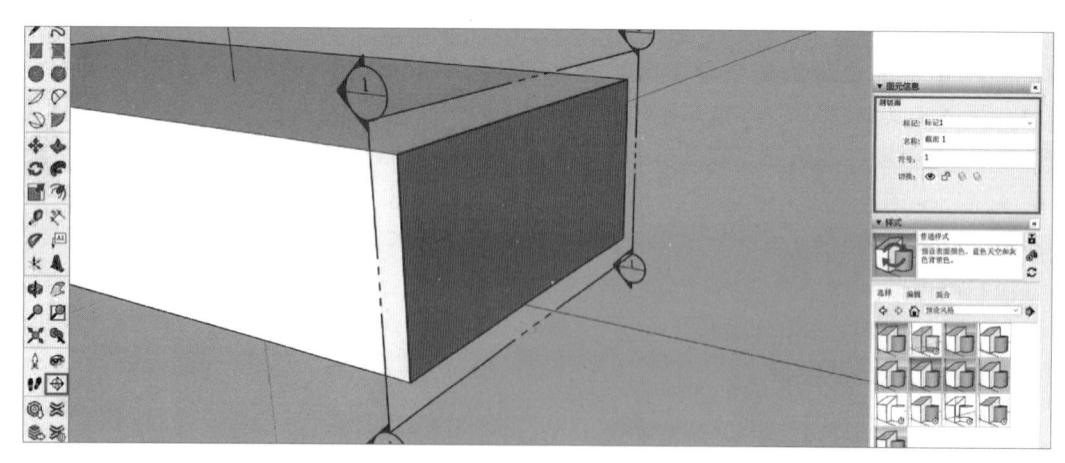

图 2.11 截面工具演示

2.2.1.3 路径跟随工具的介绍

路径跟随工具用于沿着预先绘制的路径或轮廓创建三维模型，它将二维形状沿着路径进行拉伸或旋转，快速创建各种复杂的三维模型，如管道、扶手、椅子腿等曲线形状。通过菜单栏"工具"→"路径跟随"来激活工具，单击截面并按住鼠标沿着目标路径移动，此时路径边线会变为红色，表示路径已被捕捉。到达端点后释放鼠标，即可生成三维模型。使用时需注意路径必须是一个封闭的轮廓，起点和终点必须连接在一起，在绘制路径时确保其位置和方向正确，如图 2.12 和图 2.13 所示。

2.2.1.4 沙箱工具的介绍

沙箱工具是一组内置插件，用于生成地形和模拟地形表面的效果。它可以根据已知的等高线

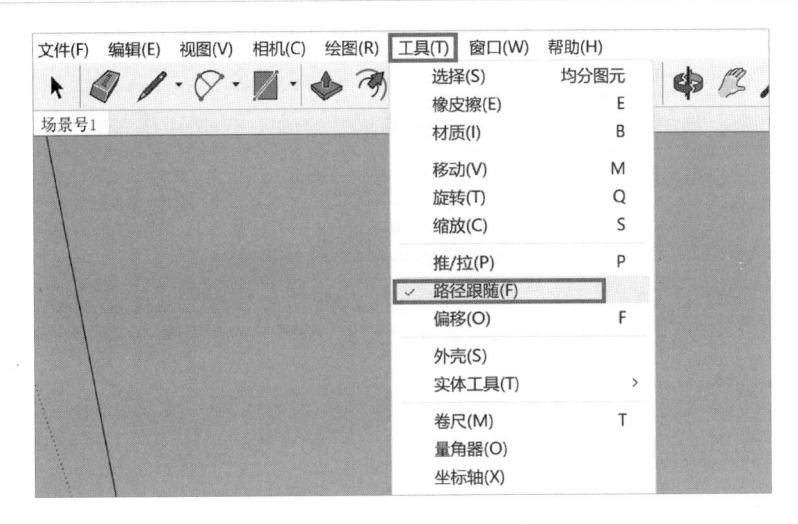

图 2.12 路径跟随工具的位置

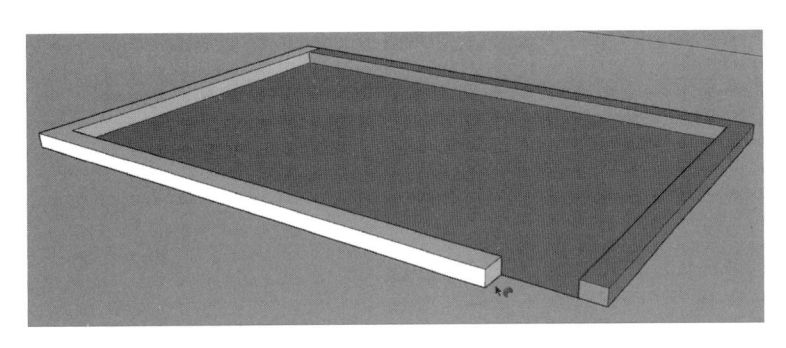

图 2.13 使用路径跟随工具生成模型

数据快速创建真实的地形模型。主要功能包括通过已知的等高线曲线轮廓生成地形表面，并对其进行平滑、提升或下沉等操作。

（1）已知等高线生成地形：将已知的等高线数据以数字或坐标形式保存在文件中（如.csv、.txt 等格式），表示地形的高度信息和每个等高线对应的高程值。在菜单栏中选择"工具"→"沙箱"命令，展开

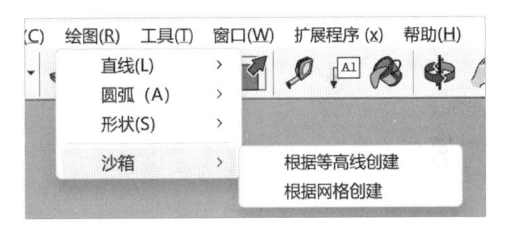

图 2.14 激活沙箱工具的方法

子菜单并选择相应的沙箱工具选项。使用"从等高线创建"功能，在沙箱工具中选择"从等高线创建"，导入准备好的等高线数据文件。选择导入的等高线组，并点击"创建"按钮，SketchUp 将根据等高线数据自动生成地形模型，如图 2.14 和图 2.15 所示。

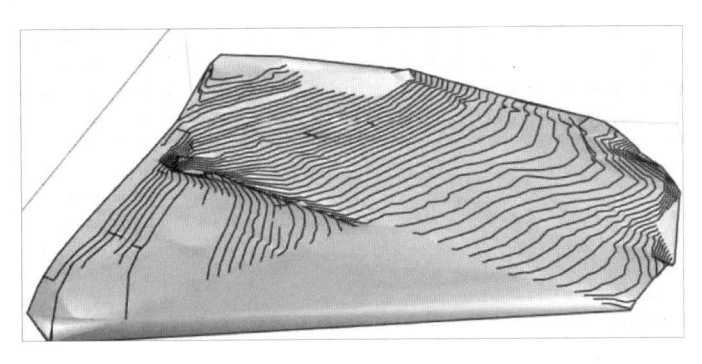

图 2.15 根据等高线生成的地形

(2) 网格创建地形：在沙箱工具中选择"从网格创建"功能。点击"开始绘制"按钮，在绘图区域内点击鼠标左键创建网格的角点。点击网格的边界线或顶点，将网格连接成封闭多边形，形成地形区域。选择"提升"或"下沉"来调整网格的高度，以形成地形起伏，如图 2.16 所示。

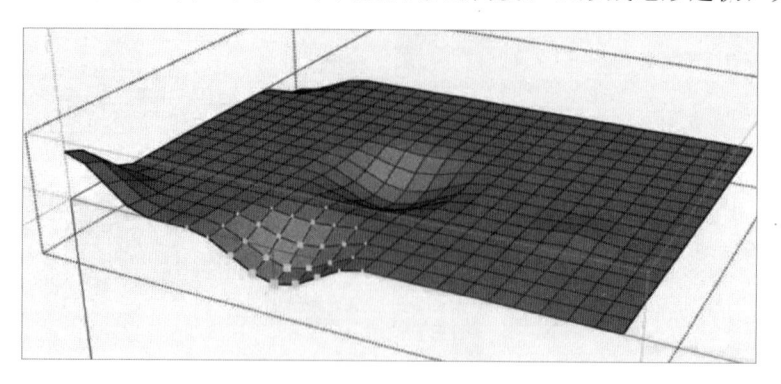

图 2.16　根据网格创建的曲面地形

(3) 地理参照设置创建地形：在 SketchUp 中打开地理位置面板。通过搜索地名、经纬度或导入现有的地理数据定位模型的地理位置。SketchUp 会自动下载地形数据，可通过"显示地形"选项查看地形效果，如图 2.17 所示。

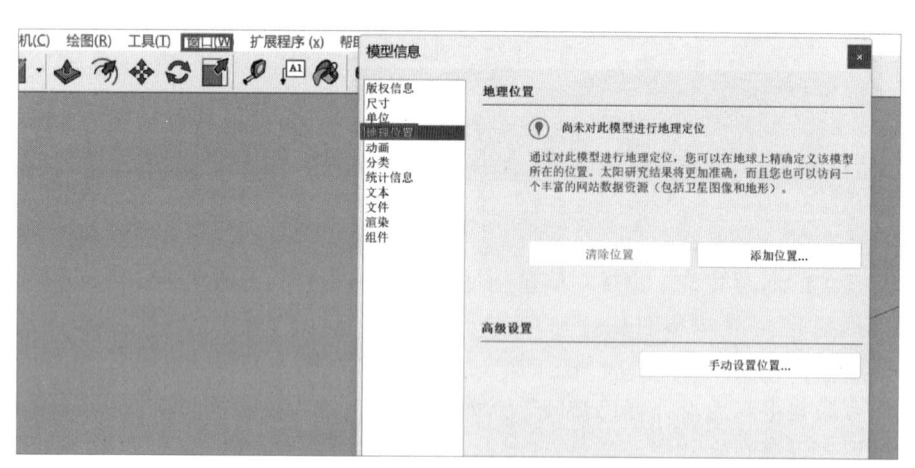

图 2.17　通过地理位置信息生成地形

2.2.1.5　群组工具的介绍

群组工具用于将一组对象或几何体组合在一起，形成一个独立的整体并可在模型中进行复用的重要工具。选择一个或多个对象或几何体，右键点击并选择"组成"或使用快捷键 Ctrl+G，将选定的对象组合成一个群组。双击组或使用选择工具选中后按回车键，进入组内部编辑，只能修改组内的几何体。编辑完成后，点击鼠标左键外部任意区域或按 Esc 键退出组编辑。组成的对象将显示为虚线边界框，表示它们已被组合。使用选择工具选中要炸开的组，右键点击选择相关菜单进行操作。炸开后，组会恢复为未编组状态，组内的几何体与外部相连的几何体结合。若组内有嵌套的组，炸开后它们将变为独立的组。通过右键菜单可以进行组的锁定和解锁操作。锁定后，无法对群组进行编辑或移动等操作。群组工具和组件工具可帮助用户更好地组织和管理模型的结构，提高建模效率。合理使用群组和组件，可以轻松创建复杂的模型，同时保持模型的整洁和易于编辑，如图 2.18 所示。

2.2.2　SketchUp 模型的导入

可以从其他软件或在线资源导入已有的模型文件，以便在项目中使用或编辑。SketchUp 支持导入多种文件格式，如 SketchUp 文件（.skp）、AutoCAD 文件（.dwg/.dxf）、3D Studio 文件（.3ds）、Collada 文件（.dae）和 STL 文件（.stl）等。菜单栏中选择"文件"，然后选择"导入"。在弹出的对话框中，选择要导入的文件类型。根据需要调整导入选项，如导入单位、坐标系等。点击"导入"按钮，将选定的模型文件导入到当前项目中。导入模型后，可对其进行定位、缩放和调整以适应项目需求。可以使用"移动"（"Move"）工具来调整导入模型的位置和方向，确保其与项目中的其他元素相协调。此外，导入的模型可能包含大量细节和组件，使用"群组"或"组件"工具来管理导入的模型，使其更易于编辑和组合，如图 2.19 所示。

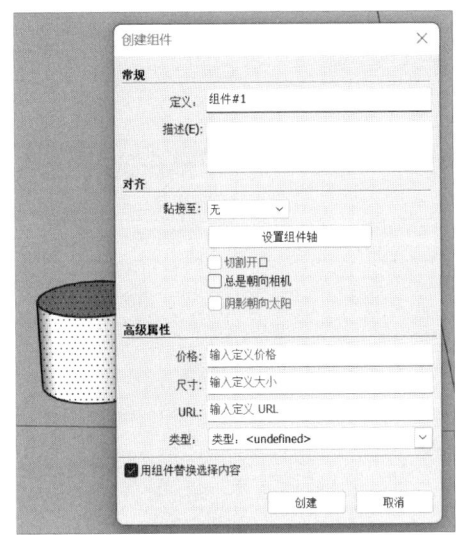

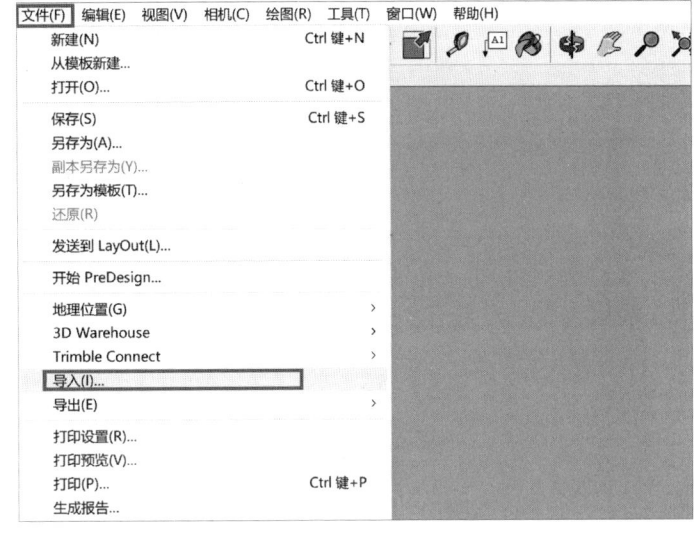

图 2.18　创建群组的方式　　　　图 2.19　模型导入的方式介绍

2.2.3　SketchUp 插件的介绍

SketchUp 中插件是由第三方开发者创建的附加功能，用于扩展软件的功能和提高用户的建模和设计效率。在众多插件中，插件坯子库插件集合了大量插件，用户可以在这里下载和安装各种功能丰富的应用，满足多样化的建模需求，如图 2.20 所示。

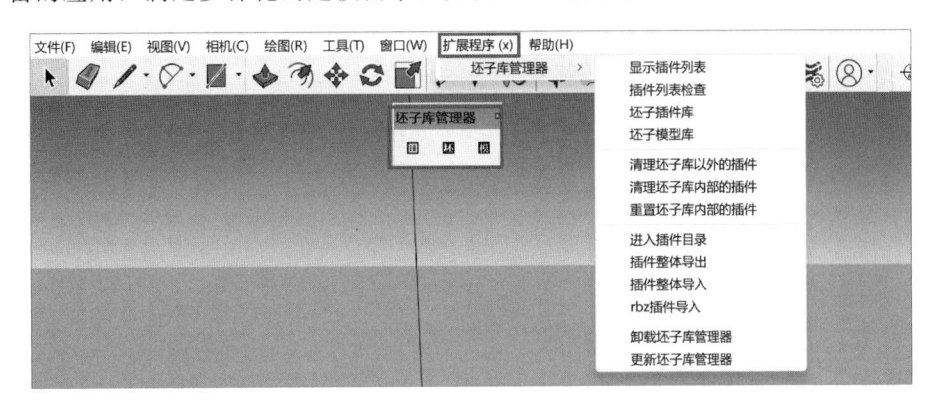

图 2.20　激活插件位置

微课程 2.7
SketchUp
插件安装以及
封面插件的
操作说明

安装时需注意坯子库目前只支持英文安装路径，同时资源库中有插件安装包可供使用。

2.2.3.1　封面插件的介绍

一键封面插件是坯子库中的实用工具，特别适用于修复和封闭从 CAD 导入的线段。使用前需要确保已安装了一键封面插件，并注意保持导入的 CAD 文件线段的完整性。如果导入的 CAD

线段相交但未相互打断，可能会出现线头未清理的情况。有时封好的面可能仍存在未封面的线段，需手动将其封闭。使用插件时，务必注意保留原始数据的备份，以防不必要的误操作，如图 2.21 所示。

2.2.3.2 阴影分析插件的介绍

阴影分析插件能够在指定日期、时间和精度条件下生成彩色的阴影分析图，以不同颜色表示不同的阳光照射量。

在使用插件之前，必须对模型进行消隐操作，选择"视图"→"表面类型"→"消隐"模式，如图 2.22 和图 2.23 所示。

微课程 2.8 SketchUp 阴影分析插件的操作说明

图 2.21 激活一键封面插件的设置

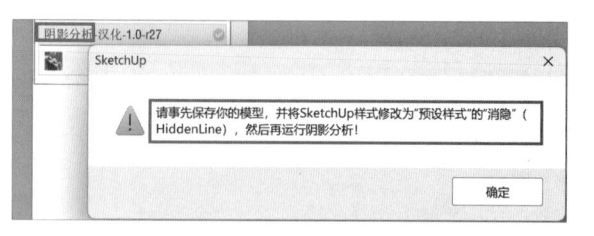

图 2.22 激活阴影分析插件

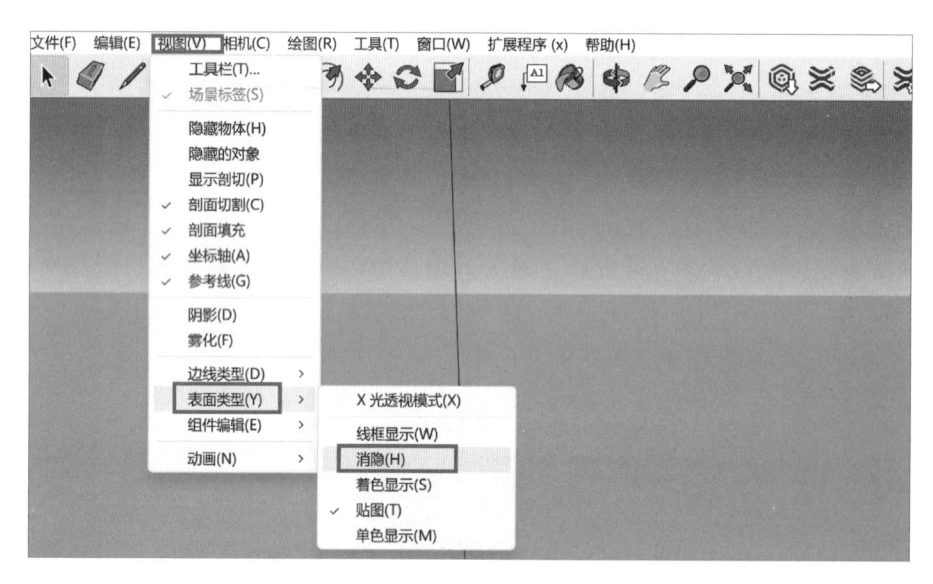

图 2.23 消隐模式的设置

在插件中设置分析的日期和一段时间内的时间范围，根据需要设置时间精确度和生成分析结果图片的分辨率，以获得更精确的分析结果，如图 2.24 所示。

完成设置后，插件将生成彩色的阴影分析图，不同颜色代表不同的日照时间，如图 2.25 和图 2.26 所示。

阴影分析插件为 SketchUp 用户提供了强大的日光条件分析功能，通过简单的设置，可以快速获得详细的日照情况，从而更好地分析和优化建筑和城市空间的布局。

2.2.4 SketchUp 更多插件的介绍

关于更多插件的介绍与运用，详见微课程 2.9 相关的介绍。

微课程 2.9 SketchUp 更多插件的介绍

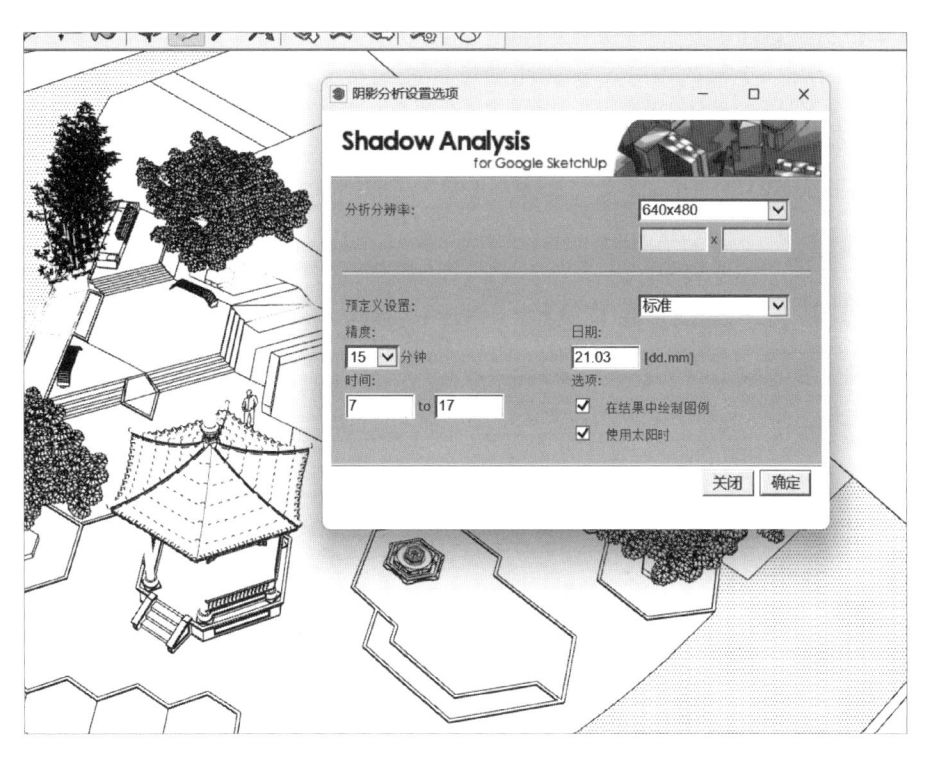

图 2.24 阴影分析条件的设置

图 2.25 阴影分析结果显示

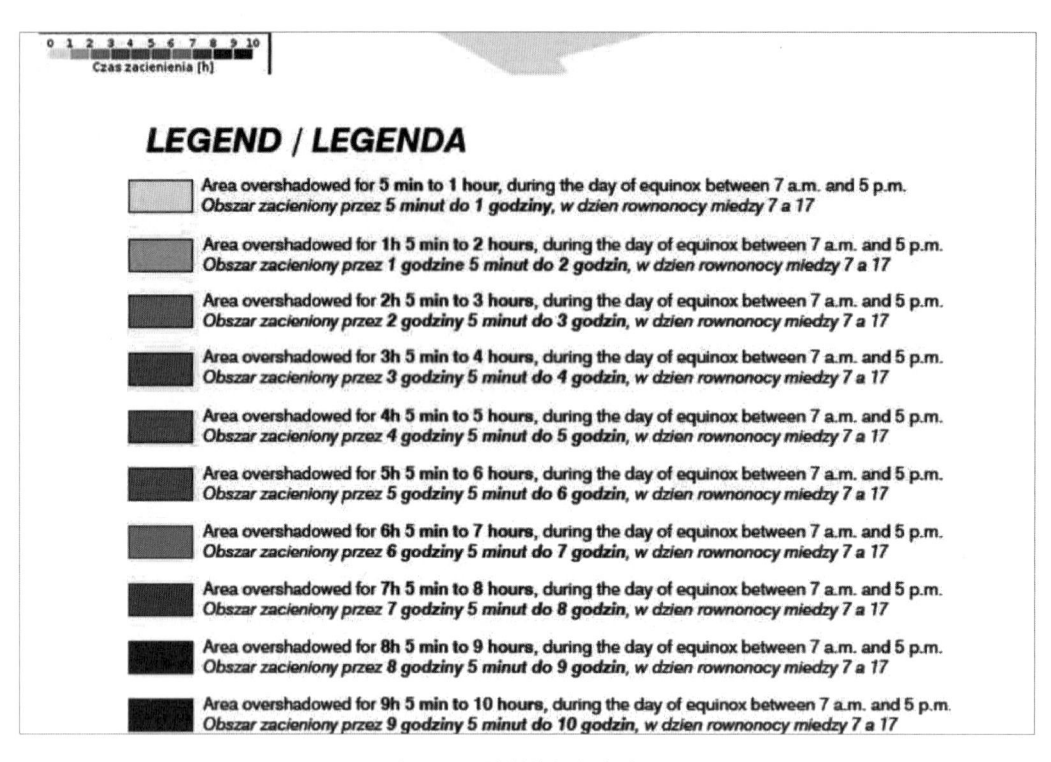

图 2.26 阴影分析颜色含义

小　　结

本节主要介绍了 SketchUp 的进阶操作，包括进阶工具、模型导入和插件应用等方面。在进阶工具方面，涵盖了视图设置工具、剖面设置工具、路径跟随工具和沙箱工具，这些工具可以帮助用户更灵活地控制模型的展示和创建复杂的三维模型。在模型导入方面，SketchUp 支持多种文件格式的导入，用户可以从其他软件或在线资源导入已有的模型文件进行编辑和使用。在插件应用方面，介绍了插件胚子库的特点和常用插件的应用，包括封面插件和日照分析插件扩展了 SketchUp 的功能。

练习实训

1. 进阶工具应用。

（1）使用"视图设置"工具调整场景视角，选择合适的视图样式展示模型。

（2）使用"剖面设置"工具创建一个虚拟的剖面面板，展示模型的内部结构。

（3）使用"路径跟随"工具沿着预先绘制的路径创建一个三维模型。

（4）使用"沙箱"工具根据已知的等高线数据生成地形模型。

2. 模型搭建和导入。

（1）创建一个简单的景观模型，包括地形、植物和建筑等元素。

（2）从外部文件导入一个现有的 3D 模型，并将其与已创建的建筑模型进行组合和编辑。

3. 插件应用实践。

（1）安装并使用一个封面插件，修复并封闭从 CAD 导入的线段模型。

（2）安装并使用日照分析插件，在指定日期和时间条件下生成彩色的阴影分析图，以评估模型的日照情况。

> 应用模块
> ☑ 掌握 SketchUp 的场景工具与光影工具的操作；
> ☑ 了解 SketchUp 出图与渲染的工具与方法；
> ☑ 了解 SketchUp 动画漫游及导出的操作。

2.3 SketchUp 的拓展操作

2.3.1 SketchUp 样式与场景工具的介绍

2.3.1.1 样式设置工具的介绍

样式是控制模型外观和渲染效果的集合，包括线条显示、面的填充、阴影、边缘效果以及材质的应用等设置，对模型在 SketchUp 视图中的呈现方式起着重要作用。视图样式包括预设样式，如线框、隐藏线、实体、X-ray 等，边缘效果和阴影可以通过样式面板进行控制，同时可以调整材质的显示方式和轮廓的显示效果。通过在样式面板中调整这些设置，可以灵活地应用到当前模型或整个场景中，以实现不同展示需求的切换，如图 2.27 所示。

微课程 2.10 SketchUp 样式与场景工具的操作介绍

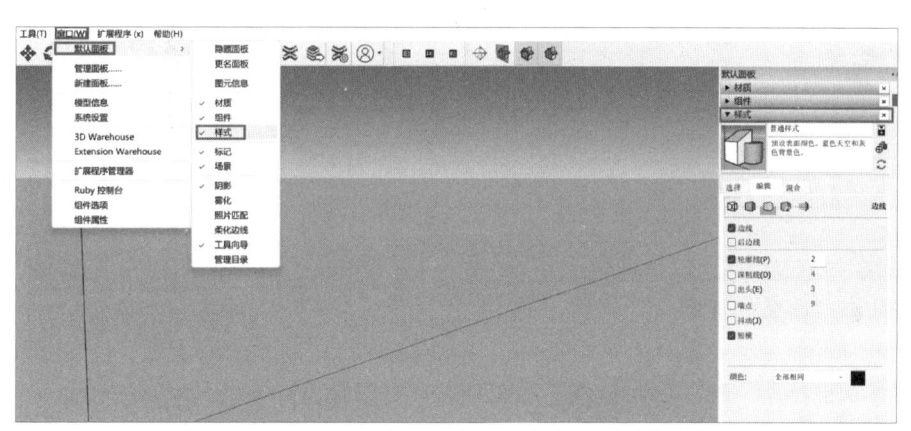

图 2.27 激活样式设置的方式

2.3.1.2 场景设置工具的介绍

场景是保存和管理不同视图、相机位置、样式和其他参数的工具，用于轻松地在不同视角之间切换和保存特定的场景设置。通过创建场景，可以保存特定视图的参数设置，并在需要时快速切换到该场景。场景包括创建场景、设置场景属性、场景切换、场景动画和更新场景等功能。通过合理利用场景管理功能，可以提高建模和演示过程的效率，并使模型的展示更加生动和吸引人，如图 2.28 所示。

2.3.2 SketchUp 材质与光影工具的介绍

2.3.2.1 材质赋予工具的介绍

材质面板用于管理和应用材质到模型的各个部分。通过材质面板，用户可以轻松地浏览、选择、编辑和应用各种材质，以增强模型的外观和质感，如图 2.29 所示。

材质面板中展示了 SketchUp 自带的材质库，用户可以通过滚动浏览和搜索关键词来找到合适的材质。每个材质都有一个小的预览图标，点击该图标可以查看材质的大图预览，用户可以吸取任意面的材质来赋予其他面相同的材质，也可以创建自定义材质，编辑现有的材质属性，导入和导出材质库，以及使用和编辑材质贴图。材质编辑模式允许用户调整颜色、纹理、透明度等属

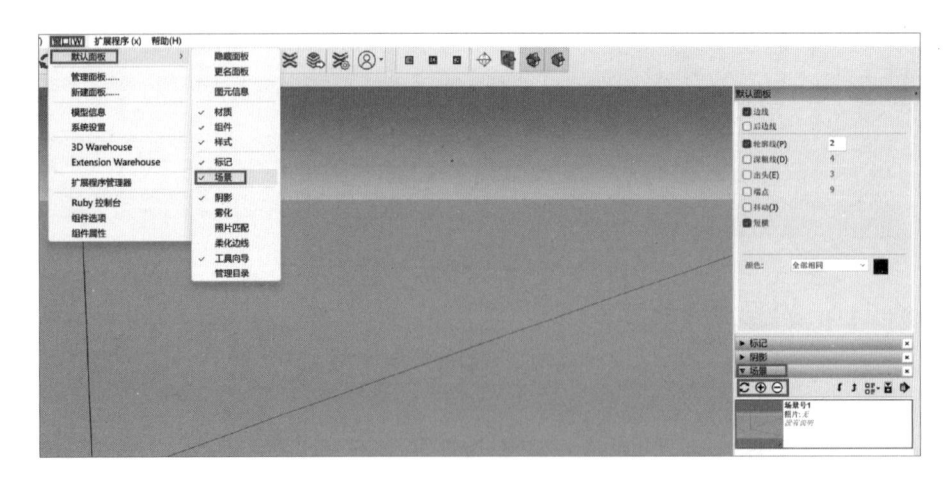

图 2.28　激活场景设置的方式

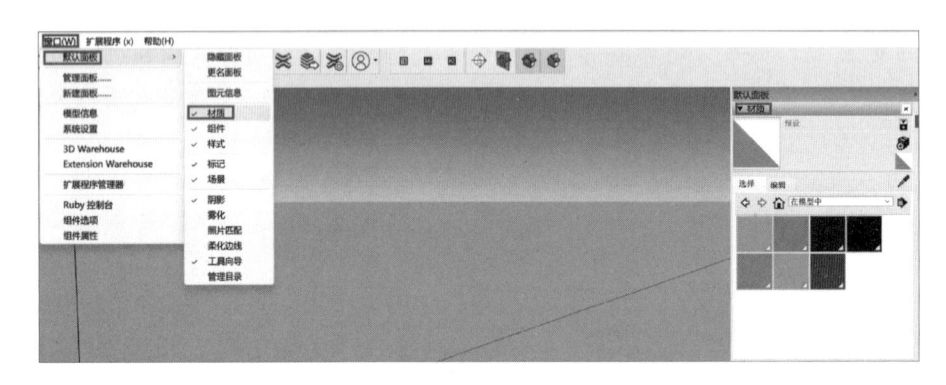

图 2.29　激活材质赋予面板的方式

性，实现更精细的调整和定制。

可以通过右键单击材质或点击编辑按钮进入材质编辑模式，在此模式下调整材质的属性。通过选中平面并点击材质下的"创建材质"按钮，可以在对话框中选择所需的材质库，并将材质应用到平面上。

2.3.2.2　光影设置工具的介绍

（1）投影面板：用于控制场景的日照和阴影效果的重要工具。通过调整投影面板中的设置，用户可以模拟不同日期和时间的日照条件，从而更好地了解建筑或场景在不同时间段的光照情况。打开投影设置：选中要填充光线角度的图形，然后点击"窗口"→"默认面板"→"阴影"。点击阴影后，在右侧点击"阴影"图标就可以显示阴影，然后调整相关信息改变光线角度，如图 2.30 所示。

（2）雾化设置：雾化设置是一种效果，用于在模型中创建一种视觉上的雾或模糊效果，以增强模型的逼真度和景深感。通过添加雾化效果，可以营造出更加真实的氛围和环境感，使模型更具艺术效果。打开雾化设置：点击"视图"菜单，启用雾化效果，如图 2.31 所示。

2.3.3　SketchUp 出图与渲染工具的介绍

2.3.3.1　风格化出图的方法

风格化出图是通过调整模型的样式、线条、颜色和材质等参数，以及添加阴影和渲染效果，从而产生具有艺术风格和视觉吸引力的图像。常用的方法和技巧包括在样式面板中选择不同的样式预设、添加材质和纹理、调整阴影和灯光、使用渲染插件，以及进行后期处理。构图和摄影角度的选择也是关键，合理的构图可以突出模型的重点，吸引观者的注意力。

2.3 SketchUp 的拓展操作

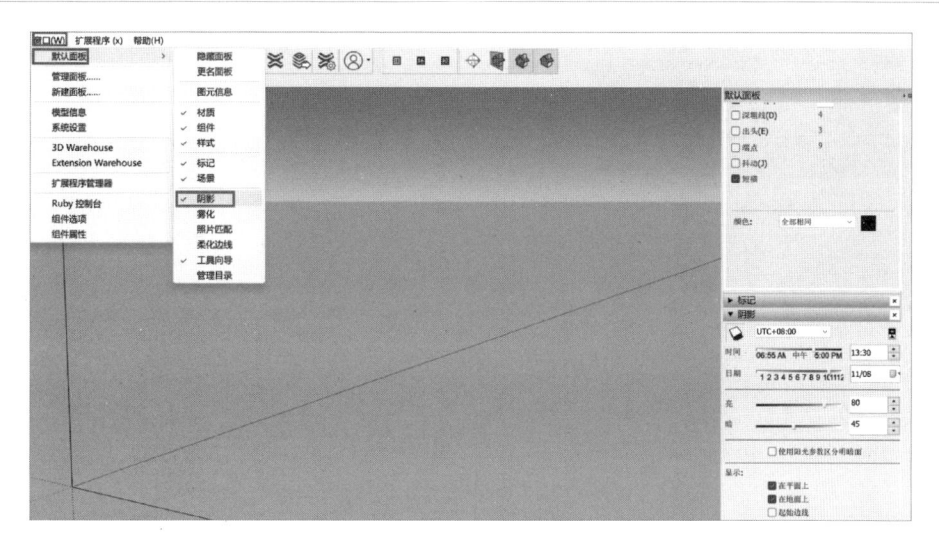

图 2.30　激活阴影面板的方式

图 2.31　激活雾化面板的方式

风格化出图设置：在平台上建立模型，使阴影投射到平台上并配置色卡，然后调整整体视图，包括阴影和场景，最好采用平行投影并赋予阴影效果，如图 2.32 所示。创建场景并确定相机位置和视角，保存相应的阴影参数。根据色卡为模型赋予材质，并调整背景、边线等样式细节，如图 2.33 和图 2.34 所示。最后，整体调整场景并导出效果图，如图 2.35 所示。

图 2.32　建模模型与配置色卡后进行阴影设置

2.3.3.2　渲染设置工具的介绍

进行建模和设计后，为了提升模型的渲染质量和逼真度，可以考虑使用渲染插件或将模型导

微课程 2.11
SketchUp 风格化出图的操作介绍

图2.33 根据色卡赋予材质

图2.34 调整样式

图2.35 设置后的效果图示

出到其他渲染软件进行处理。通过调整渲染参数、后期处理,以及持续学习和实践,可以达到更理想的渲染效果。

2.3.4 SketchUp动画漫游与导出工具的介绍

2.3.4.1 动画漫游的介绍

通过调整场景和视角来创建动画漫游。首先,在场景面板中创建和保存不同的视角,以代表不同的场景。然后,确保在切换场景和视角时动画流畅自然,可以调整过渡时间使动画效果更平滑。最后,检查动画效果,确保场景切换和视角设置符合设计要求,如图2.36所示。

图 2.36　动画场景的设置

2.3.4.2　动画导出工具的介绍

完成动画漫游后，通过点击"文件"菜单，选择"导出"选项，然后在导出选项中选择"动画"或"导出为视频"选项。根据需要，配置输出文件的格式、分辨率、帧率和质量等参数，最后点击"导出"按钮，选择保存文件的路径和名称，等待导出过程完成即可。导出动画或视频的时间将根据模型的复杂性和导出参数而有所变化，如图 2.37 所示。

微课程 2.12
SketchUp
漫游与导出的
操作介绍

图 2.37　动画导出参数的设置

小　结

本节讲述了 SketchUp 的进阶操作、模型导入和插件应用，内容涵盖了视图设置、剖面工具、路径跟随工具、沙箱工具等进阶工具，支持多种文件格式的模型导入功能可以方便地编辑和使用外部模型。介绍了插件胚子库及其常用插件，如封面插件和日照分析插件，介绍了 SketchUp 的样式与场景设置，材质与光影设置，以及出图与渲染设置，通过动画漫游与导出功能，够制作和分享具有动态视觉效果的模型演示，增强了表达和展示的能力。

练习实训

1. 模型展示：使用沙箱工具生成地形模型后，导入素材库中提供的室外场景模型成为一个完整的模型，选择合适的视图样式展示模型。使用剖面设置工具创建一个虚拟的剖面面板，展示模型的内部结构。

2. 材质赋予与风格应用：为其赋予各种材质和纹理。完成材质赋予后，尝试应用至少两种不同的风格（如铅笔画风格、水彩风格等），并从每种风格中导出一张场景图。

3. 视角切换与场景设置：在上述作业 2 的模型基础上，设置至少 4 个不同的视角场景，展示模型的关键特点和细节。每个场景需突出一个特定的设计亮点，如入口视角、花园区域等，保存并命名这些场景，准备用于动画演示。

4. 漫游路径与动画制作：利用已设置的场景，创建一个简单的漫游路径，通过这些场景展示整个模型的布局和设计特点。使用动画功能制作一段不超过 1 分钟的动画漫游视频，并确保视频流畅地展示了所有关键场景。

第 3 章　空间渲染——Lumion 软件

Lumion 的基本原理是通过实时渲染技术，将静态的三维模型通过材质、灯光调节转化为动态的、逼真的场景。它不仅是一款设计展示工具，更是一个能够大幅提高设计沟通效率和质量的利器。相比于传统的渲染软件，Lumion 具有操作简便、渲染速度快、效果逼真的优势，使得设计师能够快速预览和调整设计效果，从而在短时间内完成高质量的视觉表现。

如果说 AutoCAD 和 SketchUp 是进行初步设计和模型构建的利器，那么 Lumion 的优势就在于其强大的视觉表现和动画制作功能，能够将设计方案栩栩如生地呈现出来。通过 Lumion，设计师可以为客户提供沉浸式的设计体验，从而更好地沟通和推广设计方案。因此，尽管 Lumion 最初主要用于建筑行业，但它已广泛应用于风景园林设计和施工领域。

> **知识模块**
> ☑ 了解 Lumion 软件的基本功能与原理；
> ☑ 熟悉 Lumion 软件操作环境与基础调整；
> ☑ 掌握 Lumion 特效命令与渲染出图。

微课程 3.1
章节内容
介绍

3.1　Lumion 软件的基本操作

3.1.1　Lumion 的基础认识

3.1.1.1　Lumion 的功能

Lumion 是一款实时三维渲染软件，允许设计师即时查看设计的视觉效果。通过快速的预览和渲染，设计师可以在设计过程中随时进行调整，确保最终效果的准确性和高质量。在室内、建筑、园林景观、城市规划等众多行业进行设计表现。

（1）材质和纹理库：Lumion 内置了丰富的高质量材质和纹理库，涵盖各种自然和人工材料，如草地、水体、木材、石材和金属等。设计师可以轻松应用和调整这些材质，以提升模型的真实感。

（2）植物和人物库：Lumion 包含大量的植物、树木和人物模型，设计师可以将这些元素添加到场景中，增强设计的生动性和真实感。

（3）环境设置：Lumion 提供了多种环境设置选项，包括天空、云朵、阳光、夜晚、雾气和雨雪等。通过这些设置，设计师可以模拟不同的天气和光照条件，创建出逼真的自然环境。

（4）特效库：Lumion 拥有丰富的特效库，如光照特效、反射、阴影、镜头光晕、运动模糊和景深等。通过应用这些特效，设计师可以进一步提升场景的视觉冲击力。

（5）动画制作：Lumion 支持复杂的动画制作功能，包括镜头路径、物体动画和特效动画。

设计师可以创建动态的设计演示，展示设计在不同时间和环境下的表现。

3.1.1.2 Lumion 和 SketchUp 的关系

虽然 SketchUp 和 Lumion 是独立的软件，但它们可以相互配合使用。用户可以使用 SketchUp 创建模型，然后将其导入 Lumion 中进行渲染和动画处理，以获得更逼真和生动的展示效果。这种工作流程可以帮助设计师在设计过程中更好地展示和调整想法。

3.1.1.3 Lumion 的优势

（1）操作简便：Lumion 的界面设计友好，操作直观，用户无需复杂的培训即可快速上手。即使是非专业的用户，也能通过简单的拖放操作创建出高质量的渲染效果。

（2）渲染速度快：相比传统的渲染软件，Lumion 的实时渲染技术大幅提升了渲染速度。设计师可以在几分钟内生成高质量的效果图和动画，从而缩短项目周期，提高工作效率。

（3）效果逼真：Lumion 通过其先进的材质和光照处理技术，能够生成极为逼真的渲染效果。细致的纹理、真实的光影和丰富的环境设置，使得设计作品栩栩如生，具备很强的视觉冲击力。

（4）实时预览与调整：Lumion 的实时预览功能，使得设计师可以随时查看并调整设计效果。这种实时反馈大大提高了设计的灵活性和准确性，减少了反复修改的时间成本。

（5）丰富的资源库：Lumion 提供了大量的植物、人物、材质和特效资源，设计师可以直接使用这些资源，减少了素材准备的时间，提升了设计效率。

3.1.2 Lumion 的操作环境

3.1.2.1 Lumion 的界面

（1）文件面板。打开 Lumion 11.5 后，进入如图 3.1 所示的文件面板（未创建场景时，右下角没有工具栏）。

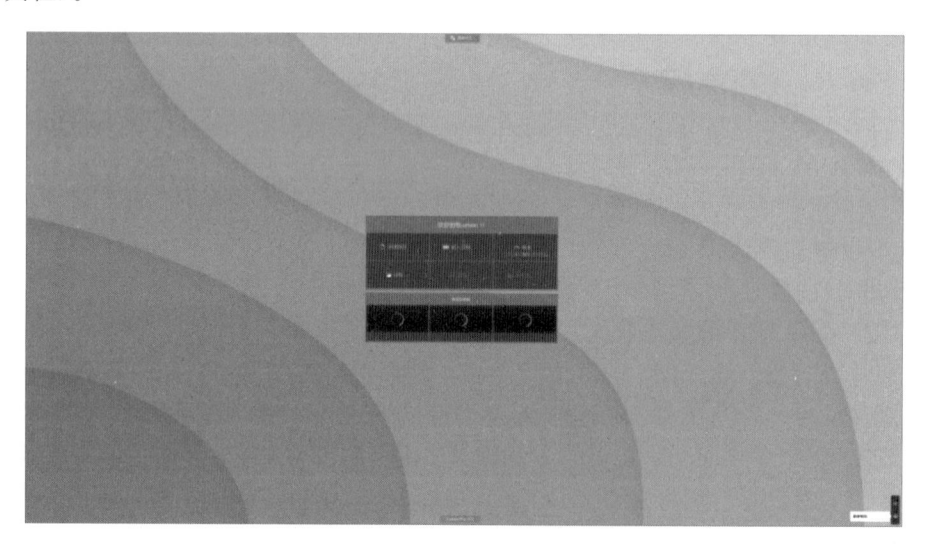

图 3.1 文件面板

1）创建新的：打开一个新的项目，提供了 9 个风格的场景进行选择，常用的为第一个场景。

2）输入范例：提供 9 个官方场景进行学习。

3）基准：查看当前电脑配置，并运行 Lumion 流畅程度检测。

4）读取：打开 Lumion 源文件。

5）保存：将源文件进行覆盖保存（注：新场景第一次创建需要另存为一份新的文件）。

6）另存为：将源文件储存为一份新的副本（注：需要先创建新场景或打开范例才可进行另存）。

（2）模式切换。创建场景后，在各界面的右下角可以找到模式切换工具栏，用于各模式的切换。Lumion 还提供了其他一些设置用于更高效地操作和控制软件的各种功能，可以根据自身的需要和偏好，对界面进行调整和自定义，以提高工作效率，如图 3.2 所示。

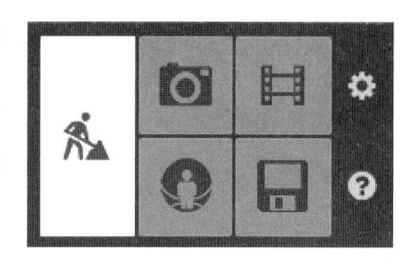

图 3.2 模式切换工具栏

（3）资源面板：资源面板是一个用于浏览和选择材质、模型、植被、人物、天空和其他可用元素的面板。用户可以从预设的资源库中选择并拖放这些元素到场景中。上方调整栏可以调整材质的属性，进行地形塑造和水体模拟等操作，如图 3.3 所示。

图 3.3 资源面板

（4）编辑面板：编辑面板提供了对场景中元素的编辑和调整选项。用户可以在这里对模型进行缩放、旋转、移动等操作，如图 3.4 所示。

图 3.4 编辑面板

（5）图层面板：图层面板允许将不同的模型、物体和其他场景元素分组，并根据需要进行控制、编辑和调整，如图 3.5 所示。

图 3.5 图层面板

1）切换：单击其他图层可进行切换，切换后放置的新物体会置入到当前图层当中（也可对已选中物体进行图层切换）。

2）隐藏：单击小眼睛的图标可以对图层进行隐藏（注意：当前活动图层不可隐藏）。

3）重命名：单击当前图层名称可以进行重命名。

(6) 拍照面板。

1) 预览窗口：Lumion 的预览窗口可以在软件中实时查看场景渲染效果。按住鼠标右键旋转视图时会有构图线以辅助构图，下方可以调整相机焦距、高度及位置，如图 3.6 所示。

图 3.6 拍照面板

2) 视口窗口：Lumion 提供了多个视口窗口用于查看场景、模型和效果的实时预览。将鼠标放到对应视窗上，可以进行保存相机，单击相机下面的名称可以更改当前场景的名称。

3) 效果面板：效果面板包含各种效果选项，如阴影、反射、雾效、深度效果和后期处理等。单击"自定义风格"按钮可以切换预设风格，添加新的特效可以点击"特效"按钮。

(7) 动画模式。

1) 动画面板：动画面板用于设置相机路径和动画效果。用户可以在这里创建相机路径，设定相机的运动方式和速度，添加漫游、旋转和缩放等动作，以创建生动的漫游和展示。

2) 时间轴：时间轴显示了动画的时间线和关键帧。用户可以在时间轴上控制动画的播放、添加关键帧、调整关键帧之间的插值等。

3.1.2.2 Lumion 的基础操作

(1) 键盘操作。

1) WASD 键：在主视口中，按下 W、A、S、D 键可以进行场景的前进、向左、后退和向右移动。

2) QE 键：使用 Q 键进行视图的上升，使用 E 键进行视图的下降（注意：与当前视角有关）。

3) 方向键：使用方向键可以进行场景的前进、向左、后退和向右移动。

(2) 鼠标操作。

1) 右键拖动：按住鼠标右键并拖动鼠标可以改变视角，进行场景的旋转。

2) 鼠标滚轮：使用鼠标滚轮可以进行场景的缩放，向前滚动可以放大场景，向后滚动可以缩小场景。

(3) 组合键操作。摁住组合键不放手的同时，使用键鼠操作会有对应的加减速效果。

1) Shift 键：按下 Shift 键可以提升相机的移动速度。

2) Space 键（空格键）：按下空格键可以降低相机的移动速度，方便对材质进行微调。

3) Shift＋Space 键（空格键）：同时按住两个快捷键，可以 2 倍加速相机的移动速度。

4) O 键：先按住键盘 O 键和鼠标右键不放手（注意：需先按住 O 键），拖动鼠标可以改变视角，进行围绕物体的旋转。常用于漫游动画鸟瞰镜头的制作。

3.1.3 Lumion 的模型调节
3.1.3.1 素材库的调用

Lumion 素材库是设计师在创建逼真景观模型时的重要资源库，包含丰富种类的模型、灯光、材质和粒子特效（如喷泉、火焰）等资源。善于利用素材库可以极大提高制图效率和效果。

（1）Su 模型导入。

1）打开 Lumion 软件，创建一个新场景或打开现有的场景。

2）在 Lumion 界面的左侧找到资源面板，点击面板上的"导入新模型"按钮。

3）在弹出的导入窗口中，选择 SketchUp 模型文件（通常是以 .skp 为扩展名），然后点击"打开"，如图 3.7 所示。

微课程 3.4 素材库的使用

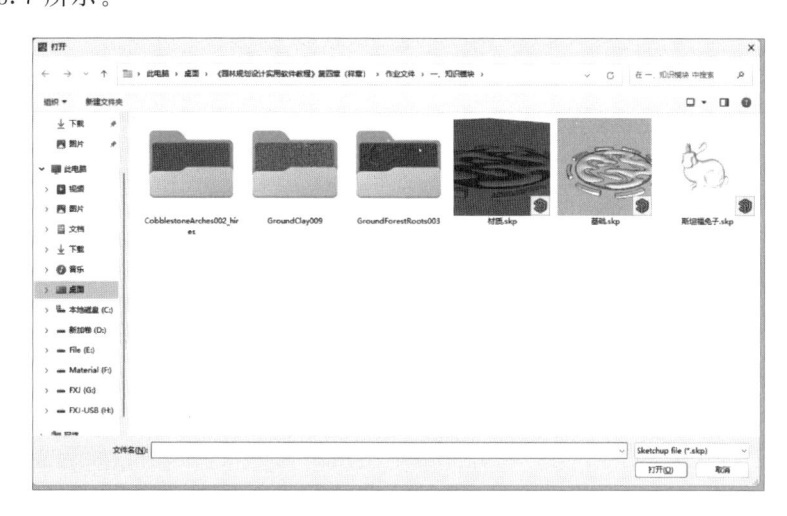

图 3.7 打开文件

4）直接点击"确定"即可，如果导入过相同名称的模型需要更改模型名称。

5）Lumion 会自动将 SketchUp 模型导入到场景中，并在主视口中显示出来。导入过程可能需要一些时间，具体取决于模型的复杂性和大小。

6）如果需要再次放置或模型过大，则需要在左下角资源面板找到"导入的模型"，之后在弹出的素材库中选择模型进行放置。

（2）自带素材放置。

Lumion 提供了一个丰富的自带素材库，包括材质、植被、人物、车辆等，可以快速添加和调整这些元素到场景中，使场景更加生动和丰富。

1）在 Lumion 界面的左侧，找到资源面板，可以看到不同的素材类别选项卡，如自然、人和动物、车辆等。

2）点击任意素材类别选项卡，然后将会看到该类别下的各种素材缩略图。

3）浏览素材缩略图，找到想要使用的素材。可以点击上方类别进行切换，也可以点击对应页码进行翻页，或通过在搜索框中输入物体的名称或关键词来快速筛选和选择特定的物体。

4）可以将常用素材点击缩略图左上角的"Toggle favorite"按钮进行收藏，方便之后在收藏夹中找到常用素材，如图 3.8 所示。

5）一旦找到了需要的素材，可以通过点击并拖动素材缩略图，将其拖放到主视窗中的合适位置，从而添加到场景中。

关键点提示：可以通过编辑命令快捷键在放置时调整旋转角度、大小属性，或使用 Lumion 的工具栏和属性面板进行进一步的调整，其中 R：绕 Y 轴旋转，L：缩放。

3.1.3.2 模型调节

模型调节是 Lumion 软件操作中的重要环节，通过对三维模型进行位置、角度和大小的调整，使得模型在场景中呈现出理想的效果。

(1) 选择物体。

选择和编辑物体时需要先在资源面板选择对应的素材类别。如：只有在选择人和动物类别后，才可以在对应素材上找到可供编辑的控制点。若忘记素材类别或想同时选中多个不同类比物体进行编辑，可以选择全部类别。

图 3.8 收藏素材

1) 单击选择：在 Lumion 的主视窗中，使用鼠标左键单击物体，即可选择该物体，选中的物体会显示选中状态的外边框或高亮显示。

2) Ctrl 键：按住 Ctrl 键不放，左键单击多个物体，即可进行交叉选择，将未选中的物体选中，或将已选中的物体减选，选中的物体会同时显示选中状态。

3) 框选选择：按住 Ctrl 键不放，按住鼠标左键并拖动鼠标，绘制一个框选范围，该范围内的物体将被选择。释放鼠标左键后，选中的物体会显示选中状态。

4) 加选框选：如果想在选中部分物体的基础上，进行进一步的框选，可以按住 Ctrl+Shift 键不放，移动鼠标左键并拖动鼠标，绘制框选范围。释放鼠标左键后，选中的物体会显示选中状态。

5) 取消选择：按住 Ctrl 键不放，鼠标左键单击空白处，可以取消当前选择的物体。

关键点提示：当激活选择、绕轴旋转、缩放、删除命令时，都可通过此方式选择物体，激活放置物体命令时无法选择物体。物体的可选择性取决于其是否可编辑或是否位于可视图层范围内。有些物体可能被隐藏，无法直接选择。确保物体在编辑模式下且可见，以便能够成功选择和编辑它们，如图 3.9 所示。

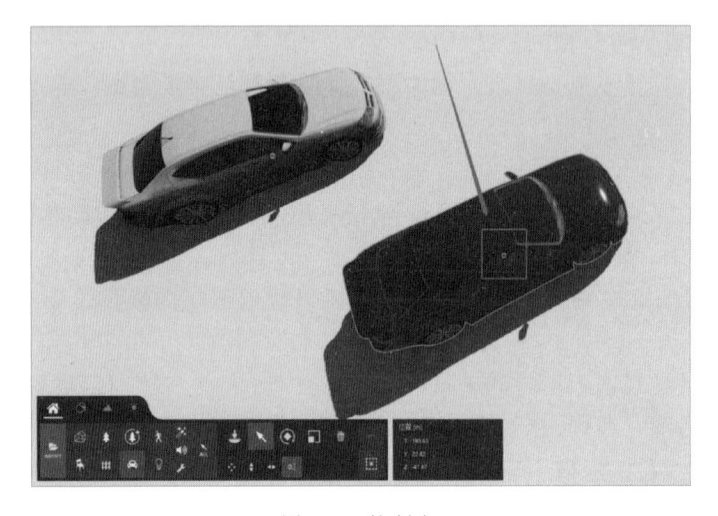

图 3.9 控制点

(2) 编辑物体。

选中素材之后，通过调整控制点可以进行移动、旋转、缩放、删除等操作。

1) 移动物体。

自由移动（快捷键：M）：选择要移动的物体，然后按住鼠标左键并拖动物体控制点，即可将其移动到新的位置，并会捕捉到对应模型。

向上移动（快捷键：H）：选择要移动的物体，然后按住鼠标左键并上下拖动物体控制点，即可将其移动到新的高度。

水平移动（快捷键：自由移动时按住 Shift 键）：选择要移动的物体，然后按住鼠标左键并拖动物体控制点，即可将其移动到新的位置，不会捕捉到对应模型（常用于灯光、雾气等漂浮在半空中的物体）。

精确移动：可以通过手动输入位置坐标来精确移动物体。选中物体后，在属性面板的位置选项中修改 X、Y、Z 轴的数值，即可实现精确的移动，如图 3.10 所示。

图 3.10　精确移动

移动复制：在移动时按住 Alt 键不放，可以创建当前物体的副本。

锁轴移动：在移动时按住 X、Z 键不放，可以锁定对应的 X、Z 轴进行移动（常用于灯光、车辆等固定路径的物体）。

2）旋转物体。

绕 Y 轴旋转：选择要旋转的物体，然后按住鼠标左键并拖动物体控制点，即可绕物体的中心点进行 Y 轴旋转。

精确旋转：选择要旋转的物体，可以通过在属性面板的位置选项中左右拖动滑杆修改 X、Y、Z 轴的旋转度数来实现精确的旋转，如图 3.11 所示。

图 3.11　精确旋转

3）缩放物体。

物体缩放：选择要缩放的物体，然后使用鼠标左键向上拖动以放大物体，向下拖动以缩小物体。

精确缩放：选择要缩放的物体，可以在属性面板的位置选项中修改 X、Y、Z 轴的左右拖动滑杆来实现精确的旋转。

关键点提示：在 Lumion 当中，见到有滑杆的面板（比如上一节的旋转或之后的特效面板），可以通过按住 Shift 键左右拖动进行微调。

未按住 Shift 键，精确到小数点后 1 位，且容易误操作。

按住 Shift 键，精确到小数点后 4 位，不容易误操作，如图 3.12 所示。

图 3.12　精确尺寸缩放

4）删除物体。选择要删除的物体，单击物体的控制点或右上角编辑面板中选择删除。

(3) Su 导入模型的更新。

1）若 Su 模型发生改变，需要先保存 Su 模型，之后会在 Lumion 当中更新文件，这里以"00.skp"Su 文件更改材质为例，给 Su 模型赋予颜色，方便下一步对材质进行替换。

2）选择模型：先切换到已导入的模型类别后，选中对应的 Su 模型。

3）更改模型：在弹出的导入窗口中，选择更新，如图 3.13 所示。

4）继续编辑：一旦更新完成，场景中的 SketchUp 模型将会更新为最新版本的文件，可以继续在 Lumion 中进行编辑、渲染和添加效果等操作。

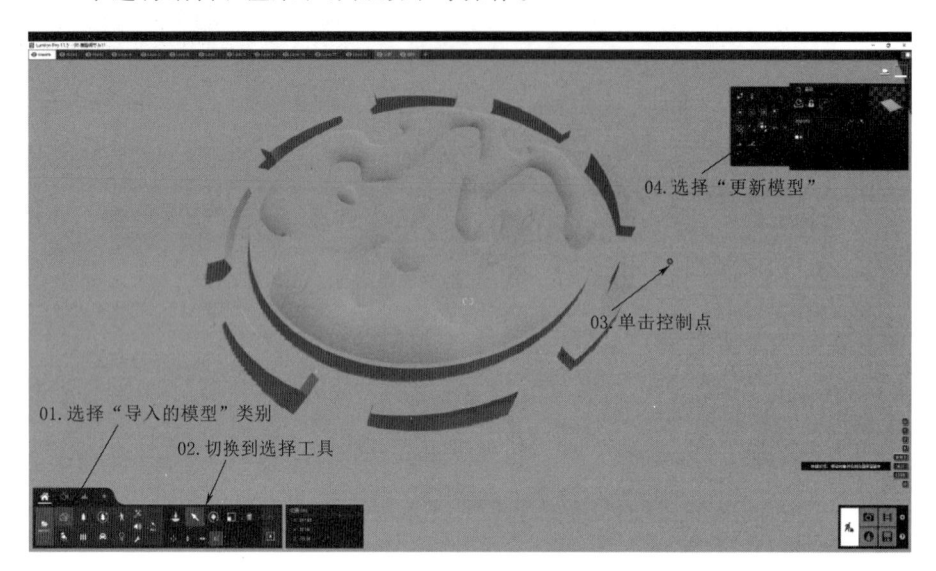

图 3.13　更新 Su 模型

关键点提示：新建 SketchUp 文件时，Lumion 将会保留在场景中应用的任何更改，如位置、材质、纹理等。然而，如果更新的 SketchUp 文件与已存在的模型在结构或组件上有重大差异，可能会导致一些调整和重新设置的需要。在更新 SketchUp 文件之前，建议备份 Lumion 场景文件，以防意外发生。这样即使更新过程中出现问题，仍然可以回到之前的版本。

3.1.3.3　图层调整

在 Lumion 中，可以使用图层功能来组织和调整模型的可见性和编辑状态，如图 3.14 所示。通过将模型放置在不同的图层中，可以方便地控制模型的显示或隐藏，以及哪些模型可以编辑。在 Lumion 界面的上方，会看到一个图层面板，可以点击"总是显示图层"来固定图层面板。

图 3.14　图层编辑

（1）创建图层：在图层面板中，会看到默认的图层，如"Layer1"等。可以点击图层面板上的"＋"图标来创建新的图层，最多可以创建 20 个图层。

（2）调整图层的编辑状态：在图层面板中，单击图层可以切换对应图层的编辑状态。如果铅笔图标是亮着的，表示选中的是该对应图层；如果是灰色的，表示该图层未被选中。

（3）调整图层的可见性：在图层面板中，每个图层都有一个眼睛图标，用于控制该图层中模型的可见性，单击眼睛图标可以隐藏当前图层。如果图层是红色，则表示该图层被隐藏。

（4）单击当前图层可以对图层进行名称更改，方便后期快速找到对应图层。

（5）将模型分配给图层：选择想要调整图层的模型，在弹出的修改面板中，将图层下拉菜单展开，修改至需要调整的图层。

3.1.4 Lumion 的材质系统

3.1.4.1 材质编辑面板

材质是用于定义三维模型表面外观的属性集合。材质不仅决定了物体的颜色，还包括光泽度、透明度、反射率、凹凸程度等特性。通过这些属性可以模拟各种真实世界中的物质，材质的应用和调整是提升模型真实感和视觉效果的重要手段，如图 3.15 所示。

图 3.15 材质编辑面板

（1）材质选择和调整。

1）打开材质编辑器：在 Lumion 的界面中，可以找到一个名为"材质"或"编辑材质"的按钮或选项。点击该按钮或选择相应的选项，即可打开材质编辑器。

2）选择要编辑的材质：在材质编辑器中，可以通过鼠标左键单击选择要编辑的特定材质，绿色高亮即可选中对应模型。注意：需要先在建模软件中进行材质区分。以 Su 为例，在 Su 中将每个台阶换一个不同名称的材质，这样才能在 Lumion 中替换或编辑。

3）应用和保存：一旦完成了对材质的编辑，可以点击"√"按钮将修改应用到所选的模型或物体上。如果觉得不如更改之前的效果，可以点击"×"放弃保存。

（2）材质库。

材质库运用：在上方有各种材质类别，如我们可以找到"各种-三维草-Wild Grass 02"材质赋予到地面上，如图 3.16 所示。

图 3.16 材质编辑

3.1.4.2 标准材质讲解

标准材质是 Lumion 中最常用，也是参数最标准的材质。它们决定了模型表面的视觉效果，包括漫反射、反射、光泽等属性，如图 3.17 所示。通过对标准材质的深入了解和应用，设计师可以显著提升模型的真实感和视觉吸引力。

（1）标准滑块。

1）数值调整：拖动滑块以调整对应参数的数值，对于更精确的控制，可以直接在滑块旁边的输入框中键入具体的数值。

2）着色：这个选项允许用户调整材质的基本颜色，通过颜色选择器与滑块数值相叠加的方式，可以为材质选择所需的颜色。

3）光泽：这个选项可以控制材质的光泽度或亮度。通过调整这个滑块，可以模拟从哑光到高光泽的各种材质效果。

4）反射率：这个选项决定了材质反射光线的能力，通过增加或减少反射率，可以模拟从非反光的木材到高反光的金属的各种效果。

5）视差：也称为凹凸效果，它模拟材质表面的微小起伏，通过调整这个滑块，可以为模型添加更多的纹理和细节。

6）位移：这个选项可以为3D模型的表面添加额外的三维细节，通过调整这个滑块，可以为3D模型添加逼真的三维细节。

7）地图比例尺：这个选项允许调整贴图在模型上的大小，通过增大或减小比例尺，可以确保贴图与模型的尺寸匹配（要点：若模型从Su导入时即自带贴图，数值为0则是导入时大小）。

（2）材质贴图（图3.18）。

图3.17　标准滑块

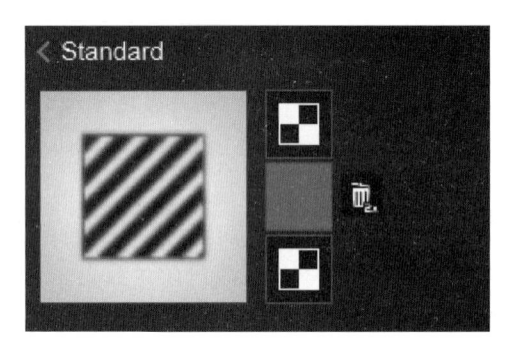

图3.18　材质贴图

1）贴图使用：在Lumion中，首先选择想要修改的对象，在材质选项中，选择"标准材质"，在材质编辑器中，会看到不同的贴图选项，如"颜色贴图""凹凸贴图""位移贴图"等，点击相应的贴图图标，这将打开一个文件浏览器，允许用户选择和导入自己的贴图。

2）漫反射贴图：漫反射贴图是一个颜色贴图，它定义了3D物体表面的基本颜色。它通常包含物体的基本颜色和纹理信息，为模型提供基本的颜色和纹理，其决定了物体在没有光照或反射的情况下的外观。

关键点提示：带有黄色警告图标的纹理不能被复制或保存到材质文件中，因为它们被分配到Lumion以外的模型中。

3）法线贴图：法线贴图是一种特殊的贴图，用于模拟3D模型表面的微小细节而不实际增加模型的多边形数。特别是在光照条件下，为模型提供表面的细节和复杂性。与凹凸贴图相比，法线贴图提供了更精确和细致的表面细节模拟。

关键点提示：如果想要给材质添加一个新的漫反射贴图，Lumion会自动创建一个法线贴图（带图层蒙版）。

4）凹凸贴图：凹凸贴图是一种灰度贴图，用于模拟3D模型表面的高度差异。黑色表示凹陷，白色表示凸起。与法线贴图类似，凹凸贴图也用于增加模型表面的细节。但与法线贴图不同，凹凸贴图不会改变表面的法线方向，而只是模拟表面的高度差异。

关键点提示：推荐使用材料库中带有"d"图标的材料，其包括预先制作好的置换图。

（3）编辑材质（如图3.19所示）。

图3.19　材质编辑

1）复制材质：选择想要复制材质的对象，在材质编辑器中点击"复制"按钮，此时所选对象的材质设置已被复制到剪贴板上。

2）粘贴材质：选择想要应用之前复制材质的对象，在材质编辑器中，点击"粘贴"按钮，所选对象的材质将被替换为之前复制的材质。

3）保存材质：选择想要保存材质的对象，在材质编辑器中，点击"保存"按钮（通常是一个磁盘或保存图标），选择一个位置和文件名，然后保存材质设置，通常会保存为一个特定的Lumion材质文件。

4）加载材质：选择想要加载材质的对象，在材质编辑器中，点击"加载"或"导入"按钮，浏览到之前保存的材质文件，然后选择它，所选对象的材质将被替换为加载的材质。

（4）扩展材质面板（如图3.20所示）。

1）纹理位置/纹理方向：这个参数可以调整贴图在3D模型上的位置和方向，通过移动、旋转贴图，可以确保贴图与模型的形状和尺寸匹配。

关键点提示：地图比例尺数值不为0才可以用。

2）透明度/打蜡：这个滑块可以调整材质的透明度或模拟打蜡的效果，通过调整透明度的数值，可以模拟半透明的材质，如玻璃、半透明配楼或薄纱，通过调整打蜡的数值，可以模拟蜡烛的材质效果。

图3.20　扩展材质面板

3）设置：这个面板通常调整自发光的亮度，通过调整自发光的数值，模拟出灯罩、LED灯、广告灯牌、电视机等效果。

4）风化：这个参数模拟了材质随时间和环境因素而发生的自然风化效果，通过调整风化滑块，可以为模型添加岁月的痕迹，如褪色、裂纹或侵蚀。

5）叶子：这个参数专门用于模拟植物的叶子，它可以选择不同的叶子类型、形状和颜色，以及调整叶子的大小、密度和方向，通常用于模拟修剪后灌木丛的效果。

3.1.5　Lumion的场景创建与编辑

3.1.5.1　景观面板

在Lumion中，景观面板（Landscape Panel）是一个功能强大的工具，用于创建和编辑场景的自然环境、地形和植被。通过景观面板，可以添加地形、河流、湖泊、草地、树木等元素，使场景更加生动和逼真。园林景观专业对地形、水体等模型精度要求较高，更多以建模软件为主，景观仅作辅助地形绘制，这里只做快速讲解。

（1）高度编辑：使用景观面板，可以创建和编辑场景的地形。可以调整地形的高度、斜度、平滑度等，以塑造山丘、峡谷、平原等地形特征。通过工具栏中的各种工具，如提起、降低、平滑、起伏等，可以自由地修改地形形状，如图3.21所示。

微课程3.8
景观天气面板

图3.21　高度命令

（2）水体设置：景观面板允许添加和调整水体，如河流、湖泊和海洋。可以通过选择水体类型、设置水体的形状、大小和深度等属性来创建自然的水体效果。此外，还可以调整水体的透明度、颜色和波动效果，使其看起来更真实，如图3.22所示。

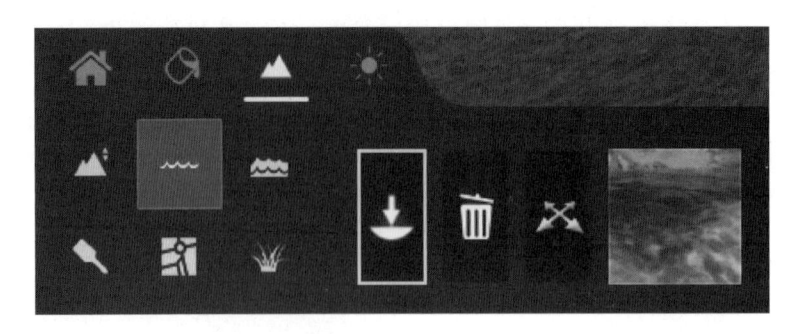

图3.22 水命令

（3）海洋设置：通过添加海洋，可以为场景创建逼真的水体效果，模拟海洋、湖泊、河流等自然水体的外观和动态特征。海洋可以使整个场景看起来更加真实和自然，如图3.23所示。

图3.23 海洋命令

（4）描绘面板："描绘"是一个功能，它允许在场景中绘制不同的材质效果，如植被、土壤、草地、鹅卵石等材质。通过描绘工具，可以以自由形式在场景中绘制这些材质，而无需依赖预设的模型库，如图3.24所示。

图3.24 描绘命令

（5）景观草："景观草"是一种特殊的植被元素，用于模拟场景中的草地效果。景观草可以为场景增加逼真的草地细节，增强场景的真实感和自然感。相比材质中的三维草，景观草流畅度更高，适合大面积使用，如图3.25所示。

图3.25 景观草命令

3.1.5.2 天气面板

环境设置：通过天气面板，可以调整场景的太阳设置，如高度、角度、亮度等。可以选择不同的天气和时间设置，调整光照的强度，以获得所需的氛围和光照效果，如图3.26所示。

关键点提示：这里不要启用真实天空，后面我们会在特效面板中进行详细调整。若在天气面板中打开真实天空，就会覆盖掉特效面板中一些特效。

图 3.26 天气面板

3.1.5.3 拍照面板

拍照面板是 Lumion 中用于捕捉和管理静态渲染图像的重要工具。通过拍照面板，设计师可以精确设置相机视角、添加特效、调整光照和环境，从而生成高质量的效果图，如图 3.27 所示。

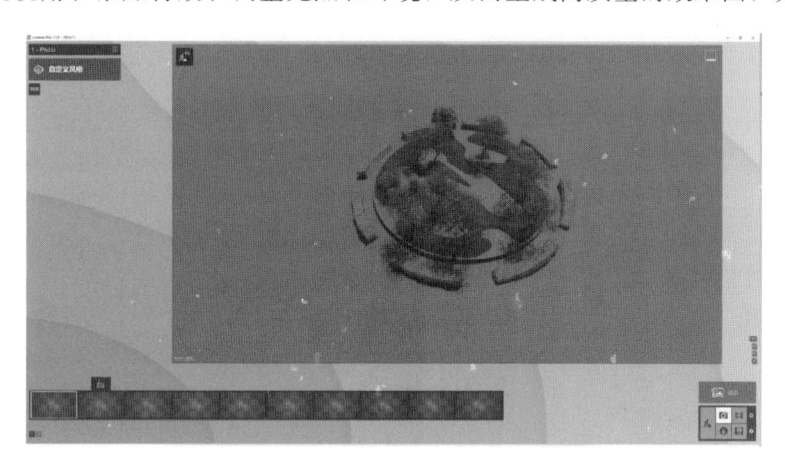

微课程 3.9
拍照面板

图 3.27 拍照面板

（1）创建与调整。

1）选择视角：在 3D 场景中，使用鼠标和键盘导航到想要捕捉的视角。

2）保存视角：在找到满意的视角后，点击"新建"或"＋"按钮，将当前视角保存为一个照片。

3）管理照片：在拍照面板中，可以看到所有已保存的照片缩略图，点击任何照片可以加载和编辑它。使用管理工具可以重命名、删除或重新排序照片。

（2）特效面板使用。

1）添加效果：在拍照面板的右侧，点击"添加效果"按钮，从列表中选择您想要的效果，如"太阳""阴影""色调映射"等。

2）调整效果参数：每个效果都有其特定的参数可以调整，例如太阳的位置、阴影的密度等。

3）效果堆叠：可以添加多个效果，并通过拖放来调整它们的堆叠顺序，这会影响效果的应用方式和最终的渲染结果。

4）预设效果：Lumion 还提供了一些预设效果组合，可以快速应用到照片上，如图 3.28 所示。

（3）渲染输出。

1）预览渲染：在应用所有效果并调整好参数后，可以点击"预览"按钮，查看渲染的效果。

2）开始渲染：满意预览结果后，点击"开始渲染"或相应的按钮，Lumion 将开始渲染高质量的图像。

3）选择输出分辨率：在开始渲染之前，可以选择输出

图 3.28 特效面板

的分辨率，如1080p、4K等。

4）保存和导出：渲染完成后，点击"保存"或"导出"按钮，将渲染的图像保存为.jpeg或.png等其他格式，如图3.29所示。

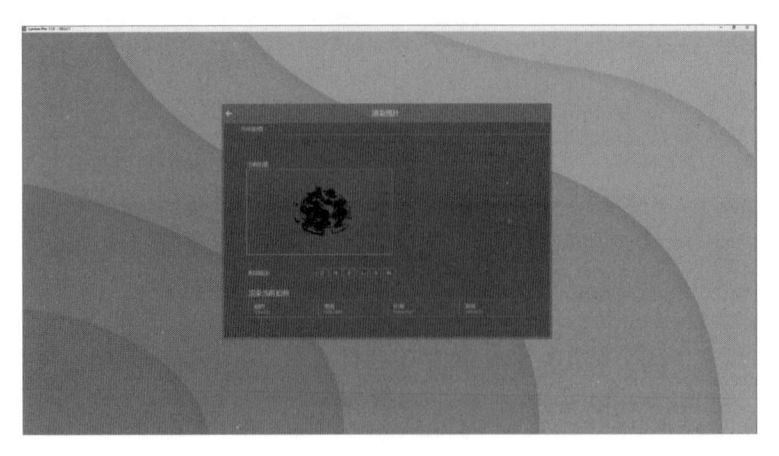

图3.29 渲染面板

3.1.6 Lumion的特效系统

3.1.6.1 两点透视

此特效用于调整摄像机的透视，将所有竖向的线矫正为垂直，从而消除摄像机倾斜时的透视失真，如图3.30所示。

（1）启用：通过"启用"按钮来决定是否打开特效。

（2）数量：调整数量滑块以控制效果的程度。

3.1.6.2 太阳

调整太阳的位置、亮度和颜色，模拟不同的时间和天气条件，如图3.31所示。

图3.30 两点透视特效

图3.31 太阳特效

（1）太阳高度：调整太阳在天空中的高度，范围从地平线到天顶。

（2）太阳绕Y轴旋转：控制太阳在天空中的角度，模拟光照的方向。

（3）太阳亮度：控制太阳的亮度，影响整个场景的照明强度。

（4）太阳圆盘大小：控制太阳在渲染中的视觉大小，以及打开镜头光晕后会影响太阳光晕的大小。

3.1.6.3 天空和云

调整天空的外观，包括云的形状、密度和高度。在天空面板中可以找到此特效，如图3.32所示。

（1）云速度：调整云在天空中移动的速度。可以模拟风的强度和方向，在动画中会更改此选项。

(2) 主云量：控制天空中云的数量。滑块向左滑动会减少云量，向右滑动会增加云量。

(3) 天空亮度：调整大气当中天空的亮度，会对场景中的照明、反射有显著的影响。

关键点提示：添加天空和云后，可以通过调节特效顺序，将太阳特效放置在天空和云特效之上来对太阳进行单独的调节，此时天空和云特效只提供背景环境和反射环境。

3.1.6.4 真实天空

提供一系列高质量的天空背景，可以为场景快速创建逼真的背景和氛围，模拟不同的时间和天气条件。这个特效为渲染提供了高质量的环境光照，增强了整体的真实感和质量，如图 3.33 所示。

图 3.32 天空和云特效　　　　　图 3.33 真实天空特效

(1) 选择天空：提供了一系列预设的高质量天空背景，包括晴天、多云、日落、黄昏等不同的天气和时间条件。

(2) 绕 Y 轴旋转：允许用户旋转天空背景，调整太阳或其他光源的方向。

(3) 亮度：调整天空背景的亮度，但不影响对场景的照明强度。

(4) 整体亮度：调整天空背景的整体亮度，影响对场景的照明强度。

关键点提示：添加真实天空特效后，会阻止天空面板中一些其他特效的使用，如天空和云、地平线云、月亮等。

3.1.6.5 雾气

为场景添加雾效果，模拟早晨的雾气或其他天气条件，如图 3.34 所示。

(1) 雾气密度：调整场景中雾气的浓度，使场景更加模糊或者清晰。在模拟早晨的轻雾或山区的浓雾时，可以适当调整雾气密度。

(2) 雾气衰减：控制雾气随距离的衰减程度，可随高度变化。在模拟深雾或浅雾效果时，可以调整此选项。

(3) 雾的亮度：调整雾气的亮度。在模拟夜晚或黄昏的雾气效果时，可以适当降低雾气的亮度。

(4) 雾的颜色：可以选择不同的颜色来模拟不同时间段或氛围下的雾气效果，如晨雾的淡蓝色或日落时的金黄色。在调整颜色后雾气过深的情况下，进一步增加颜色后方亮度数值。

3.1.6.6 阴影

控制渲染中的阴影效果，包括其颜色、亮度和柔和程度，如图3.35所示。

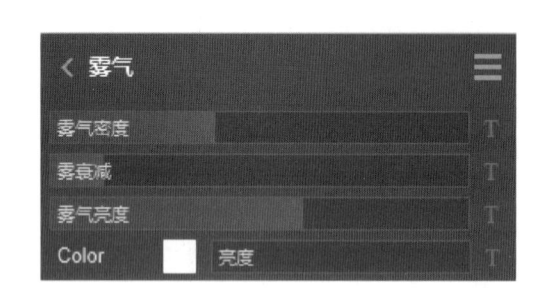

图3.34 雾气特效

图3.35 阴影特效

（1）亮度：调整阴影的明暗程度。向左拖动滑杆会使阴影更浅，向右会使阴影更深。在场景中，如果想要模拟夜晚或阴天的效果，可以降低亮度。

（2）室内/室外：选择阴影效果是应用于室内还是室外，滑杆偏向左边室内方向时，阴影呈现暖色；滑杆偏向右边室外方向时，阴影呈现冷色。

（3）柔和阴影：使阴影边缘更加模糊。在模拟自然光源时，如晴天的阳光时，柔和阴影可以使场景看起来更加真实，时刻保持开启即可。

（4）精美细节阴影：增强阴影的细节，勾选可以获得更真实的阴影计算，时刻保持开启即可。

3.1.6.7 反射

增强或调整物体表面的反射效果，如图3.36所示。

（1）Speedray：一种快速的反射技术，增强场景内所有材质的反射效果，材质本身反射数值越高越明显，时刻保持开启即可。

图3.36 反射特效

（2）编辑反射面：允许用户编辑和定义哪些物体表面应该有反射效果。例如，在模拟湖面或玻璃材质时，可以增强其反射效果，但只能编辑平面效果。

（3）平面边缘：在编辑反射面时，可以通过拉大平面边缘数值，让平面边缘部分及微曲面部分也能增强反射效果，时刻保持最大数值即可。

（4）预览：预览当前设置的反射效果，以确保达到预期的效果，建议在预览完后切换到无预览模式，以免计算机卡顿，不会影响最后的渲染效果。

关键点提示：反射平面编辑数量不能超过10个。

3.1.6.8 超光
增强渲染中的光照效果，使光线会进行多次反弹，让画面更加真实，如图3.37所示。

数量：调整超光的数量或强度，超光数量越高，光线反弹次数越多，暗部细节会越充足，在植物暗部过暗情况下可以将数值拉大。

3.1.6.9 天空光
模拟天空的散射光，为场景提供柔和的环境光照，如图3.38所示。

图3.37 超光特效　　　　　　图3.38 天空光特效

（1）亮度：调整天空光的亮度。模拟白天的照明时，可以增加亮度；模拟阴天或黄昏时，可以降低亮度。

（2）饱和度：天空光默认为蓝色天光，此选项可以调整天空光的颜色饱和度。例如，想要模拟白天时的效果，可适当降低饱和度，模拟夜晚时天空的效果，可以适当增加饱和度。

（3）天空光照在平面/投影反射中：定义天空光对模型产生的影响是否在反射到的模型中进行显示，两个选项时刻保持开启即可。

（4）渲染质量：调整天空光的渲染质量会极大程度影响渲染速度，建议保持法线质量即可。

3.1.6.10 镜头光晕
模拟相机镜头受到强光源的影响时，产生的光晕效果。

3.1.6.11 颜色矫正
调整渲染的颜色平衡、对比度和饱和度，如图3.39所示。

（1）温度：调整图像的色温。向左拖动滑杆会使图像偏向冷色，向右则偏向暖色。例如，在模拟夕阳场景时，可以适当增加色温。

（2）着色：调整图像的色调。向左拖动滑杆会使图像偏向绿色，向右则偏向紫色。

（3）颜色校正：温和地调整图像的饱和度。用于在图像颜色过于单调或过于鲜艳时进行调整。

（4）亮度：调整图像的亮度，一般不做调整，容易使图面发灰。

（5）对比度：向右边拖动滑杆可以增强图像的对比度，使画面黑白对比更为强烈，一般在图面发灰时适当增强画面对比。

（6）饱和度：调整图像的颜色饱和度。用于在图像颜色过于单调或过于鲜艳时进行调整。

3.1.6.12 曝光度
调整渲染的曝光度，确保图像既不过曝也不欠曝，如图3.40所示。

曝光度：调整图像的曝光度，向右拖动滑杆会增加曝光，向左则会减少曝光。用于在图像过曝或欠曝时进行调整。

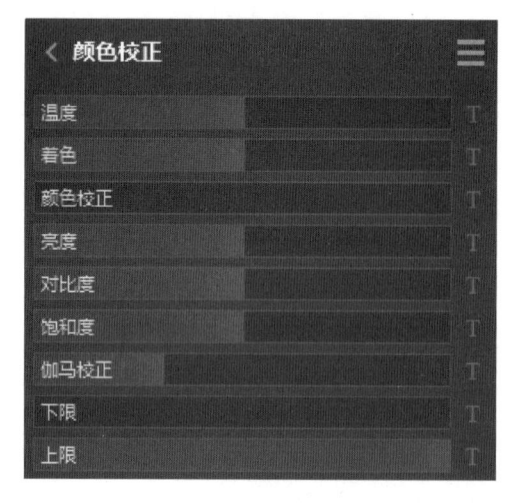

图 3.39 颜色矫正特效　　　　　　　　图 3.40 曝光度特效

小　　结

本节介绍了 Lumion 软件的基本操作，包括软件的工作界面、材质系统、特效调节、文件管理、渲染出图等内容。通过学习本小节，可以熟悉 Lumion 的基本功能，掌握 Lumion 的基础操作，并对 Lumion 这款软件有一个初步的认识，这些基本操作为后续的高级功能和实际项目应用奠定了坚实的基础。

练习实训

1. 将配套文件中的模型导入 Lumion 并尝试进行替换更新模型。
2. 应用材质并调整其参数，保存项目文件。
3. 进行地形绘制、特效调节并出图。

技能模块

☑ 掌握 Lumion 园林效果图工作流程；
☑ 熟悉 Lumion 材质调节及场景布置；
☑ 了解 Lumion 特效在场景当中运用。

3.2　Lumion 园林景观静帧效果图渲染

3.2.1　渲染的工作流程

（1）建模和场景准备：使用 3D 建模软件（如 SketchUp）创建建筑或景观模型，并进行必要的细节设计。确保模型的几何形状、材质和纹理均已就位，并设置适当的场景布局。

（2）导入模型：将建模软件中创建的模型导入到 Lumion 软件中。Lumion 支持导入多种文件格式，如 .skp（SketchUp 文件）、.dae（Collada 文件）、.fbx（Autodesk 文件）等。本章将以 SketchUp 文件进行讲解。

（3）相机路径和动画：使用 Lumion 的拍照模式，进行静帧效果图的创建及调整，以及通过动画模式设置相机的移动路径和视角，以创建动画效果。可以设置相机在场景中的漫游、旋转、

3.2　Lumion 园林景观静帧效果图渲染

缩放等动作，使观看者能够以更生动的方式浏览。

（4）材质和贴图编辑：在 Lumion 中对导入的模型进行材质和贴图的编辑（注意：需要先在建模软件中将材质 ID 进行区分）。Lumion 提供了大量的内置材质编辑选项及材质库，可以对材质进行细致的调整和定制，或选择适合的材质进行替换，使材质效果更加写实。

（5）灯光：通过在 Lumion 中添加照明和效果来增强模型的外观。可以调整光源的位置、强度和颜色，添加环境光、阴影和反射等效果，使场景更加真实和生动。

（6）特效：Lumion 特效面板提供了多种工具和选项，用于添加和调整各种特效效果，以增强场景的视觉效果和氛围，如天空、反射等。

（7）场景调整和细节添加：根据需要对场景进行调整和细节添加。可以添加植被、人物、车辆等元素，使场景更加丰富和逼真。还可以进行地形塑造、水体模拟等操作，以增强场景的真实感。

（8）渲染和预览：完成场景设置后，可以进行渲染和预览。Lumion 使用实时渲染技术，可以即时生成高质量的图像和动画。可以在实时视图中查看效果，并根据需要进行微调和修改。

（9）导出和分享：完成渲染后，可以将结果导出为图像、视频或交互式漫游文件。可以选择不同的输出格式和分辨率，以满足不同的需求。导出的文件可以在各种平台上进行分享和展示，包括电脑、移动设备和虚拟现实设备。

3.2.2　场景的参数调节

3.2.2.1　Sketchup 模型的导入

（1）导入模型。

1）打开 Lumion，选择"创建新的"，选择第一个场景为新场景打开，如图 3.41 所示。

2）使用菜单中的"导入新模型"选项，确保文件类型为"3D Object file"文件类型。

3）浏览计算机上的文件，找到"别墅"文件，选择并打开，如图 3.42 所示。

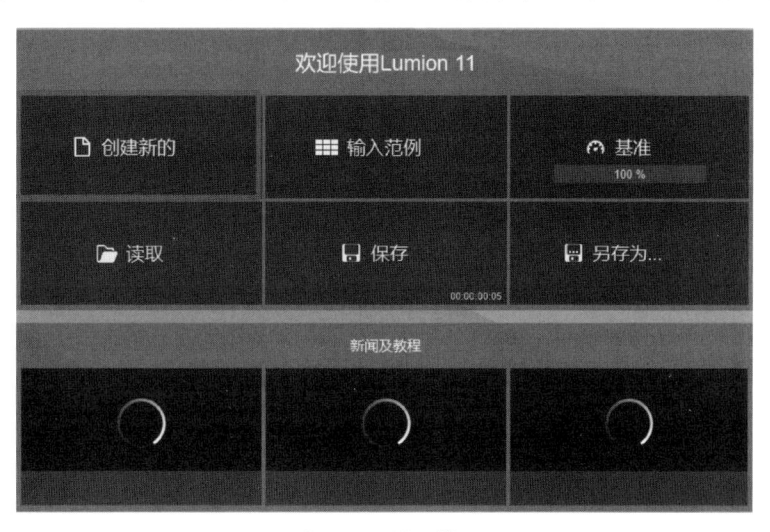

图 3.41　导入模型

（2）坐标轴归零。

1）切换到已导入的模型类别，选择"选择"工具，通过控制点选中模型。

2）选择移动面板＞精确移动＞将 X、Y、Z 坐标轴数值分别改为 0、2、0，抬高 2m，如图 3.43 所示。

3.2.2.2　构图的创建

在 Lumion 中创建构图是为了确定园林景观的总体布局和视觉焦点，一个好的构图可以显著

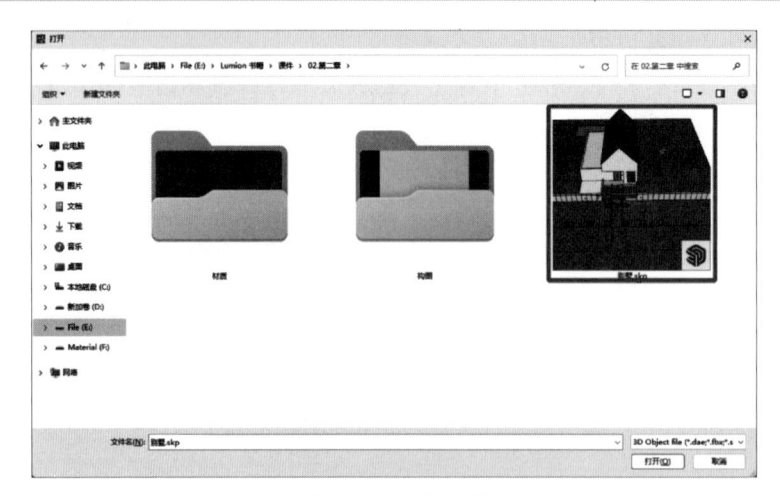

图 3.42　选择文件

图 3.43　坐标轴归零

提高场景的视觉效果和表达效果。

（1）焦距调节。

1）切换到相机视图。

2）通过滑竿滑动或单击键入值，将焦距选项设置为 24～28mm，如图 3.44 所示。

图 3.44　切换焦距

（2）人视图高度确定。

分三步去确认我们构图的视角，人物的位置→人物的高度→人物的视角，如图 3.45 所示，查看调整之后的效果。

1）利用 WASD 移动去调整人物的位置。

2）通过 QE 调整人物的高度。

3）按住鼠标右键去调整画面的构图。

（3）两点透视特效。

1）单击"特效"选项。

2）给场景号添加"两点透视"特效。

（4）太阳特效调节。

单击"特效"选项，给场景号添加"太阳"特效，调整"太阳高度"为 35、"太阳绕 Y 轴旋转"—135、"太阳亮度"为 1.2。

（5）进阶构图小技巧。

1）单击"特效"选项，找到"艺术 1"，添加"图像叠加"特效。

2）将课件中"构图"文件夹的"0.png"文件添加上，可以使画面变为竖构图（需要借助 ps 裁剪），如图 3.46 所示。

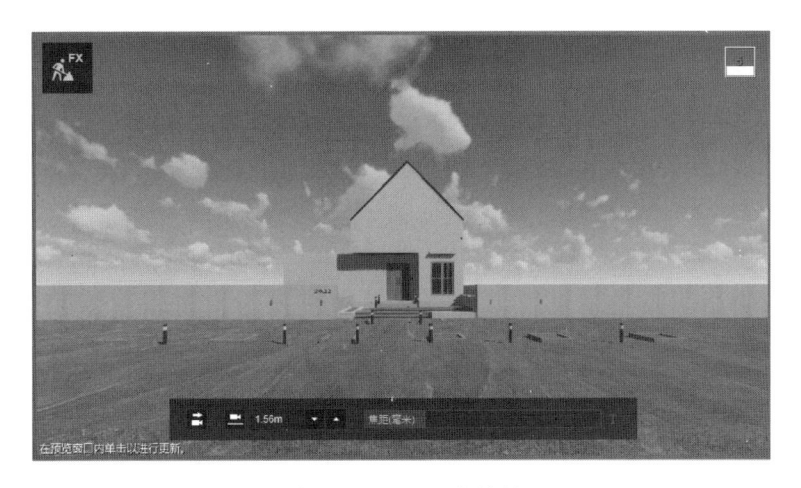

图 3.45 调整后的效果

图 3.46 构图调节效果预览

3.2.2.3 材质调节

材质调节是 Lumion 中关键的一步，通过调整材质来提升模型的真实感和视觉效果，正确的材质设置可以使景观设计更具吸引力和现实感。

(1) 三维草材质。

1) 选择"材质"面板，鼠标左键单击选中当前草，激活"材质库"，找到"各种"→"三维草"→"Woild Grass2"→双击赋予材质并激活调整界面。

2) 选择"选择颜色贴图"→替换为"课件"→"第 2 章"→"材质"文件夹当中的"01 草坪"。

3) 调整"草尺寸"为 0.1、调整"草长度"为 0.2、调整"地图比例尺"为 0.5，使草坪整体观感更加整齐，如图 3.47 所示。

(2) 常见材质。

将材质替换为素材库中自带的材质效果并进行微调，以达到快速调整材质质感的目的，如图 3.48 所示。

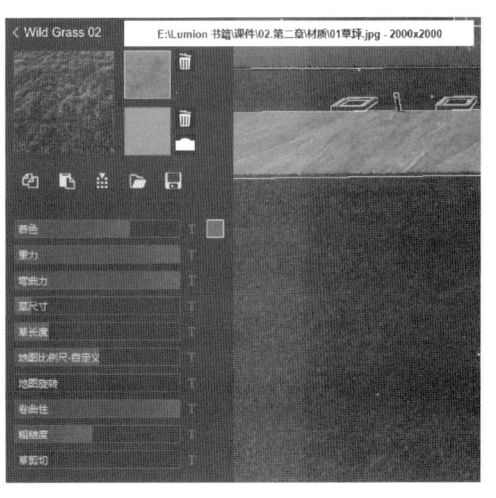

图 3.47 三维草设置

微课程 3.12 材质调节

图 3.48　材质调节效果预览

1) 路面材质：替换为"室外"→"沥青"→"Polii Citystreet Asphalt Generic Clean 001 2k"材质。

2) 木材材质：替换为"室外"→"木材"→"Polii Wood Plywood Flooring 001 2k"，将选择颜色界面调整为黑色♯000000（后面黑色代表同样数值）并将着色数值改为0.2。

3) 灯柱与窗框材质：替换为"室内"→"金属"→"铝"，将颜色界面调为黑色，着色数值改为0.45，并将"反射率"调整为0.8。

4) 墙体与屋顶材质：替换为"室外"→"混凝土"→"Polii Concrete 20 2k"材质，并将墙体的"着色"颜色调为白色♯ffffff，"着色"数值改为0.7，屋顶材质"着色"保持默认。

5) 地面材质：替换为"室外"→"混凝土"→"Polii Concrete 021 VAR1 2k"。

6) 玻璃材质：调整为"材质库"→"新的"→"纯净玻璃"。

7) 自发光材质：将灯片材质调整为"材质库"→"新的"→"标准材质"，将着色数值改为f0b967，打开"显示更多选项"，找到"设置"，将"自发光"数值改为120。

3.2.3　场景的环境布置及出图

以下部分植物会用到素材库中拓展植物部分，素材祥见配套素材库＞基础素材＞扩展植物挑选，素材库安装方法详见微课程3.4素材库的使用。

3.2.3.1　植物配置

场景布置涉及在Lumion中为园林景观场景添加自然元素和其他细节，如植被、人物、车辆等装饰物。这一步骤是为了营造一个完整且具有生命力的园林景观，如图3.49所示。这里植物布置通过前中后三种层次来营造空间感，使其更有逻辑地梳理场景布置。

（1）前景植物：添加植物"芒草""造型树04""龟甲冬青球01"到如图3.49所示的效果。

（2）中景植物：添加植物"紫薇""风车茉莉01""十大功劳""铁线莲01""铁线莲02""夹竹桃02""瓜子黄杨丛01"到如图3.49所示的效果。

（3）背景植物：添加植物"造型乔木05""鹅掌楸01""十大功劳""茶球01""TreeCluster2 Broadleaf Square M‐RT"到如图3.49所示的效果。

关键点提示：可以利用素材库当中的"搜索"命令快速搜索植物，下文当中中文名称搜索需要用拼音并用"空格"键隔开每一个中文字符，如芒草（mang cao）、龟甲冬青球（gui jia）。

3.2.3.2　人物车辆摆放

（1）添加人物"10307 m Marcel""10290 k Lilly""10069 m Kenneth"到如图3.50所示的效果。

（2）添加车辆"Car HD 007"到如图3.50所示的效果。

图 3.49 植物配置效果预览

图 3.50 车辆人物摆放效果预览

3.2.3.3 特效布置

特效布置是使用 Lumion 的特效工具来增强场景的视觉效果和艺术表现力。通过合理运用光影、雾气、镜头光晕等特效，可以大大提升场景的整体氛围，如图 3.51 所示。

微课程 3.14
特效布置

图 3.51 特效布置效果预览

特效预览效果请参看"第三章素材-习题素材-4.2-练习结果-特效流程"，文件名为添加对应特效后的效果。

(1) 添加"阴影特效"，调整"室内/室外"为 1，打开"柔和阴影"和"精美细节阴影"。
(2) 添加"反射特效"，打开"使实现"选项示。

(3) 添加"超光"特效。

(4) 添加"天空光"特效，调整"亮度"为 1.75，调整"饱和度"为 0.3，勾选"天空光照再平面反射中"，勾选"天空光再投射反射中"。

(5) 添加"天空和云"特效，调整"主云量"为 0、天空亮度为 0.9。

3.2.3.4 渲染出图

渲染出图是 Lumion 中最后一步，通过高质量的渲染，输出最终的图像或动画，以展示园林景观设计的效果。渲染出的图像将用于展示、汇报或宣传。

(1) 单帧、通道渲染。

选择对应的场景号，选择"渲染"按钮，勾选"DSLM"通道图后，选择需要的尺寸即可渲染，常用桌面 1920×1080 分辨率即可，如图 3.52 所示。

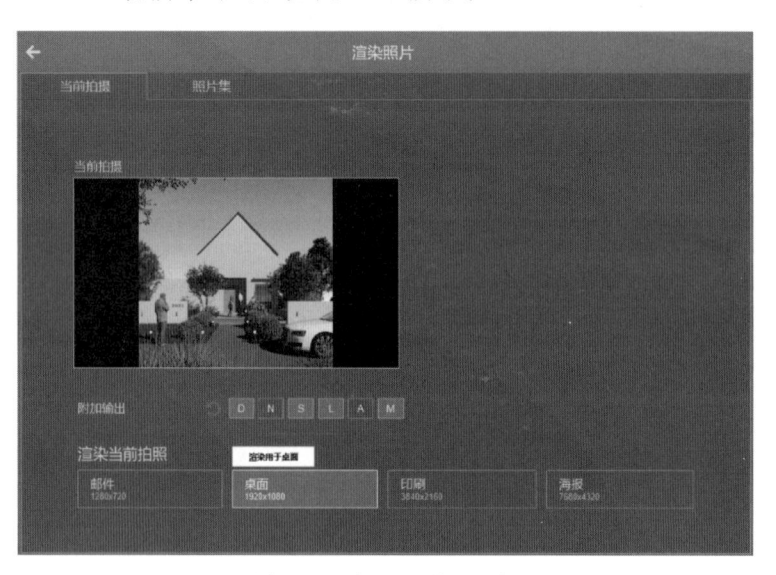

图 3.52 勾选通道图渲染

(2) 批量渲染。

在"渲染照片"→"照片集"界面→勾选所需的"场景号"和"通道图"，即可渲染需要的尺寸，如图 3.53 所示。

图 3.53 批量渲染

小　　结

本章节详细介绍了如何使用Lumion进行园林景观静帧效果图的渲染。了解并通过实际案例熟悉Lumion出图的工作流程，能极大提高工作效率。内容涵盖前期准备、构图创建、材质调节、场景配置、特效布置以及最终的渲染输出。通过本章节的学习，读者能够掌握如何创建高质量的静帧效果图，展示园林景观设计的细节和整体效果，提升设计的视觉表现力。

练习实训

1. 将配套文件中的模型导入Lumion并进行相机构图创建。
2. 应用材质并调整其参数，调节场景布置，保存项目文件。
3. 进行特效调节，调整日景、夜景两种风格并批量渲染。

应用模块

☑ 掌握Lumion动画漫游工作流程；
☑ 熟悉Lumion材质参数特效调节；
☑ 了解Lumion动画漫游应用场景。

3.3 Lumion在园林景观动画漫游中的应用

3.3.1 动画漫游在园林景观的应用

3.3.1.1 动画漫游应用

动画漫游在园林景观设计中有广泛的应用，主要用于展示设计的整体布局和空间体验。通过动画漫游，设计师可以引导观众沿着预设的路径游览整个园林景观，动态展示各个设计元素的配置和布局，提升观众对设计方案的理解和认可。

（1）总体布局展示：展示整个园林景观的布局和结构，让观众直观了解设计的整体规划。

（2）空间体验模拟：通过动态的视角切换，模拟人在园林中的步行体验，展示空间的层次感和流动性。

（3）设计细节呈现：详细展示园林中的设计细节，如植物配置、水景设计、照明效果等，提升设计的真实感和吸引力。

（4）环境氛围渲染：通过调整光照、天气和环境特效，模拟不同的时间和季节变化，展示园林在不同环境下的表现效果。

3.3.1.2 动画原理讲解

动画漫游的基本原理是通过设定镜头路径和关键帧，生成一系列连续的场景，最终合成一个流畅的动画。

以下是动画漫游制作的主要步骤：

（1）帧与关键帧。

1）帧：在动画和影视中，帧是一个静态的图像，当这些图像以一定的速度连续播放时，它们会产生动画效果。这种效果是基于人眼的视觉暂留现象，即当图像快速切换时，人眼会感觉到连续的动态画面。

2）帧率：指每秒钟播放的帧数。常见的帧率有 24fps（每秒 24 帧，常用于电影）、30fps（常用于电视节目）和 60fps（常用于视频游戏和高清视频）等。

3）关键帧：在动画制作中，关键帧是描述动画开始和结束状态的帧。它们定义了动画的主要动作和形状。在 Lumion 动画中，关键帧也用于定义属性的变化，如位置、旋转、缩放等。当设置了开始和结束的关键帧后，计算机软件会自动计算并生成中间的过渡帧，这称为关键帧插值。

（2）景别。

景别是指摄像机捕捉的画面范围，它决定了观众看到的是整个场景、一个人物，还是某个细节。

1）特写：主要展示人物的脸部或其他重要细节。

2）中特写：通常从人物的胸部以上拍摄。

3）中景：通常展示人物的上半身。

4）全景：展示人物的全身。

5）远景：捕捉更大的场景，人物可能只占据画面的一小部分。

6）超远景：通常用于展示广阔的背景或环境。

（3）运镜。

运镜是指在拍摄过程中摄像机的移动。这种移动可以为场景增加动态感，或帮助讲述故事。常见的运镜方式有：

1）推进：摄像机物理地向前移动。

2）拉远：摄像机物理地向后移动。

3）摇动：摄像机固定在一个位置，但镜头上下左右移动。

4）平移：摄像机上下左右水平运动。

5）转：被拍摄物体不动，相机围绕模型进行旋转。

（4）时间。

根据项目长度，定义动画的总时长及每个关键帧的持续时间。在 Lumion 当中，远景、超远景动画时间在 10～12s，一般用于鸟瞰镜头、中景、中全景动画时间一般在 6～8s，一般用于人视镜头、特写、中特写动画时间一般在 4～6s，一般用于特写镜头。

3.3.2　场景的参数调节

3.3.2.1　SketchUp 模型导入

确保 SketchUp 模型已完成所有必要的细节设计，以减少后期调节的工作量。

检查并修复模型中的任何错误，如未封闭的几何体或重叠的面。

使用合适的坐标系统和单位，确保模型在 Lumion 中的尺寸和比例准确。

（1）找到"现代庭院-0"文件导入。

（2）为确保模型在 Lumion 中的正确定位，将其坐标轴归零并将 Y 轴抬高 2m，以防止模型重叠，如图 3.54 所示。

3.3.2.2　构图的创建

确定场景的主视角和辅助视角，以突出园林景观的关键元素。

使用 Lumion 的相机工具设置不同的视角，并保存这些视角以便于后期调整。

调整相机的高度、角度和距离，以最佳方式展示景观设计。

（1）鸟瞰镜头创建。

从高角度视图出发，确保整体场景均在视野范围内。焦距为 24mm，调整完成效果，如图 3.55 所示。

图 3.54　导入模型并调整坐标轴归零

图 3.55　鸟瞰镜头预览

关键点提示：鸟瞰镜头不需要打开"两点透视"特效。

（2）人视镜头确定。

从地面视角出发，考量人的视线与视野。焦距为 24mm，人物高度为 1.8m，调整完成效果，如图 3.56 所示。

微课程 3.17
动画镜头创建

图 3.56　人视镜头预览

3.3.2.3　基础特效调节

在 Lumion 中通过调整光影、色调和其他基本特效，增强场景的视觉效果和现实感。对颜色、对比度及饱和度进行调整，并添加基础的光影效果，以增强真实感，如图3.57所示。

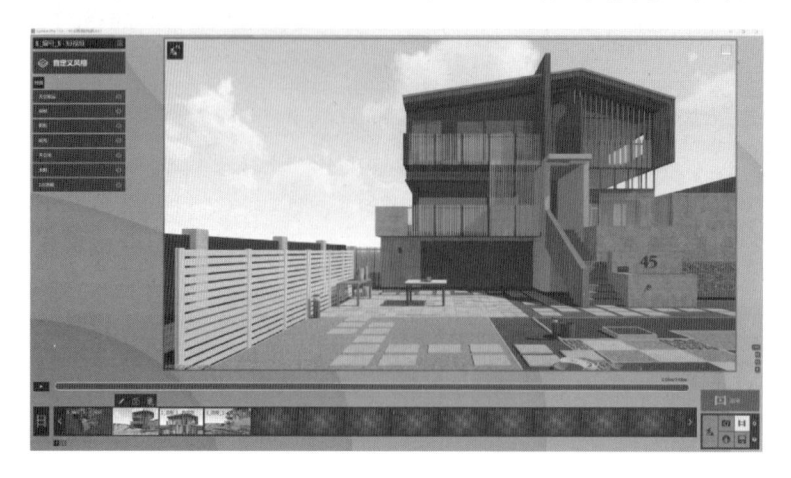

图3.57 构图后的效果

3.3.3 场景的环境布置

3.3.3.1 材质调节

（1）材质应用。

使用高质量的材质贴图，避免低分辨率或失真的材质影响视觉效果。

多次预览材质效果，确保在不同光照条件下都能保持良好效果。

不同材质之间要协调搭配，避免出现突兀或不自然的视觉效果。

根据需求选择素材库自带材质进行替换，并对其颜色、光泽度及纹理进行细致调整，调整后的效果如图3.58所示。

微课程3.18 材质调节

图3.58 材质调整预览

1）木地板与建筑立面木栅格板选择"室外"→"木材"→"polii wood flooring 06 3k"材质。

2）土地选择"各种"→"土壤"→"evermotion soil 001 2048"材质。

3）硬质铺装选择"各种"→"土壤"→"polii pebblesbeach 002 2k"材质。

4）楼梯、座椅、木地台选择"室外"→"木材"→"polii wood planksworn 023 var1 3k"材质。

5）混凝土选择"室外"→"混凝土"→"polii concrete polished 001 2k"材质。

6）墙面选择"室内"→"石膏"→"polii stucco 06 3k"材质。

7）玻璃选择"自定义"→"纯净玻璃"，并将颜色调为♯414141，反射率调整为0.1，内部反射调整为0.35。

（2）圆角、风化处理细节。

将木地板边缘、混凝土石台、木制楼梯、金属等材质利用材质风化当中的边工具制作出倒角的效果，以增强模型的真实感，并模拟自然老化的风化效果。

3.3.3.2 场景搭配

遵循景观设计的基本原则，如视线引导、空间层次、焦点营造等。

根据场景的主题和风格，选择合适的元素进行搭配，避免风格冲突。

利用Lumion的光照和阴影工具，增强场景的立体感和深度。

场景搭配后的效果图如图3.59所示。

图 3.59　场景搭配效果预览

（1）摆件增添细节。

将"椅子01""椅子02""遮阳伞01"摆放至如图3.58的位置。

（2）环境搭建。

1）将"现代庭院-1"移动复制到如图3.60所在的位置。

2）将"赤杨01"摆放至如图3.60所在的位置，为场景中的玻璃添加反射环境。

（3）灯光氛围。

将"素材库"→"灯光"→"聚光灯"→"lamp16"摆放至如图3.59所示的位置，并调整颜色为♯ffcea6、调整亮度为300，为场景营造暖色的氛围，产生冷暖对比。

（4）人物氛围。

在场景中添加人物"10461 m andy""10386 m bruce""10404 w marie""woman african 0005 dog""10069 m kenneth""10336 w francine""man asian 0004 ldle""woman african 0004 idle"模型，摆放至如图3.59所在的位置，并对其动作与位置进行合理布局。

（5）图层管理。

Lumion提供了图层管理功能，用户可以通过此功能对场景元素进行有序组织，确保每个图层均有明确的名称与目的。

选择对应类别，如"人和动物"按住Ctrl键框选场地内所有人物，在编辑面板的下拉菜单更改到对应的图层，并更改图层名称。

3.3.3.3 植物布置

考虑植物的生长习性和生态环境，避免在不适宜的位置布置植物。

使用不同类型和尺寸的植物，创造丰富的景观层次和变化。

根据季节变化调整植物的颜色和状态，增强场景的季节感。

植物布置后的效果如图 3.60 所示。

(1) 乔木布置。

在场景中添加乔木"加杨 01""国槐 04""樱花 01""樱花 02""樱花 06"到如图 3.7 所示的位置，并调整其大小与方向。

(2) 植物组团搭配。

通过球状植物与叶片类植物组合的方式创建两组植物组团：

1) 植物组团 1：添加"夹竹桃 02""黄杨球 01""金叶女贞球 01""十大功劳 01""肾蕨""花叶良姜 01""铁线莲 01""铁线莲 02"到如图 3.7 所示的位置。

2) 植物组团 2：添加"夹竹桃 02""黄杨球 01""金叶女贞球 01""十大功劳 01""肾蕨""花叶良姜 01""铁线莲 01""铁线莲 02"到如图 3.7 所示的位置。

3) 添加"丛生朴树 04""紫薇 02""茶球 02""金叶女贞球 02""黄杨球 02""红叶石楠球 01""肾蕨""瓜子黄杨丛 01""黄花鸢尾"到如图 3.7 所示的位置，并调整其大小与方向。

(3) 背景植物放置。

添加"水杉 02""小叶榄仁 01"到如图 3.60 所示的位置，并调整其大小与方向，确保其与前景植物的和谐搭配。

植物布置效果预览如图 3.60 所示。

图 3.60 植物布置效果预览

3.3.4 场景的优化出图

3.3.4.1 场景润色

使用动画特效增强场景的故事性和动画感，使场景显得更为逼真。

通过雾气和镜头光晕特效，营造出梦幻或神秘的氛围，增加场景的艺术感。

适当调整色调和对比度，使场景的色彩更加和谐、富有表现力。

利用景深特效突出场景的重点区域，模糊背景部分，增强视觉焦点。

(1) 调色特效。

1) 添加"雾气"，调整"密度"为 1.45。

2) 添加"暗角"，调整"暗角数量"为 0.15。

3) 添加"锐利"，"强度"保持默认 1.0。

4) 添加"颜色矫正"特效，调整"温度"为 0.2，"颜色矫正"为 0.25，"对比度"为 0.65，"饱和度"为 0.85。

(2)动画关键帧。

1)添加"移动"特效。

2)选择"编辑",设置人物结束位置的关键帧,来给人物创建动态效果。"移动"调整面板如图3.61所示。

图3.61 移动特效动画路径

(3)相机特效。

1)添加"动态模糊",调整"数量"为0.5。

2)添加"景深"特效,调整"数量"为30,调整"对焦距离"到画面重点表现位置。

关键点提示:可以先将景深"数量"的数值开到最大,方便观察景深对焦位置,调整好"对焦距离"后再调整景深"数量",景深特效需要根据每个场景单独进行调节。

3.3.4.2 渲染出图

在渲染前进行多次测试,确保所有特效、光照和材质设置都达到最佳效果。

渲染输出后进行后期处理,如调整色彩、对比度和锐化等,进一步提升图像质量。

保存多个版本的渲染结果,以备不同的展示需求和用途。

使用高分辨率进行渲染,尤其是在制作展示用的大幅图像时,确保细节清晰可见。

(1)静帧、单片段渲染。

在渲染界面,选择对应片段上方的"渲染片段"按钮,即可渲染当前静帧效果图以及单片段动画,选择合适的渲染设置,确保输出的质量与分辨率。选择特定的动画片段进行渲染,设置其时长与帧率,如图3.62所示。

图3.62 静帧、单片段渲染

(2) 单片段渲染，如图 3.63 所示。

图 3.63　单个片段渲染

(3) 全部动画渲染。

在动画模式界面，选择渲染按钮，即可对整个动画进行渲染。确保输出的质量与渲染速度的平衡，如图 3.64 所示。

图 3.64　全部动画渲染

小　　结

本节介绍了 Lumion 在园林景观设计中动画漫游的应用，内容包括动画漫游的基本原理、应用场景、制作步骤和优势。通过本节的学习，读者能够掌握如何设定镜头路径和关键帧，添加特效，并生成高质量的动画视频。动画漫游为设计方案提供了动态展示方式，增强了设计的视觉表现力和沟通效果。

练习实训

1. 将配套文件中的模型导入 Lumion 并进行动画漫游镜头创建。
2. 练习多角度构图、分镜的创建。
3. 进行特效调节，尝试将模型创建关键帧并进行动画渲染。

第 4 章　效果表达——Adobe Photoshop 软件

　　Photoshop 是一款由 Adobe 公司开发的图像处理软件，广泛应用于图片制作、图形设计、数字媒体、建筑规划和园林景观设计等领域，如图 4.1 所示。本章以 Photoshop 2020 版本为例展开介绍，首先是对 Photoshop 的基础工具进行讲解，包括工具、界面、图层等；其次是通过基础案例把常用工具融入练习当中进行巩固；最后通过绘制平面图、透视图及剖/立面图案例把之前的命令串联起来，使学习者更加清晰地了解操作流程，其中丰富的示例和实践项目将帮助学习者理解和应用所学知识，从而灵活运用 Photoshop 软件解决实际的专业问题。

图 4.1　Photoshop 启动界面

知识模块

☑ 了解 Photoshop 基本功能；
☑ 熟悉 Photoshop 界面及文件保存；
☑ 掌握图层和选区的使用方法及技巧。

微课程 4.1
章节内容介绍

4.1　Photoshop 的基础操作

4.1.1　Photoshop 的基本功能

　　（1）图像编辑：Photoshop 是一款功能强大的图像编辑软件，可以对图像进行裁剪、调整大小、旋转、翻转等操作，以满足不同需求。

（2）色彩校正：可以使用曲线、色阶、色相、饱和度等工具对图像的色彩进行校正和调整，使其更加鲜艳、平衡和自然。

（3）图层管理：通过使用图层，可以实现非破坏性编辑，即对图像进行各种修改而不影响原始像素。图层可以相互叠加、添加效果，实现更加灵活和复杂的编辑。

（4）选择工具：Photoshop 提供了各种选择工具，如魔术棒、套索工具、快速选择等，可精确选择特定区域进行编辑或复制。

（5）文本编辑：可以在图像中添加文本，并对文本进行格式化、对齐、样式修改等处理，以创建各种设计、广告等。

（6）滤镜和特效：Photoshop 内置了众多滤镜和特效，如模糊、锐化、马赛克、光晕等，可用于增强图像效果、添加艺术效果或创建独特的视觉效果。

（7）图像合成：图像合成是一种通过将多个图像或图像元素巧妙地结合在一起，利用图层蒙版、混合模式和选择工具等功能，在 Photoshop 中创造出令人惊艳的艺术作品。它不仅提供了创作空间和想象力，还为广告设计、电影特效和数字艺术等领域带来了无限的创意和表达方式。利用图像合成，我们可以将现实与幻想、时空与梦境相融合，创造出独一无二的视觉体验，让观者眼前一亮，从而展现图像处理的无限魅力和创作潜力。

这些功能使得 Photoshop 成为专业的图像处理软件，被广泛用于摄影、设计、广告等领域，满足了用户对图像编辑和创作的多样需求。

4.1.2　Photoshop 的界面及文件保存

4.1.2.1　新建界面及工作界面

双击打开 Photoshop 应用程序，可以在计算机的启动菜单、任务栏或桌面图标中找到。打开 Photoshop 后，会弹出一个欢迎界面。在菜单栏中，点击"文件"，然后选择"新建"。也可以使用快捷键 Ctrl＋N（Windows）直接打开新建对话框，如图 4.2 所示。

图 4.2　欢迎界面

打开"新建文档"对话框后，在上方找到"打印"并单击，下方即可选择常用纸张大小，如 A4 或 A3。如果没有对应的纸张大小，可在右边"预设详细信息"栏中设置，如图 4.3 所示。

宽度和高度：输入想要的画布尺寸，可以选择单位（毫米、像素、厘米等），设计专业读者建议选择毫米。

分辨率：输入想要的分辨率。分辨率的大小可以根据图幅大小来进行设置，A1 以上图幅建议分辨率 200，A1 以下图幅建议分辨率 300，实际分辨率可根据要求自行设置。

颜色模式：不需要打印出来的图纸模式为 RGB，需要打印的图纸模式为 CMYK。

背景内容：可以根据要求设置对应的颜色，默认是白色。

以上设置完成后，单击"创建"即可。

4.1.2.2　文件保存及另存

保存和另存为是在 Photoshop 中管理文件的重要操作，以下是保存和另存为文件的步骤，如图 4.4 所示。

图 4.3 新建文档界面

(1) 保存文件。

1) 在菜单栏中,点击"文件",然后选择"保存",也可以使用快捷键 Ctrl+S(Windows)或 Command+S(Mac)进行保存。

2) 如果这是首次保存文件或者想要将文件另存为不同名称/位置,将出现一个"另存为"对话框。

3) 如果在之前保存过该文件,Photoshop 将自动保存文件,不需要进一步操作。

4) 确定保存的文件格式。Photoshop 支持多种文件格式,诸如 .psd(Photoshop Document)、.jpeg、.png 等。选择适合需求的文件格式,并设置相应选项。点击"保存"按钮,文件将以设定的文件名和格式保存在选择的位置上。

(2) 另存为文件。

图 4.4 菜单栏文件选项

1) 在菜单栏中,点击"文件",然后选择"另存为",也可以使用快捷键 Shift+Ctrl+S(Windows)或 Shift+Command+S(Mac)进行操作。

2) 在出现的"另存为"对话框中,选择想要保存文件的位置和名称。

3) 根据需要,选择所需的文件格式,并设置相应选项。

4) 点击"保存"按钮,文件将以新的名称和格式保存在选择的位置上,而原始文件将保持不变。

通过这些步骤,就可以在 Photoshop 中成功保存和另存文件。

4.1.2.3 视图控制与对象选择

在 Adobe Photoshop 中,可以通过视图控制功能调整和管理工作区的显示方式。另外,操作者也可以利用对象选择工具在图像中选择和操作特定的对象。下面是关于视图控制和对象选择的一些常用技巧:

(1) 视图的控制。

1) 缩放视图:使用工具栏中的放大镜工具,按住鼠标左键 45°上下拖拽来放大或缩小工

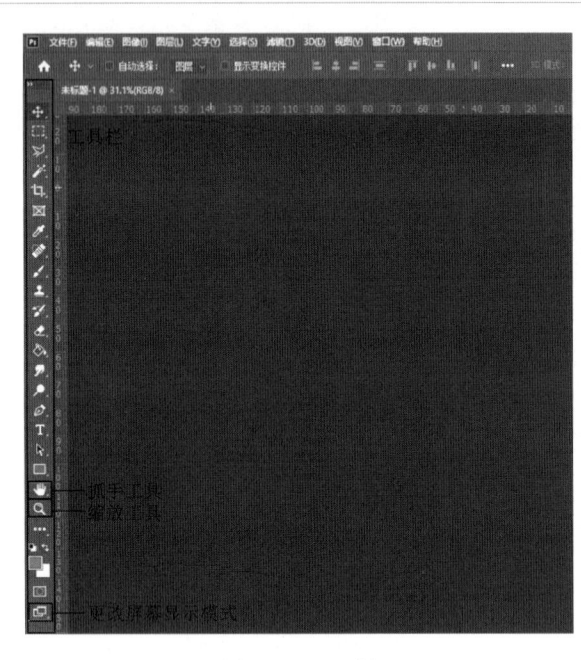

图 4.5 工具栏

作区，或按住 Alt 键前后滚动鼠标滚轮即可，如图 4.5 所示。

2）平移视图：通过使用工具栏抓手工具来平移图像。按住空格键即可暂时切换至手指工具进行平移，松开空格键后回到上一使用的工具。

3）最大化显示画布：使用快捷键 Ctrl+0 可将画布调整为适应窗口大小。

4）更改屏幕模式：点击工具栏中的更改屏幕模式按钮来调整屏幕的显示模式，有三种可进行切换。

（2）对象选择并移动。

1）选择并移动工具：在工具栏中单击移动工具，在上方选项栏找到"自动选择"并打钩，如图 4.6 所示。将鼠标放在画布对应图形上，单击鼠标左键即可自动选择对应图形。把自动选择取消勾选，在需要选择的图形上单击鼠标右键，会显示图形名称，左键再选择对应名称，按住左键拖动即可，也可以使用方向键进行微调移动。可以使用矩形选框工具或多边形套索工具手动选择画布中的对象或区域。

图 4.6 选项栏

2）自由变换：选择对象后，按下 Ctrl+T（Windows）或 Command+T（Mac）启动自由变换工具。使用控制点来调整大小、旋转和扭曲对象。

3）非实际像素选取：可以使用路径选择工具或直接绘制路径，然后将路径转换为选择，以实现矢量化的选区。

以上技巧可帮助在 Photoshop 中更好地控制和选择视图中的对象。

4.1.3 图层和选区的使用方法及技巧

4.1.3.1 图层应用

（1）图层简介。

在 Photoshop 中，图层是构建和编辑图像的重要组成部分。每个图层都可以包含不同的内容，例如文本、形状、图像等。通过将图像元素分别放置在不同的图层上，可以独立地编辑和调整每个图层，以创建复杂的图像合成或特效。

图层可以类比成透明的图像堆叠。位于顶部的图层会遮挡住位于底部的图层，在透明的区域中可见图层下方的内容。通过调整图层的顺序、透明度、混合模式等属性，可以创建各种效果和叠加效果。

（2）图层面板详解。

1）打开图层面板：在上方菜单栏单击"窗口"再单击"图层"，以打开图层面板（图层默认是开启状态），也可以使用（快捷键 F7）来切换图层面板的可见性，如图 4.7 所示。

2）创建新图层：在图层面板右下角，点击新建图层按钮▣，或使用快捷键 Ctrl＋Shift＋N（Windows）或 Command＋Shift＋N（Mac）创建新图层（新建的图层为空白图层）。

3）图层排序：详细操作请参看微课程 4.3 图层的应用，根据微课进行操作即可。

4）图层可见性控制：每个图层的眼睛图标表示图层的可见性，点击眼睛图标◉可以切换图层的可见或不可见状态。

5）图层不透明度：每个图层都有一个不透明度控制滑块（在图层面板右上角），允许调整图层的不透明度。滑块值为 100％表示完全不透明，0 表示完全透明。

6）混合模式：通过下拉菜单在图层面板中选择不同的混合模式，可以改变图层与下面图层的叠加方式，从而创建不同的效果，如图 4.8 所示。

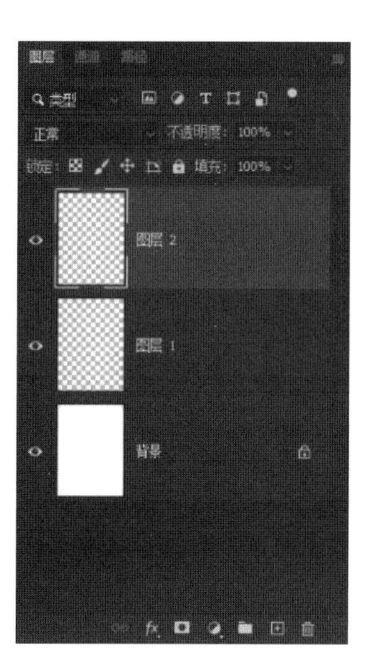

图 4.7　图层面板　　　　图 4.8　图层混合模式

7）锁定图层：通过图层面板上方的锁定图标🔒，可以锁定图层以防止意外移动或编辑。

8）图层打组：详细操作请参看微课程 4.3 图层的应用，根据微课进行操作即可。

9）图层样式：通过使用图层样式，可以为图层添加阴影、描边、渐变等效果。在对应的图层后面双击鼠标左键，打开图层样式对话框，然后勾选不同的样式选项并进行调整，来添加效果到图层上（可以同时勾选多个进行调整），如图 4.9 所示。

10）图层剪切蒙版：详细操作请参看微课程 4.3 图层的应用，根据微课进行操作即可。

11）删除图层：①选中图层单击键盘 Delete 键；②在对应图层上右键单击再选择删除图层；③将需要删除的图层拖拽到图层面板右下角删除图标上，释放鼠标即可。

12）图层复制：在 Photoshop 中分为移动复制和原地复制。①移动复制：按住 Alt＋鼠标左键拖拽；②原地复制（快捷键：Ctrl＋J）。

13）图层加选/减选：详细操作请参看微课程 4.3 图层的应用，根据微课进行操作即可。

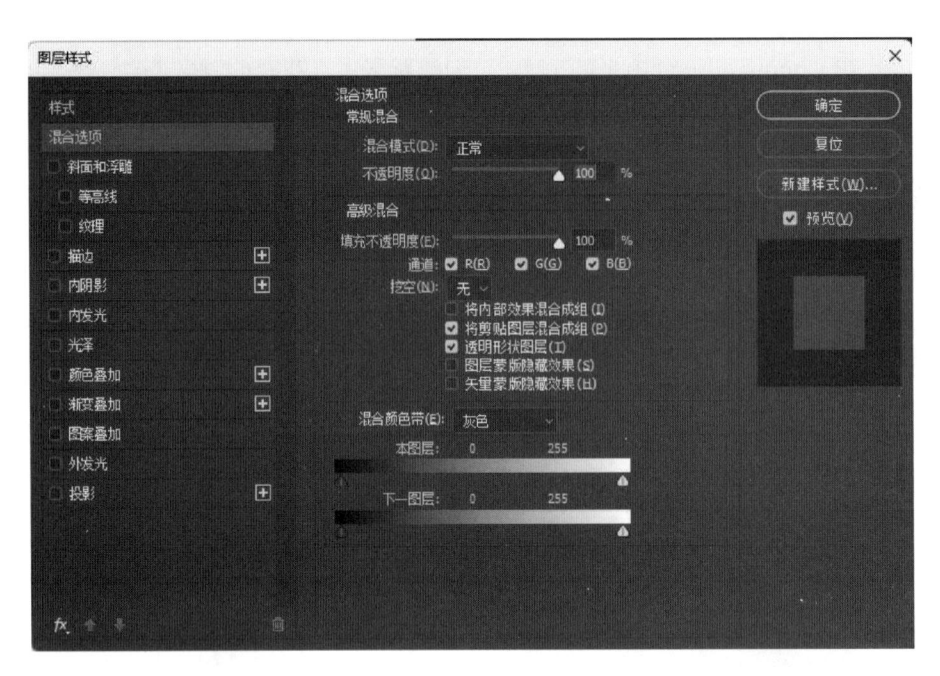

图 4.9　图层样式

14）合并图层：详细操作请参看微课程 4.3 图层的应用，根据微课进行操作即可。

15）链接图层：详细操作请参看微课程 4.3 图层的应用，根据微课进行操作即可。

16）栅格化图层：在 Photoshop 中，栅格化图层是将矢量图层转换为普通的栅格图层的过程。栅格化图层将图层中的矢量信息转换为像素信息，使其更灵活地进行编辑和应用特效。鼠标右键单击所选的矢量图层，然后选择栅格化图层选项即可，如图 4.10 所示。

关键点提示：分辨是否为智能对象图层的方法是观察图层缩略图的右下角是否有一个小方块，有小方块就是智能对象图层，否则就是栅格化图层。

4.1.3.2　选区应用

（1）认识选区。

选区（Selection）在 Photoshop 中非常重要，它表示在图像中选择了一个特定的区域，该区域可以被编辑、操作或应用图层特效。选择工具和选区功能是在 Photoshop 中进行精确编辑和调整的关键工具。

（2）常用选区工具介绍。

1）矩形选框工具：矩形选框工具允许创建矩形或正方形的选区。它非常适合选择具有直角边的区域，例如屏幕截图或平整的图像元素，如图 4.11 所示。

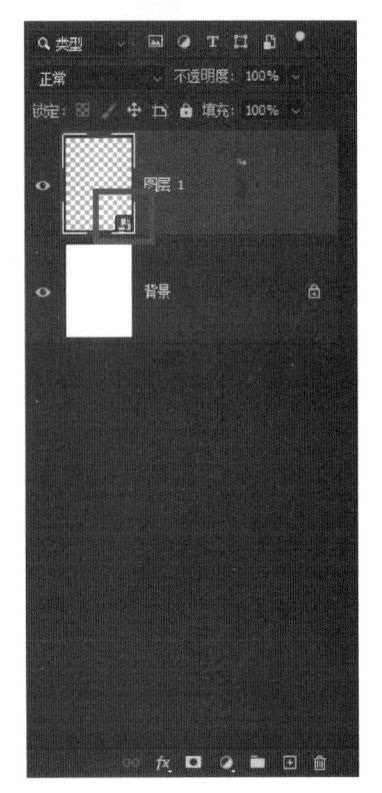

图 4.10　栅格化图层

2）椭圆选框工具：椭圆选框工具用于创建椭圆或圆形的选区。它适用于选择曲线或圆形对象，可以通过调整选区的形状和大小来精确地调整所需的选区，如图 4.12 所示。

图 4.11 矩形选框工具

图 4.12 椭圆选框工具

3) 套索工具 ⃝：普通套索工具允许在图像上自由绘制选区。你可以通过按住鼠标左键然后拖动的方式绘制选区，该选区的边缘将根据绘制的路径而创建，如图 4.13 所示。

4) 多边形套索工具 ⃝：多边形套索工具允许创建直线或直角边的选区。你可以依次单击鼠标来在图像上绘制连续的直线段，按下回车键可以闭合选区的形状，或者回到起始点单击也可闭合选区，如图 4.14 所示。

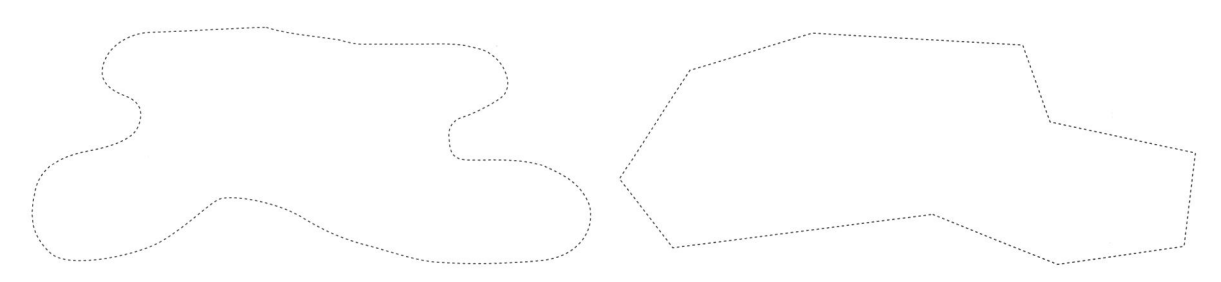

图 4.13 套索工具　　　　　　　　　图 4.14 多边形套索工具

5) 磁性套索工具 ⃝：磁性套索工具根据图像中的颜色和纹理信息，自动贴合选区的边缘，创建更准确的选区。你只需单击开始绘制（不要长按鼠标左键），然后轻轻沿着要选择的边缘移动，该工具将自动吸附并完成选区（如果不小心手抖，选区容易发生抖动），如图 4.15 所示。

关键点提示：对象选择工具 ⃝、快速选择工具 ⃝、魔棒工具 ⃝、快速蒙版工具 ⃝ 的详细操作请参看微课程 4.4 选区应用，根据微课进行操作即可。

图 4.15 磁性套索工具

微课程 4.5
选区及图层
练习

4.1 Photoshop 的基础操作

79

小　　结

本节主要介绍 Photoshop 的基本原理与操作界面，其中详细说明了图层与选区的重要性。另外，针对图层的常用操作进行了详细介绍，常用的选区工具也进行了单独的讲解，希望熟练掌握后应用到实战练习当中。

练习实训

1. 图层剪切蒙版练习。

根据微课程 4.5 的视频及素材，将风景照片剪切之笔刷效果内，在此之前需要将笔刷单独创建一个图层。

2. 图层样式练习。

根据微课程 4.5 的视频及素材，熟练掌握图层样式的使用方法及技巧，将其运用到实际案例当中。

3. 选区抠图练习。

根据微课程 4.5 的视频及素材，在抠取素材时，选区命令之间要灵活调整，提高效率。

技能模块

☑ 了解 Photoshop 绘图命令；
☑ 熟悉图像编辑命令及使用方法；
☑ 掌握命令在实际效果中的应用。

4.2　Photoshop 的进阶操作

4.2.1　绘图命令

钢笔工具是 Photoshop 中一种强大的矢量描绘工具，它可以创建平滑和精确的路径，用于制作线条、形状和复杂的图形，如图 4.16 所示。钢笔工具的使用步骤如下：

（1）打开图像：在 Photoshop 中，打开想要使用钢笔工具的图像。可以通过菜单栏的"文件"→"打开"，或使用快捷键 Ctrl＋O（Windows）/Command＋O（Mac）来导入图像文件。

（2）选择钢笔工具：在 Photoshop 的工具栏中，找到钢笔工具。

图 4.16　钢笔工具

（3）创建路径点：使用钢笔工具，在图像上单击来创建路径的起始点。然后，在另一个位置再次单击来创建第二个路径点，Photoshop 会自动添加一条直线连接这两个路径点。

（4）创建曲线段：如果想要创建曲线而不是直线，可以按住鼠标左键，在第二次单击时拖动，这样可以控制曲线段的形状。曲线的形状由鼠标拖动的方向和距离决定。

（5）调整路径：创建路径后，可以继续单击并创建更多的路径点，如果要调整路径的形状，以下是一些常见的调整路径的操作：

1）移动路径点：使用钢笔工具选中特定的路径点，可以通过按住 Ctrl 键拖动来移动路径点的位置。

2）调整曲线段：调整路径上的控制手柄，可以改变曲线段的形状和方向。

3）添加和删除路径点：使用钢笔工具点击路径线的任意位置，可以添加新的路径点。若要删除路径点，可在已有的路径点上单击进行删除。

4）转换点工具：转换点工具可以更直接地调整路径点和路径段。使用钢笔工具选项栏中的转换点工具，可以更轻松地调整路径的形状、角度和方向。

（6）创建封闭路径：如果想要创建一个封闭的形状或选区，可以在最后一个路径点上单击，或双击路径的起始点，这样就可以将路径的起始点和结束点连接在一起，形成一个封闭的路径。

4.2.2 编辑命令

4.2.2.1 图像编辑

（1）图像裁剪（裁剪工具）。

裁剪工具是 Photoshop 中常用的工具之一，用于剪切或裁剪图像，去除不需要的部分或改变图像的大小尺寸。

1）打开图像：在 Photoshop 中，打开想要裁剪的图像。可以通过菜单栏的"文件"→"打开"，或使用快捷键 Ctrl+O（Windows）/Command+O（Mac）来导入图像文件。

2）在左侧工具栏中找到并单击裁剪工具，在图像四周会出现高亮图框，拖拽图框边缘即可进行裁剪，如图 4.17 所示。

图 4.17 裁剪工具

（2）图像修复（修复画笔工具）。

修复画笔工具是 Photoshop 中一种用于修复图像缺陷和瑕疵的强大工具，允许通过取样和复制周围的图像信息，快速修复选定区域的问题。

1）打开图像：在 Photoshop 中，打开想要修复的图像。通过菜单栏的"文件"→"打开"，或使用快捷键 Ctrl+O（Windows）/Command+O（Mac）来导入图像文件。

2）选择修复画笔工具：在 Photoshop 的工具栏中，找到修复画笔工具。通常在修复功能相关的工具组中，显示为带有一个绷带的图标。可以直接点击工具栏上的修复画笔工具图标，如图 4.18 所示。

3）设置修复画笔工具选项：在工具选项栏中，可以设置修复画笔工具的选项。这些选项包括画笔大小、硬度、混合模式和取样设置。调整这些选项以适应要修复的缺陷的大小和特性，如图 4.19 所示。

图 4.18　修复画笔工具

图 4.19　修复画笔选项面板

4）选择取样设置：在修复画笔工具的选项栏中，有三个取样设置可供选择：常规、连接和用纹理。这些选项控制着从哪里获取修复画笔工具的取样：常规选项会从选定的瞬间开始取样；连接选项会从选定的瞬间开始取样，并根据鼠标拖动的路径连接取样；纹理选项则从鼠标拖动的路径中提取纹理信息来进行取样。

5）修复选定区域：使用修复画笔工具，在图像上单击并拖动，对选定的区域进行修复。根据设置，Photoshop 会自动从周围的图像区域中采样并应用修复效果，可以逐渐涂抹或轻扫多次，直到达到想要的修复效果。

6）调整修复效果：如果修复效果不满意，可以使用撤销 Ctrl＋Z（Windows）/Command＋Z（Mac）撤销上一次操作，或者使用历史记录面板回退到之前的状态。另外，也可以调整画笔大小、硬度和取样设置来改变修复的细节和精度。

7）保存修复后的图像：完成修复后，可以通过菜单栏的"文件"→"保存"[快捷键：Ctrl＋S（Windows）/Command＋S（Mac）]来保存修复后的图像。也可以使用"另存为"命令[快捷键：Shift＋Ctrl＋S（Windows）/Shift＋Command＋S（Mac）]来另存为新文件。

（3）画笔工具。

画笔工具是 Photoshop 中最基本也是最常用工具，它允许在图像上绘制自由笔触。你可以使用不同的画笔大小、硬度、颜色和透明度等属性来绘制各种效果，如图 4.20 所示。

图 4.20　画笔工具

1）打开图像：在 Photoshop 中，打开想要绘制的图像。你可以通过菜单栏的"文件"→"打开"，或使用快捷键 Ctrl＋O（Windows）/Command＋O（Mac）来导入图像文件。

2）选择画笔工具：在 Photoshop 的工具栏中，找到画笔工具 。

3）设置画笔属性：在工具选项栏中，可以设置画笔工具的属性，这些属性包括画笔的大小、硬度（边缘的锐利度）和透明度。你还可以选择画笔的形状和其他特效，如散射、颜色动态、流动等，调整这些属性以实现想要的绘制效果，如图 4.21 所示。

4）选择画笔颜色：在工具选项栏中，可以选择画笔的前景色和背景色。前景色是将会用来绘制的颜色，背景色用于特定的绘制效果（如擦除）。你可以单击前景色或背景色图标，然后选择一个颜色或直接输入颜色的数值，如图 4.22 所示。

5）绘制图像：在图像上单击并拖动鼠标来绘制。按住鼠标左键并移动，可以在图像上划过，

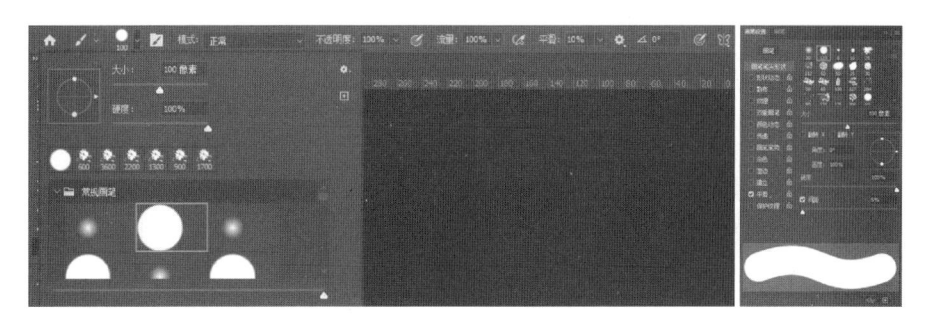

图 4.21　设置画笔属性

图 4.22　设置画笔颜色

画笔的大小、硬度和透明度等属性会影响绘制效果。你可以使用不同的笔刷形状和特效来实现更多样化的绘制效果。

6）调整画笔属性：如果需要调整画笔的属性，可以在工具选项栏中进行更改。通过调整画笔大小、硬度和透明度等参数，可以实现更细腻或粗糙的线条效果，如图 4.23 所示。

图 4.23　左边硬度为 0，右边硬度为 100

7）保存绘制结果：完成绘制后，可以通过菜单栏的"文件"→"保存"（快捷键：Ctrl＋S（Windows）/Command＋S（Mac）来保存绘制的图像；也可以使用"另存为"命令（快捷键：Shift＋Ctrl＋S（Windows)/Shift＋Command＋S（Mac）来另存为新文件。

（4）油漆桶工具。

油漆桶工具是 Photoshop 中的一种填充工具，它可以快速地将选定区域填充为指定的颜色或图案，如图 4.24 所示。

图 4.24 油漆桶工具

1）打开图像：在 Photoshop 中，打开要填充颜色或图案的图像，或新建一个新画布，也可以通过菜单栏的"文件"→"打开"，或使用快捷键 Ctrl＋O（Windows）/Command＋O（Mac）来导入图像文件。

2）选择油漆桶工具：在 Photoshop 的工具栏中，找到油漆桶工具。

3）设置填充属性：在工具选项栏中，可以设置填充的属性。首先，需要选择填充类型，常见的选项包括纯色、渐变或图案。然后，可以选择填充的颜色或图案，单击工具栏最下方颜色预览框（前景色或背景色）来选择一个颜色。

4）选择填充区域：在图像中点击一次，即可将整个图像填充为所选的颜色或图案。如果只想填充选定的区域，可以先使用选区工具（如矩形选框工具或套索工具）选择目标区域，然后再点击油漆桶工具进行填充；也可以使用快捷键 Alt＋Delete 前景色填充/Ctrl＋Delete 背景色填充进行填色，如图 4.25 所示。

图 4.25 油漆桶填充

5）调整填充：如果填充效果不满意，可以使用撤销 Ctrl＋Z（Windows）/Command＋Z（Mac）撤销上一次填充操作，或者使用历史记录面板回退到之前的状态；也可以尝试更改填充属性，如调整颜色或图案，来达到目标效果。

（5）橡皮擦工具。

当在 Photoshop 中使用橡皮擦工具时，可以帮助你在图像或图层上擦除部分内容，以达到修正、调整或创造特效的目的，如图 4.26 所示。

1）打开图像：在 Photoshop 中，打开要使用橡皮擦工具的图像。可以通过菜单栏的"文件"→"打开"，或使用快捷键 Ctrl＋O（Windows）/Command＋O（Mac）来导入图像文件。

图 4.26 橡皮擦工具

2）选择橡皮擦工具：在 Photoshop 的工具栏中，找到橡皮擦工具。

3）设置擦除属性：在工具选项栏中，可以设置橡皮擦工具的属性。下面是一些常见的属性设置，如图 4.27 所示。

a. 画笔大小（Brush Size）：调整画笔的大小，以适应希望擦除的区域。可以在工具选项栏中选择一个预设的大小或手动输入数值来定义大小，也可以使用快捷键"［"缩小画笔，"］"放大画笔（注意必须是英文输入法才能使用）。

b. 硬度（Hardness）：硬度决定了橡皮擦边缘的锐利度。较低的硬度会产生模糊的边缘，而较高的硬度则会产生更清晰的边缘，如图 4.28 所示。

c. 透明度（Opacity）：透明度属性确定了橡皮擦的擦除效果。较低的透明度会产生半透明或

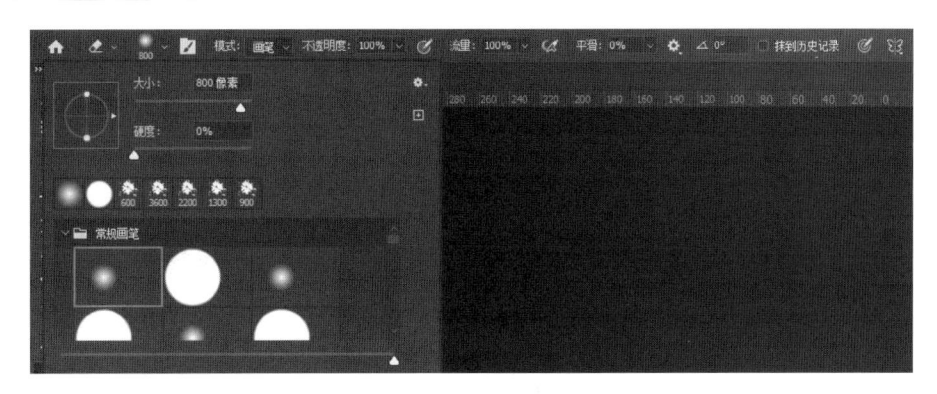

图 4.27 橡皮擦属性面板

图 4.28 左图硬度 100、右图硬度 0

渐变效果，而较高的透明度会产生完全擦除的效果。

4）选择擦除模式：在工具选项栏中，可以选择不同的擦除模式，以控制橡皮擦工具的擦除方式，以下是常见的擦除模式：

a. 擦除（Eraser）：擦除模式会完全擦除选定区域的内容，它可以用于删除图像上的一些部分或矫正错误。

b. 背景擦除（Background Eraser）：背景擦除模式会根据鼠标悬停位置的颜色和图层中的像素颜色，自动擦除背景与前景之间的边缘部分。

c. 魔法擦除（Magic Eraser）：魔法擦除模式会自动识别并删除与用户鼠标单击位置的颜色相似的连续像素，可以用于快速去除相同颜色的区域。

5）开始擦除：使用橡皮擦工具，在图像或图层上单击并拖动，即可擦除选定的区域。根据属性设置，橡皮擦工具会以不透明度或背景色擦除所选内容。可以逐渐擦除或呈现不透明的效果，直到达到想要的效果。

6）调整擦除效果：如果擦除效果不满意，可以使用撤销 Ctrl+Z（Windows）/Command+Z（Mac）撤销上一次擦除操作，或者使用历史记录面板回退到之前的状态。另外，也可以调整画笔大小、硬度和透明度等参数来改变擦除的细节和强度。

7）保存结果：完成擦除后，可以通过菜单栏的"文件"→"保存"[快捷键：Ctrl+S（Windows）/Command+S（Mac）]来保存修改后的图像，也可以使用"另存为"命令[快捷键：Shift+Ctrl+S（Windows）/Shift+Command+S（Mac）]来另存为新文件。

（6）减淡加深工具。

减淡和加深工具是 Photoshop 中的两种工具，主要用于调整图像局部的亮度和对比度，增强或减弱特定区域的细节，如图 4.29 所示。

图 4.29 减淡加深工具

1) 打开图像：在 Photoshop 中，打开想要使用减淡和加深工具的图像。可以通过菜单栏的"文件"→"打开"，或使用快捷键 Ctrl+O（Windows）/Command+O（Mac）来导入图像文件。

2) 选择减淡和加深工具：在 Photoshop 的工具栏中，减淡工具显示为一个放大镜图标的工具，加深工具显示为一个握手的图标工具。

3) 设置工具属性：在工具选项栏中，可以设置减淡和加深工具的属性。以下是一些常见的属性设置：

a. 画笔大小（Brush Size）：调整画笔的大小，以适应希望应用减淡或加深的区域。你可以在工具选项栏中选择一个预设的大小，或手动输入数值来定义大小，如图 4.30 所示。

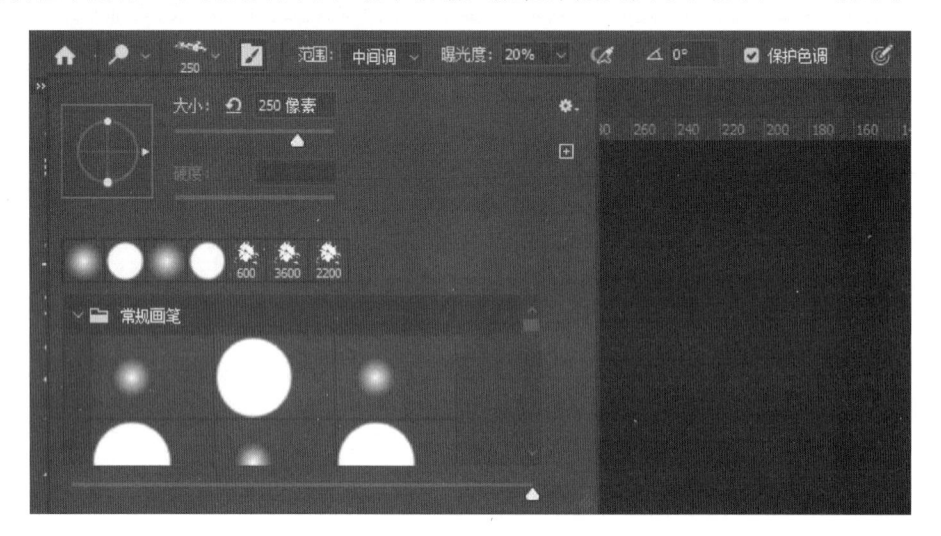

图 4.30 画笔属性面板

b. 亮度范围（Range）：亮度范围属性决定了减淡或加深的作用范围。"高光"（Highlights）选项将更明显地减淡或加深较亮的区域，"中间色调"（Midtones）选项将更加均衡地处理中间亮度的区域，"阴影"（Shadows）选项则更明显地减淡或加深较暗的区域，如图 4.31 所示。

图 4.31 亮度范围

4) 开始应用减淡或加深：使用减淡或加深工具，将鼠标或笔轻轻地拖动到图像上的目标区域。减淡工具会将选定区域的亮度增加，使其看起来更明亮，而加深工具会将选定区域的亮度降低，使其看起来更暗。

5) 实时调整：可以在使用减淡或加深工具时，实时调整画笔的大小和亮度范围属性，这样能够更好地控制应用的效果，并在需要时进行微调。

6) 保存结果：完成减淡或加深操作后，可以通过菜单栏的"文件"→"保存"［快捷键：Ctrl+S（Windows）/Command+S（Mac）］来保存修改后的图像，也可以使用"另存为"命令［快捷键：Shift+Ctrl+S（Windows）/Shift+Command+S（Mac）］来另存为新文件。

4.2.2.2 图像调整

（1）调整图像明暗对比。

通过调整图像的明暗对比，可以改变图像的整体明亮度和对比度，以创造不同的视觉效果和增强图像的细节，以下是比较常用的几种方法：

1）色阶（Color scales）：打开图像后，单击菜单栏的"图像"→"调整"→"色阶"，或使用快捷键 Ctrl+L（Windows）/Command+L（Mac）。在弹出的色阶调整面板中，可以通过拖动输入和输出滑块来调整图像的亮度范围和对比度。移动输入滑块可以重新分配图像的亮度值，移动输出滑块可以压缩或扩展亮度范围，如图 4.32 所示。

2）曲线（Curve）：打开图像后，单击菜单栏的"图像"→"调整"→"曲线"，或使用快捷键 Ctrl+M（Windows）/Command+M（Mac）。曲线调整层提供了更高级的亮度和对比度调整方式，可以通过在曲线上点击并拖动点来修改图像的亮度和对比度曲线。上移曲线可增加亮度，下移则降低亮度，使用多个点可以调整不同亮度区域，如图 4.33 所示。

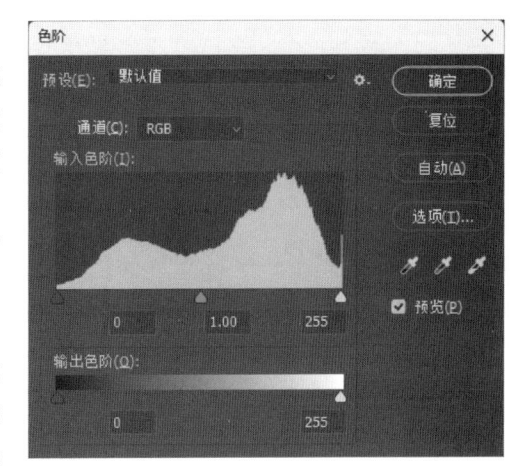

图 4.32 色阶

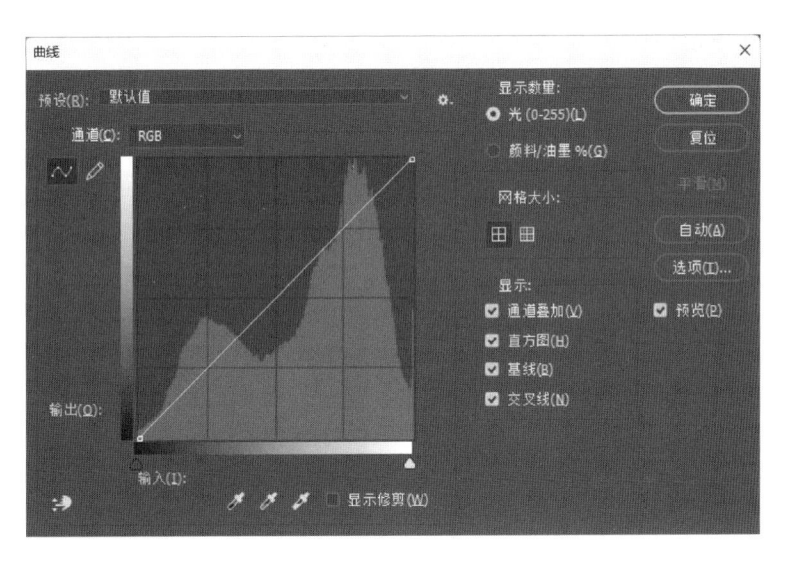

图 4.33 曲线

3）亮度/对比度（Brightness/Contrast）：亮度/对比度是调整整体图像亮度和对比度的简单方法。通过在图层面板中创建调整图层，并选择"亮度/对比度"。在调整面板中，可以分别调整亮度和对比度的数值，实时预览调整结果，如图 4.34 所示。

4）曝光度（Exposure）：曝光调整层可以用于调整整体图像的曝光度。创建调整图层，选择"曝光"，在调整面板中拖动曝光滑块来增加或减少曝光。你还可以调整其他参数，如伽马值和偏置，如图 4.35 所示。

（2）调整图像色调及饱和度。

调整图像的色调及饱和度是一种常用的图像处理方法，通过改变图像中的颜色和饱和度，可以为照片赋予不同的情感和视觉效果。增加饱和度可以使图像的颜色更加鲜艳和生动，减少饱和度则可以创造出柔和和淡雅的效果。同时，调整色调可以改变图像的整体色彩氛围，如冷色调、暖色调等。这种处理方法不仅适用于个人修图，也可以用于广告设计、艺术创作等领域，为图像注入更多的创意和表现力。以下为详细操作步骤：

图 4.34　亮度对比度 　　　　　　　　　　　图 4.35　曝光度

1) 打开图像：在 Photoshop 中打开要调整的图像，可以通过菜单栏的"文件"→"打开"，或使用快捷键 Ctrl+O（Windows）/Command+O（Mac）来导入图像文件。

2) 调整色相/饱和度和明度：在调整面板中，将看到三个滑块，如图 4.36 所示。

①色相（Hue）：滑动色相滑块可以改变图像的整体色调。向左滑动移向更冷的色调（如蓝色），向右滑动则移向更暖的色调（如黄色），实际冷暖需要根据打开的图像来定。

②饱和度（Saturation）：通过调整饱和度滑块，可以增加或减少图像的颜色饱和度。向左滑动减少饱和度，使图像变得更灰暗和淡化；向右滑动增加饱和度，使图像的颜色更加鲜艳饱满。

③明度（Lightness）：滑动明度滑块可以增加或减少图像的亮度。向左移动使图像变暗，向右移动增加亮度（缺点就是会使得图像对比度变弱）。

④全图或指定色调调整：在色相饱和度的左上角可以选择对应的颜色进行调整，默认为全图，如图 4.37 所示。

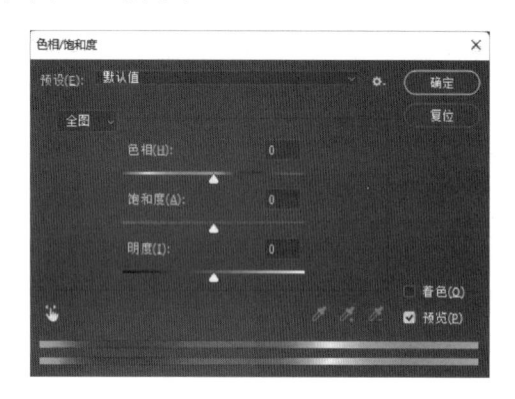

图 4.36　色相饱和度 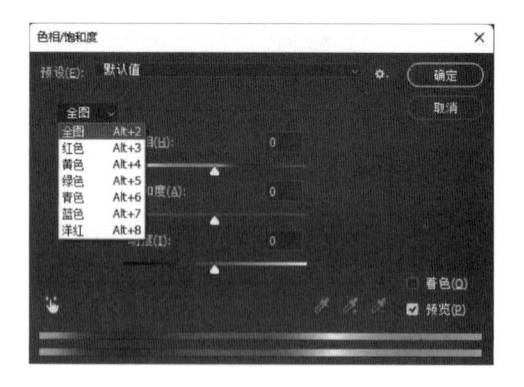　　　　　　　　　　图 4.37　全图或指定色调调整

⑤实时预览：勾选调整面板底部的"预览"复选框，以实时预览调整效果。

（3）色彩平衡。

1) 打开图像：在 Photoshop 中打开要进行色彩平衡调整的图像，可以通过菜单栏的"文件"→"打开"，或使用快捷键 Ctrl+O（Windows）/Command+O（Mac）来导入图像文件。

2) 调整颜色平衡：在调整面板中，将看到三个滑块和三个颜色通道，如图 4.38 所示。

①阴影（Shadows）：滑动阴影滑块可以调整阴影区域的颜色平衡。向左滑动增加蓝色和绿色，向右滑动增加红色和黄色。

图 4.38　色彩平衡

②中间调（Midtones）：滑动中间调滑块可以调整中间调区域的颜色平衡。根据滑动方向，可以增加或减少红、绿和蓝的比例。

③高光（Highlights）：滑动高光滑块可以调整高光区域的颜色平衡。向左滑动增加红色和黄色，向右滑动增加蓝色和青色。

3）微调颜色平衡：通过调整滑块的位置可以增加或减少相应颜色通道的比例，可以根据图像的实际需要来微调滑块的位置，以达到预期的颜色平衡效果。

4）实时预览：勾选调整面板底部的"预览"复选框，以实时预览调整效果。

4.2.3 命令应用——现场照片转效果图

4.2.3.1 绘制概述及准备

将现场照片转化为效果图是一种广泛应用于摄影和设计领域的技术。通过应用各种滤镜、调整色调、增强对比度等的处理，可以将普通的现场照片转变为具有艺术效果和独特氛围的效果图。这种转化不仅可以提升照片的视觉吸引力，还可以为作品赋予特定的风格和情感，满足不同领域的需求，如室内设计、景观园林、规划等。通过这种转化，现实的场景得以重新诠释，呈现出更具表现力和想象力的效果，为客户带来新的视觉体验。相关的准备工作有以下两点：

（1）需要准备好现场照片（建议是人视角），方便后期调整植物透视以及角度。

（2）把需要用到的人物、植物、天空等素材提前准备好。

微课程 4.9 现场照片转效果图

4.2.3.2 绘制步骤

（1）打开图像：在 Photoshop 中，打开需要后期处理现场图像。可以通过菜单栏的"文件"→"打开"，或使用快捷键 Ctrl+O（Windows）/Command+O（Mac）来导入图像文件，如图 4.39 所示。

图 4.39 场地现状

（2）打开素材文件：把所需要的素材也用 Photoshop 打开，以方便后期使用，如图 4.40 所示。

（3）处理原图：先把现场图片比较杂乱或是需要改造的地方进行处理。比如植物以及建筑立面或地面过于杂乱，可以先调整一下，方便后期素材覆盖，如图 4.41 所示。

（4）合并素材：把原图处理完成之后，把准备好的素材一一放进来，建议先处理天空，再处理远景，最后处理近景，即由远到近进行处理，这样更有利于调整图层的前后关系（本案例远景

图 4.40 所需素材

图 4.41 对现场图进行处理

可以不用进行处理,所以先把地面处理掉),如图 4.42 所示。

图 4.42 添加草地

首先,处理灌木,如图 4.43 所示。

图 4.43 添加灌木

其次，进行乔木、阴影及人物的处理操作，如图 4.44 所示。

图 4.44 添加乔木、阴影及灌木

最后，可以根据画面效果统一调整色调和对比即可，如图 4.45 所示。

图 4.45 整体色调调整

4.2.3.3 效果展示及注意事项

(1) 天空：建议天空使用偏纯色，更有利于突出主体，太花的天空会导致主次不分。

(2) 植物：要注意远近、大小关系，植物近大远小关系一定要明确，另外就是植物的透气性，以及组团关系要明显。

(3) 人物：要注意远近大小、组团、人物的穿着颜色要和整体色调接近，不能太突兀。

(4) 整体色调：所有素材合成完成后，一定要统一调整整体色调，不能是五颜六色的，根据客户需求，建议降低整体饱和度。

(5) 画面对比：整张图一定要有亮色和暗色，也就是常说的黑、白、灰三个层次，效果图也不例外。

小　结

本节主要介绍 Photoshop 矢量绘图工具的应用，常用的图像编辑工具以及调色命令。调色命令建议多配合实际案例进行练习，对于色彩的把控需要多加练习，需要时间慢慢积累。

练习实训

1. 钢笔工具练习。

根据微课 4.10 的视频及素材，利用钢笔工具和图层样式工具将效果制作出来即可。

2. 人像精修练习。

根据微课 4.10 的视频及素材，学会大面积修复及小面积修复方法。

3. 入口景观效果练习。

根据微课 4.10 的视频及素材，依据线稿及白膜效果图，将所有植物及人物素材拼贴成完整效果。

应用模块

☑ 掌握绘制园林景观平面效果图的方法；
☑ 掌握绘制园林景观剖立面图的方法；
☑ 掌握绘制景观透视效果图的方法。

4.3　Photoshop 的应用操作

4.3.1　园林景观平面效果图的绘制

4.3.1.1　SketchUp 导出线稿、阴影及材质图

(1) 使用 SketchUp 软件打开对应模型，在 SketchUp 中选择要导出的视图。可以使用视图工具栏上的不同视图选项（如顶视图、正视图等）或调整摄影机视角来获取所需的视图，如图 4.46 所示。

图 4.46　视图工具

(2) 在右侧默认面板内找到"样式"→"编辑"→"边线设置"把边线和轮廓线勾选，再进到"背景设置"一栏，把背景颜色改为白色，如图 4.47 所示。

(3) 在上方"工具栏"内找到并打开"视图工具栏"，然后选择"消隐"模式，此时视图内所有的模型都会显示成白模，如图 4.48 所示。

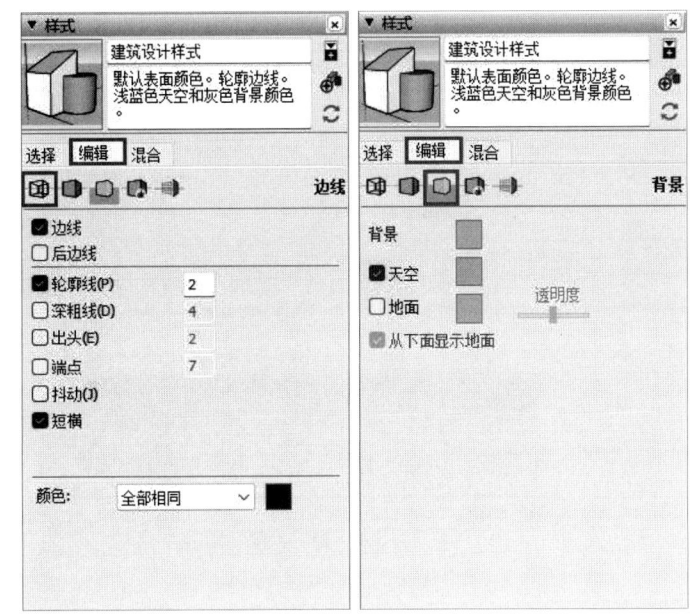

图 4.47　样式面板　　　　　　　　　图 4.48　样式工具

（4）单击"菜单栏"→"文件"→"导出"→"二维图形"，在弹出的对话框中，选择所需的文件格式和保存位置，然后单击"设置"，把"使用视图大小"取消勾选，将宽度设置为6000以上的分辨率，高度会自行进行匹配（平面图建议给到6000以上，分辨率越高图纸会越清晰，最高只能到9999），调整完成后单击导出线稿图即可，如图4.49所示。

图 4.49　二维图形导出

（5）线稿导出完毕后（切记视图不能移动），接着导出"阴影图"，在上面的基础上，在右侧默认面板内找到"样式"→"编辑"→"边线设置"把"边线"和"轮廓线"取消勾选。接着还是在右侧"默认面板"内找到"阴影"并打开，根据需求调整阴影的时间及日期。调整完成后，在按照上面的参数和操作将"阴影图"导出即可，如图4.50所示。

（6）阴影图导出完毕后（切记视图不能移动），接着导出"材质图"。在上述基础上，在右侧默认面板内找到"样式"→"编辑"→"边线设置"把"边线"和"轮廓线"勾选，接着在上方工具栏内找到"样式"，单击"材质贴图"模式。调整完成后，再按照上面的参数和操作将"材质图"导出即可，如图4.51所示。以上三张图导出完毕后，就可以进入到Photoshop。

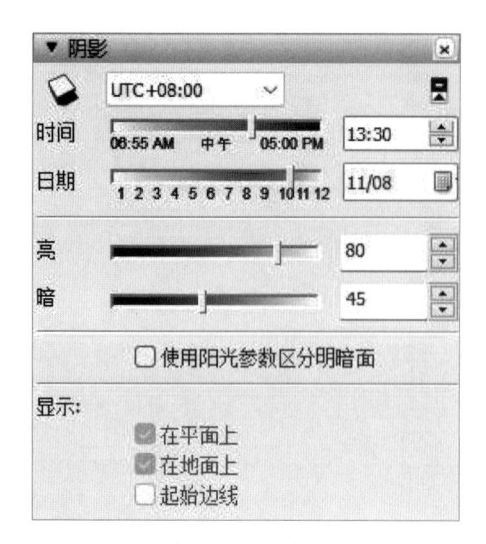

图 4.50　阴影面板　　　　　　　　　　　图 4.51　样式工具

4.3.1.2　绘制步骤

（1）打开 Photoshop，将"线稿图""阴影图"和"材质图"这三张图依次拖入，注意一定要对齐，如图 4.52 所示。

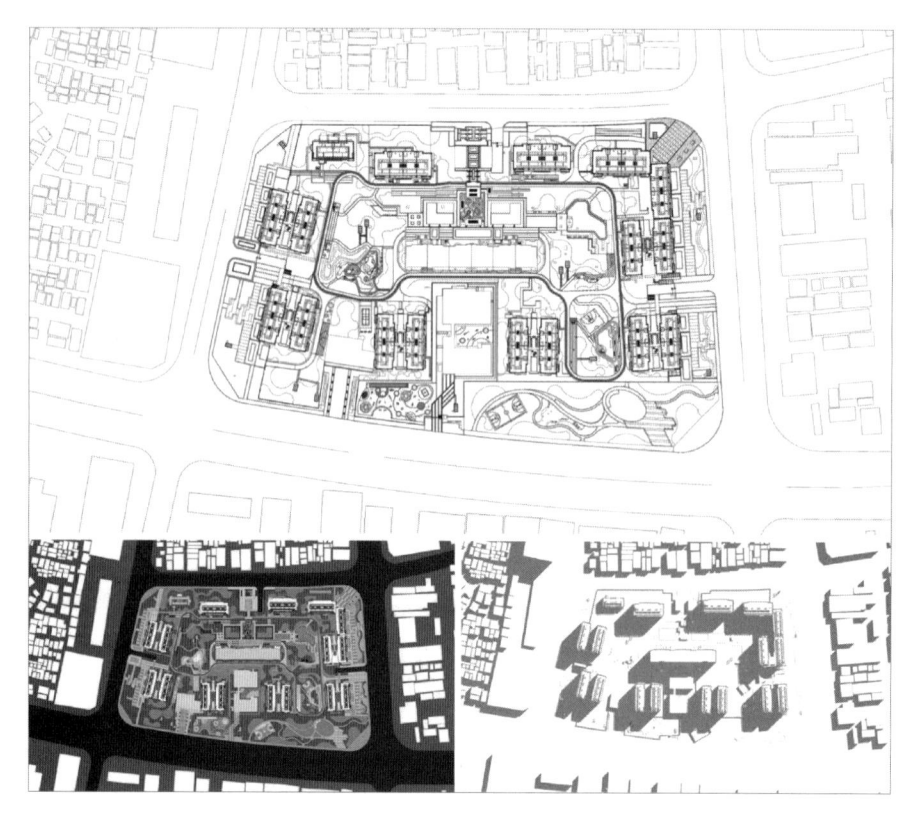

图 4.52　线稿图、材质图及阴影图

（2）选择背景图层也就是线稿图进行复制（快捷键：Ctrl+J），图层关系是线稿图在下，阴影图在最上面，材质图在中间。

（3）接着把需要处理的部分，复制出来（每个部分一定要是单独的图层），比如：地面铺装、草地、水体、天空等。确保每一个部分都是单独的一个图层，有利于后期处理素材的前后关系（这一步操作建议是在线稿图层创建选区，然后在材质图层进行复制），如图 4.53 所示。

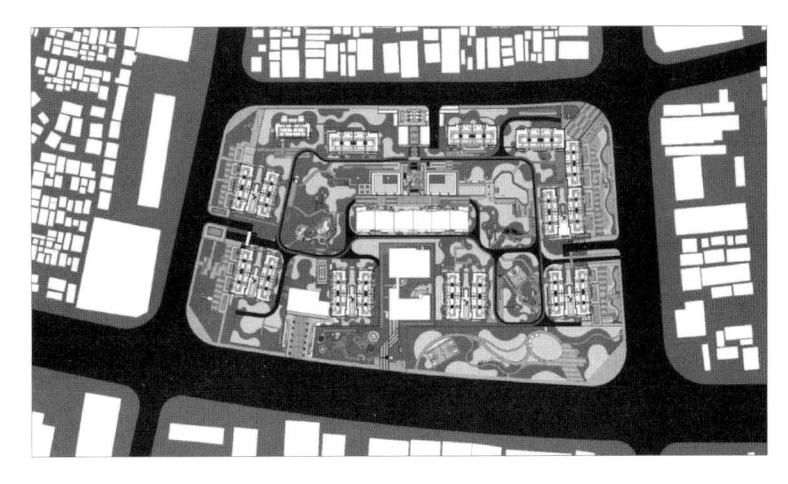

图 4.53 分图层填色

（4）以上操作完成后，重新选择一些新的贴图或颜色，将原来 SketchUp 里面的材质逐一进行替换，替换完成后先不用进行调整，如图 4.54 所示。

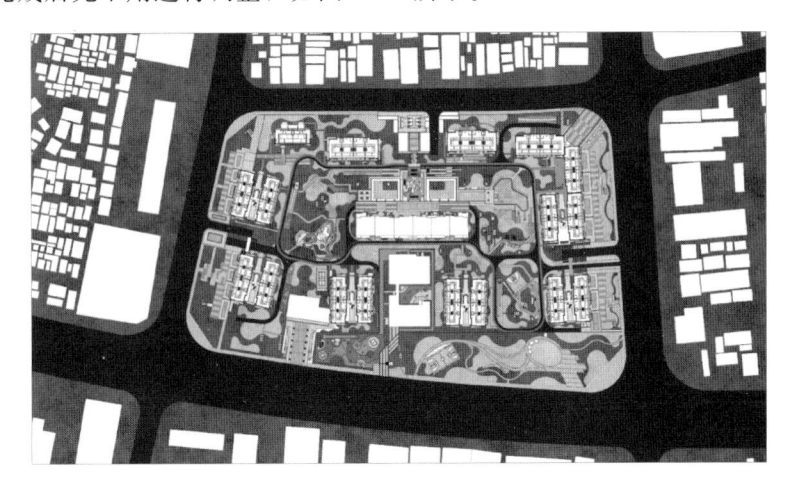

图 4.54 颜色替换为材质

（5）材质替换完成后，就可以添加植物（乔木和灌木）、人物以及景观设施等，如图 4.55 所示。

图 4.55 添加植物及人物

(6) 在放置植物和人物时，一定要注意上下关系、组团关系还有大小关系，如图 4.56 所示。

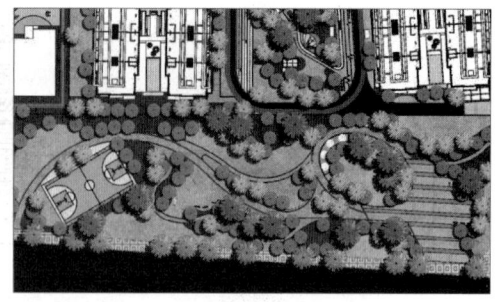

图 4.56 局部放大效果

(7) 所有素材添加完成后，最后可以添加"云雾"效果，周边可以使用"笔刷"进行涂抹，既可以增加细节也可以使画面主次关系更明确，如图 4.57 所示。

图 4.57 处理主次关系

(8) 打开"阴影"图层，注意中间和四周的对比关系，中间的阴影可以暗一些，四周可以通过添加图层蒙版调得透明一些，如图 4.58 所示。

图 4.58 打开阴影

(9) 最后可以根据画面效果统一调整色调和对比即可，如图 4.59 所示。

图 4.59　调整整体色调

以上所有操作完成后，单击"菜单栏"→"文件"→"存储"，先保存成.psd格式，再另存一份.jpeg图片格式即可。

小　　结

彩平图的难易程度与方案的细化程度有很大关系，如果模型细化程度不够，在后期处理的时候会无从下手，如果模型细化程度高，后期处理可以事半功倍，也特别容易出效果，所以建议把模型做得越精细越好。

4.3.2　园林景观剖立面效果图的绘制

4.3.2.1　SketchUp 导出截面图

（1）使用SketchUp软件打开对应模型，在SketchUp中选择要导出的视图。可以使用视图工具栏上的"视图"工具选择（如右视图、正视图等）或调整摄影机视角来获取所需的视图，如图4.60所示。

如果是剖面，还需要使用工具栏里的"截面"工具，单击第一个"剖切面"在需要创建剖面的方向或位置的建筑或地形上单击即可，选择"剖切面"图标可以进行前后移动，调整到合适位置即可，如图4.61所示。

微课程 4.13
剖立面图练习

图 4.60　视图工具　　　图 4.61　截面工具

（2）在右侧默认面板内找到"样式"→"编辑"→"边线设置"把边线和轮廓线勾选，再进到"背景设置"一栏，把背景颜色改为白色，如图4.62所示。

（3）在上方"工具栏"内找到并打开"视图工具栏"，然后选择"消隐"模式，此时视图内所有的模型都会显示成白模，如图4.63所示。

（4）单击"菜单栏"→"文件"→"导出"→"二维图形"，在弹出的对话框中选择所需的文件格式和保存位置，然后单击"设置"，把"使用视图大小"取消勾选，将宽度设置为3000以上的分辨率，高度会自行进行匹配（剖/立面图建议在3000以上，可以根据实际场景大小进行调整），调整完成后单击导出，到这里线稿图就导出完毕了，如图 4.64 所示。

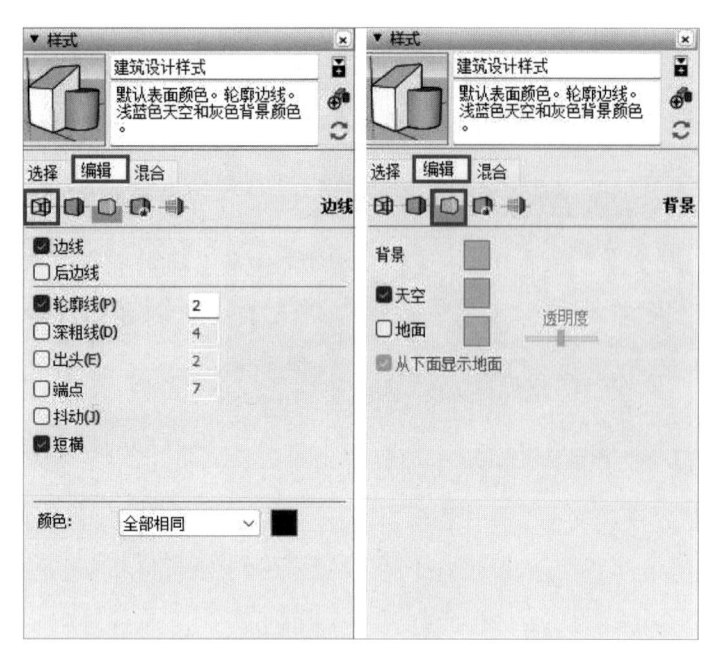

图 4.62　样式面板

图 4.63　样式工具

图 4.64　二维图形导出

（5）线稿图导出完毕后（切记视图不能移动），接着导出"材质图"。在上述基础上，在右侧默认面板内找到"样式"→"编辑"→"边线设置"把"边线"和"轮廓线"勾选，接着在上方工具栏内找到"样式"，单击"材质贴图"模式。调整完成后，在按照上面的参数和操作将"材质图"导出即可（剖/立面图可以根据实际需要进行导出），如图 4.65 所示。

图 4.65　样式工具

以上两张图导出完毕后，即可进入到 Photoshop 里进行后期处理。

4.3.2.2　绘制步骤

（1）打开 Photoshop，将"线稿图"和"阴影图"这两张图依次拖入，注意一定要对齐，如图 4.66 所示。

（2）选择背景图层也就是线稿图进行复制（复制快捷键：Ctrl＋J），图层关系是线稿图在下，阴影图在上即可，如图 4.67 所示。

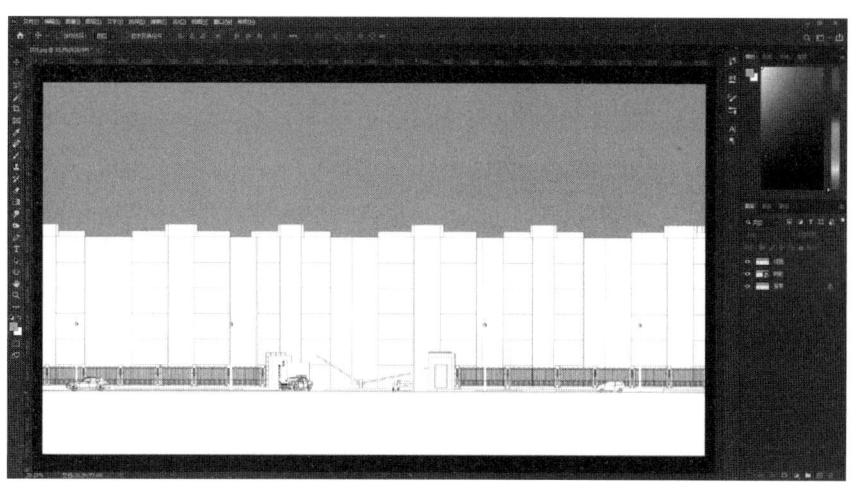

图 4.66　打开对应图像

图 4.67　复制线稿图层

（3）接着把需要处理的部分复制出来（每个部分一定要是单独的图层），比如：天空、建筑、植物或山体等。确保每一个部分都是单独的一个图层，有利于后期处理素材的前后关系（这一步操作，建议是在线稿图层创建选区，然后在材质图层进行复制，线稿图的作用就是用来创建选区），如图 4.68 所示。

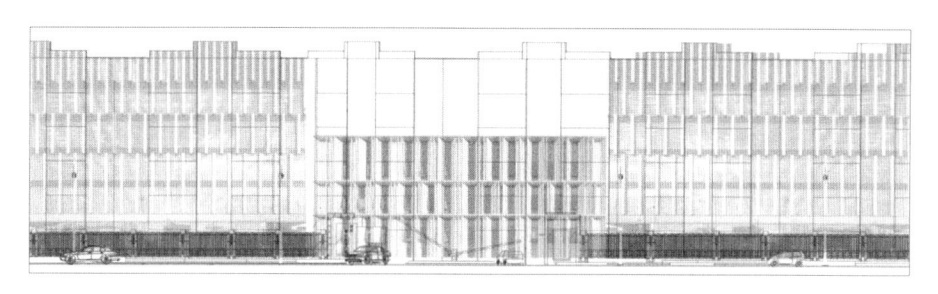

图 4.68　分图层进行复制

（4）以上操作完成后，就可以替换天空了。对于立面图来说，天空就是距离最远的部分，接着就是远景植物以及山体，如图 4.69 所示。

（5）放置近景植物和人物，一定要注意前后、远近、虚实关系，以及组团、大小关系，切记不能密密麻麻种一排，植物的错落关系一定要体现出来，如图 4.70 所示。

（6）所有素材添加完成后，最后可以添加"肌理"效果，统一整体的色调关系以及增加细节，如图 4.71 所示。

（7）最后，可以根据整体效果调整整体画面的对比度和色调。

（8）以上所有操作完成后，单击"菜单栏"→"文件"→"存储"，先保存成 .psd 格式，再另存一份 .jpeg 图片格式即可。

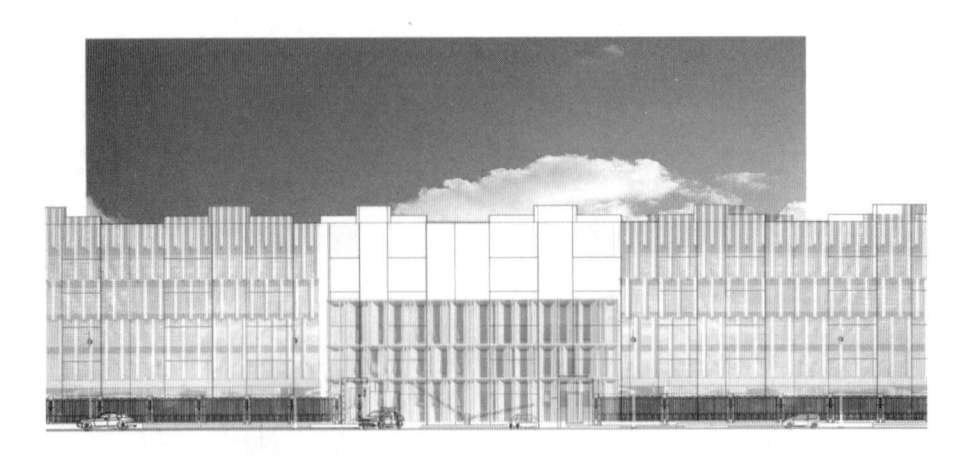

图 4.69 添加天空

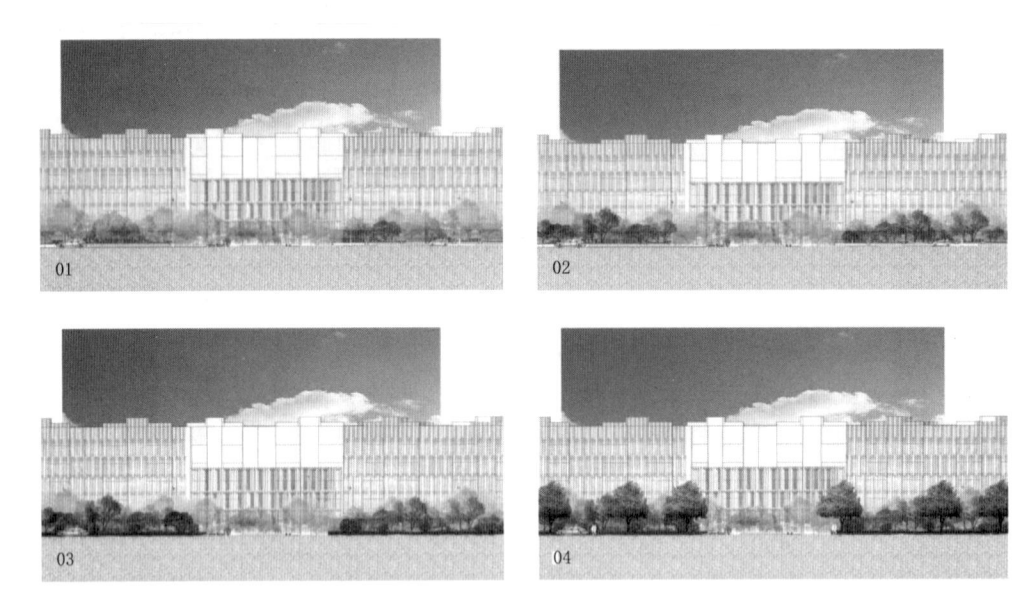

图 4.70 处理步骤图

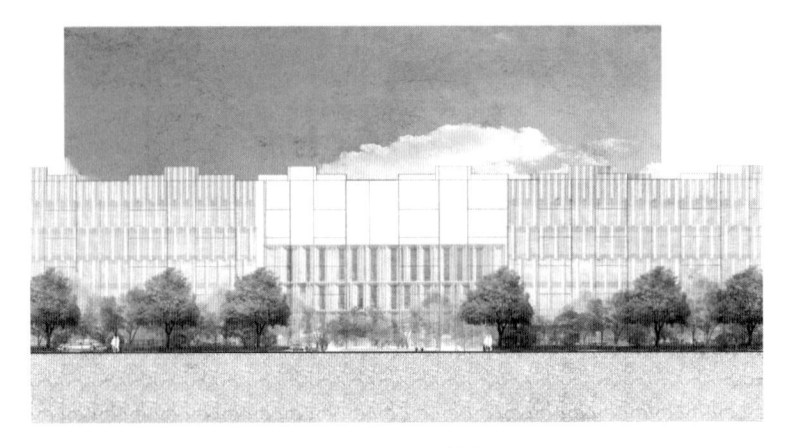

图 4.71 调整整体色调

小　　结

（1）剖立面图一定要注意角度，或是根据客户或老师需求进行导出，建议选择的位置一定要有特色或特点，这样更有利于突出设计方案。

（2）植物或人物一定要注意比例大小，植物要注意远近虚实关系，否则会显得植呆板、不透气。

关键点提示：整体的色调和明暗对比一定要把握好，对于新手来说这个需要多练习、多巩固。

4.3.3　园林景观透视效果图的绘制

4.3.3.1　Vray渲染导出底图

通过使用Vray渲染器（也可以是D5、Enscape、Lumion等渲染器，可以根据自身的喜好来决定）渲染一张底图，这种底图可以不用添加人物和植物，只需要一个的建筑或场景即可。

4.3.3.2　绘制步骤

（1）打开图像：打开Photoshop，不要新建画布，打开渲染完的效果图和通道图（建议先把效果图放进来，再放通道图，两张的位置一定要对齐）。可以通过菜单栏的"文件"→"打开"，或使用快捷键Ctrl＋O（Windows）/Command＋O（Mac）来导入图像文件，或直接往里拖拽，如图4.72所示。

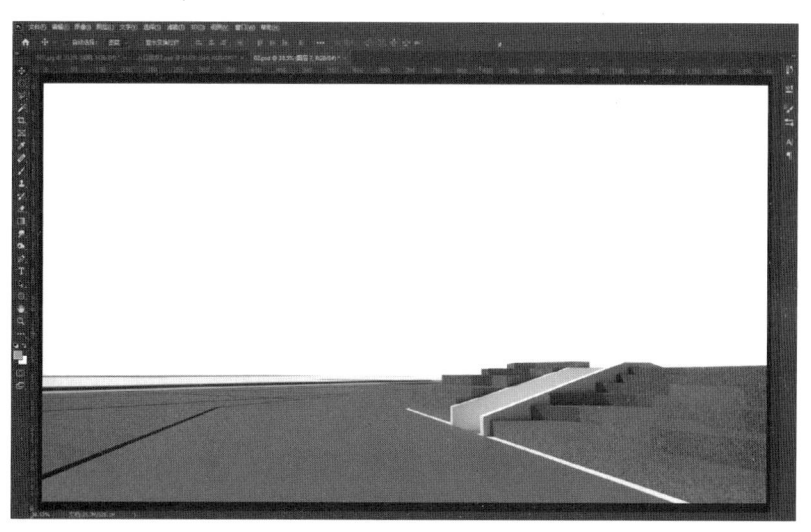

图4.72　打开渲染底图

（2）复制效果图，相当于是备份底图，以防止底图被破坏。

（3）把需要处理的部分复制出来（每个部分一定要是单独的图层），比如：地面铺装、草地、水体、天空等。确保每一个部分都是单独的一个图层，有利于后期处理素材的前后关系。

（4）开始合入素材（建议由远到近进行处理），先把天空进行替换，之后合入远景植物或山体，接着合入近景的植物及人物，植物和人物一定要注意组合关系和前后关系（远近关系就是近实远虚、近大远小，组合关系就是有两棵树也要有一棵树，人物也是如此，也就是有多有少，要有对比），如图4.73所示。

（5）所有素材合并完成后，下一步就是调整整体色调和对比度，调整色调建议使用"色相饱和度"和"色彩平衡"，调整对比度建议使用"色阶"和"曲线"，也可以根据自己的使用习惯进行调整，饱和度建议不要过高，可以偏灰一些，如图4.74所示。

图 4.73 处理步骤图

图 4.74 调整整体色调及细节

关键点提示：

（1）底图可以渲染也可以在 SU 里直接导出线稿，导出线稿进行后期处理比较考验基础功底和对于图纸的敏感程度，建议多多尝试。

（2）植物和人物要注意远近、大小关系，植物近大远小关系一定要明确，另外就是植物组团要有疏有密。

（3）人物：要注意远近大小以及组团，以及人物的穿着颜色要和整体色调接近，不能太突兀。

（4）整体色调：所有素材合成完成后，一定要统一调整整体色调，不能是五颜六色的，也可以根据客户需求进行调整，建议降低整体饱和度。

小　　结

　　本节主要是将命令应用到实际案例中，带领学习者熟练掌握命令与命令之间的转换与衔接，展示如何从建模到后期的工作流程，以及在平时练习中对于素材的积累。

练习实训

　　1. 庭院景观效果练习。

　　根据微课程 4.15 的视频及素材，处理一张庭院拼贴效果图，注意人物及植物的透视和大小比例关系。

　　2. 驳岸分析图练习。

　　根据微课程 4.15 的视频及素材，绘制一张驳岸分析图，注意植物的疏密和大小关系，整体色调要统一。

　　3. 渲染图后期处理练习。

　　根据微课程 4.15 的视频及素材，根据照片进行后期处理，注意木纹之间的亮暗对比及虚实对比关系。

微课程 4.15 效果图及分析图练习

第 4 章 素材库

第 5 章　图文排版——InDesign 软件

　　InDesign（全称 Adobe InDesign）是由 Adobe Systems 公司开发的专业桌面排版软件，被广泛用于创建各种印刷品和数字出版物的排版，包括文字处理、图像处理、版面设计和样式管理等功能，如图 5.1 所示。InDesign 是专业出版行业和设计师的首选工具之一。

图 5.1　InDesign 的启动界面

　　本章将以 InDesign 2021 版本为例进行介绍，内容涵盖了 InDesign 基础功能的了解、软件基础操作演示、工作界面及排版环境的认知。通过本章的学习，读者能够灵活运用软件进行排版和设计。

知识模块

☑ 了解 ID 排版基本原理；
☑ 熟悉 ID 图层面板与系统设置；
☑ 了解任务面板与排版出图操作。

微课程 5.1
章节内容介绍

5.1　InDesign 软件的基础操作

5.1.1　InDesign 排版方式的介绍

　　InDesign 的排版方式包括选择纸张大小和方向、设置列数和边距来定义页面布局，以及创建文本框来容纳文本内容。文本处理方面，InDesign 提供了丰富的文本格式选项和样式定义，以确保文档外观的一致性。图像处理方面，可以插入图像并调整大小，实现优雅的文字图文混排效果。对齐和分布工具帮助保持页面元素整齐排列，图层功能和组织结构有助于管理和编辑文档内容。通过输出设置和打印预览功能，可以调整文档参数并确保最终输出效果无误。

5.1.2 InDesign 工作区与首选项的介绍
5.1.2.1 工作区的介绍

（1）新建页面：在程序栏中，通过快捷键 Ctrl+N 新建一个页面。用户需要选择所需的纸张大小和方向（如 A4 横向或纵向），然后在新建的页面上进行排版和设计工作，如图 5.2 所示。

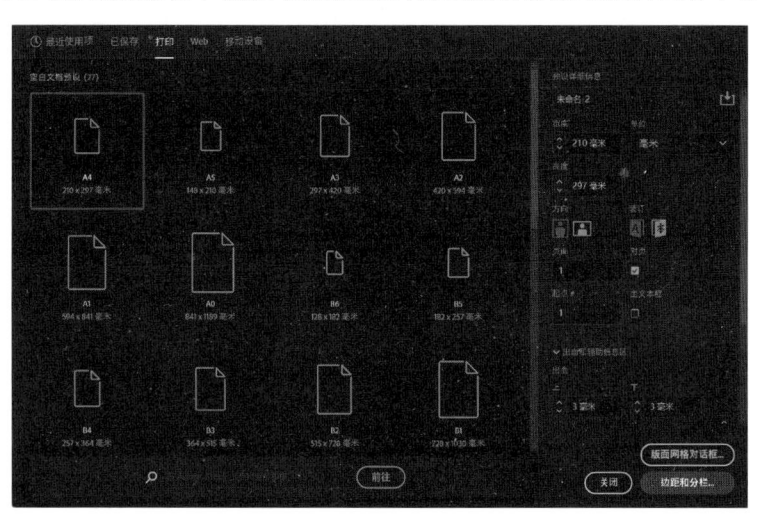

图 5.2 新建页面面板

（2）菜单栏：包含文件、编辑、排版、图像等菜单选项。这些菜单提供了各种功能和命令，可以在 InDesign 中进行文本处理、图像编辑、排版布局等操作，如图 5.3 所示。

图 5.3 菜单栏位置

（3）工具箱："工具箱"位于 InDesign 界面的左侧，是 InDesign 中的关键组成部分，提供了丰富的编辑、绘画、排版和设计工具。其中包括选择工具、文本工具、形状工具、画笔工具、修剪工具、放大和缩小工具、旋转工具、直线工具、切割和拼接工具以及颜色选择器等，如图 5.4 所示。

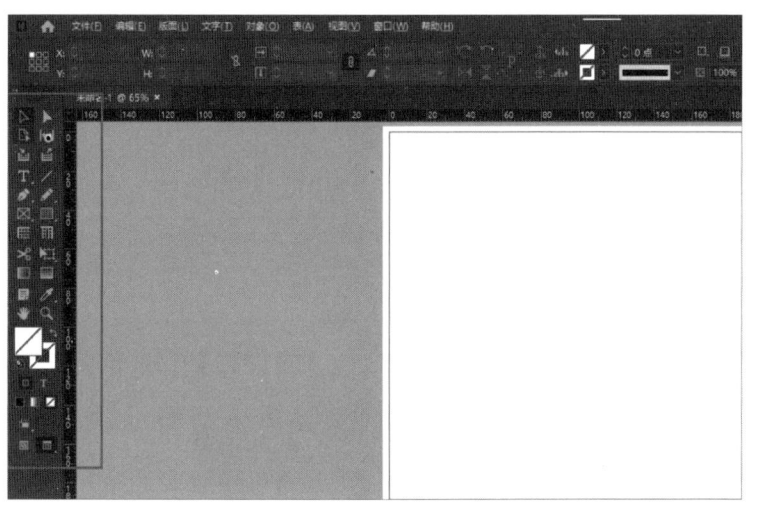

图 5.4 工具箱位置

微课程 5.2
工作区面板
的介绍

（4）状态栏："状态栏"位于文档页面底部，显示当前文档的比例、页码、页码选择、印前检查信息和文件存储信息。用户可以通过状态栏了解文档的当前状态，包括页面缩放比例、当前页码和总页数等信息。

（5）图标面板："图标"面板位于 InDesign 界面的右侧，也可以在"窗口"菜单中找到。"图标"面板用于管理和显示打开的文档、页面和图层等。用户可以在"图标"面板中切换不同的文档，查看页面缩略图，管理图层和对象等，如图 5.5 所示。

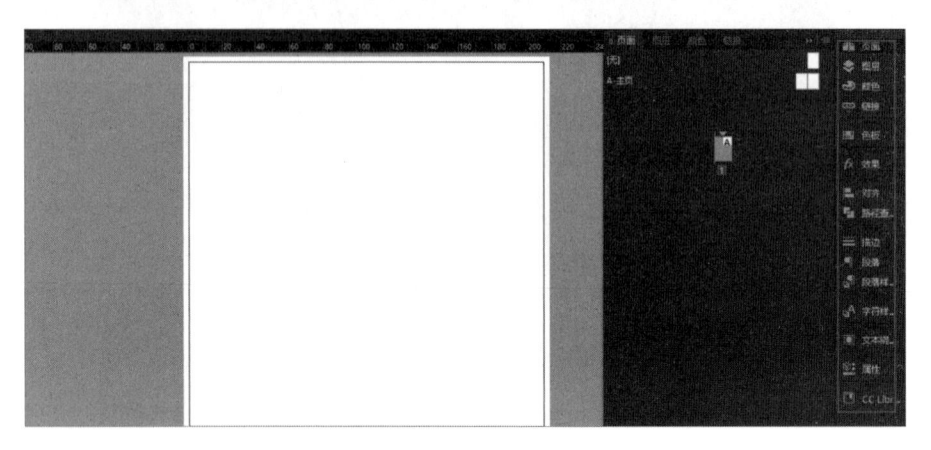

图 5.5　图标面板位置

图标面板还包括页面、图层、颜色、链接、色板、效果、对齐和分布、路径查找、描边、段落样式、字符样式，以及文本绕排等功能。

5.1.2.2　首选项的介绍

"首选项"允许用户根据工作习惯和需求进行定制，位于菜单栏的"编辑"面板下，如图 5.6 所示。"常规"首选项包括页码、字体下载和嵌入、缩放时等设置，直接影响文档的显示和操作方式。"界面"首选项涵盖面板、工具提示、置入时显示缩略图等设置，帮助用户优化工作环境。"文字"首选项和"排版"首选项则是针对文字和排版方面的设置，包括文字选项、文本绕排等功能。其他方面涵盖了单位和增量、网格、参考线和粘贴板、附注、文章编辑器显示、显示性能等方面的设置。通过合理设置首选项，用户可以定制化 InDesign 界面和功能，以适应排版和设计需求。

5.1.3　InDesign 菜单栏的介绍

5.1.3.1　文件面板

该是菜单栏的重要分类，涵盖了对 InDesign 内文档进行相关设置的功能和命令。通过"文件"面板，用户可以方便地进行新建文档、保存、导入文件以及设置文件内容大小、页码和相关打印尺寸等操作。具体功能包括存储、新建、打开、Adobe PDF 预设、文档预设、文档设置和打印预设。通过这些功能，用户可以轻松管理和处理 InDesign 文档，从创建、保存到打印设置，一系列文件操作都可以在"文件"面板中完成。

5.1.3.2　编辑面板

该面板集成了一系列关键功能和命令，包括撤销、重做、剪切、复制、粘贴、全选等，为用户提供了便捷的文档编辑和调整工具。

5.1.3.3　版面面板

该面板提供了对页面进行相关设置的功能和命令，包括调整布局、大小、页边距等。用户可以方便地设置页面的网格属性、列数、页码样式等，还可以使用页面调整工具直接拖动页面边缘来调整大小和位置。

图 5.6　首选项位置

5.1.3.4　文字面板

该面板提供了一系列用于编辑和设置文字的功能和命令，包括调整字体样式、大小、段落格式、添加特殊字符和设置超链接等。用户可以方便地定制文本外观和格式，包括字体、段落、字符样式等，优化文本呈现效果。

5.1.3.5　对象面板

该面板提供了一系列功能和命令，用于编辑和设置选中对象。用户可以轻松调整对象的位置、大小、旋转角度，添加效果等。"变换"功能可对对象进行位置、大小、旋转和倾斜等变换操作；"排列"功能可控制对象在图层中的堆叠顺序；"选择"功能可更改选择对象的方式，方便编辑；"编组"功能可将多个对象组合为一个群组，便于统一移动和编辑；"锁定"功能可保护关键元素或布局的完整性；"效果"功能可为对象添加各种特效和样式，如阴影、透明度、发光等。此外，"显示"性能选项允许根据需求和计算机性能调整显示质量和软件响应速度。

"效果"选项还包括添加阴影、内发光、外发光、发光、模糊、透明度、颜色调整等功能，可创建各种视觉效果。这些效果可以叠加使用，并根据需要调整属性或删除已应用的效果，其位置如图 5.7 所示。

"显示"性能选项允许平衡显示质量和软件响应速度，可根据工作需求选择适当的选项。

5.1.3.6　表格面板

该面板能添加、删除、拆分和合并单元格，调整表格的大小和样式，以及编辑表格内容，同时拥有创建新的空白表格或导入现有表格到当前文档并适应文档布局，控制表格边框的线型、颜色和粗细等功能。

5.1.3.7　视图面板

该面板提供了多种选项，包括叠印预览、校样设置、放大、缩小、页面适合窗口、实际尺寸等，以帮助用户更好地查看和导航文档内容。

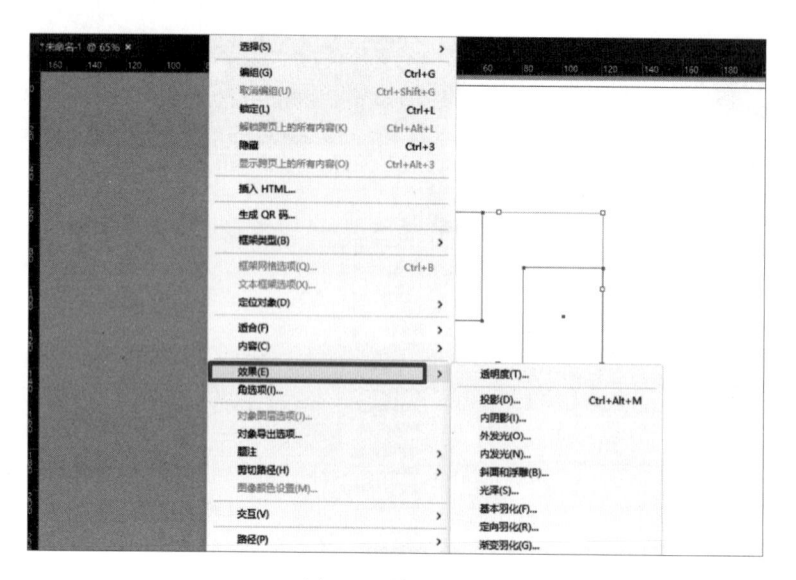

图 5.7　效果选项

5.1.3.8　窗口面板

不同模块代表不同的特定功能，如图 5.8 所示。其中，"排列（A）""工作区（W）""查找 Exchange 的扩展功能（J）"面板用于管理布局、切换工作环境和查找扩展功能，"对象和版面（J）""工具（T）""交互（V）"面板则涵盖了编辑对象、绘制、编辑和排版内容，以及创建交互式元素等功能。其他面板如"控制（O）""链接（K）""描边（R）"以及"评论（D）""实用程序（U）""输出（P）"等则提供精确控制对象属性、链接文件、添加批注，以及设置文档输出选项等功能。

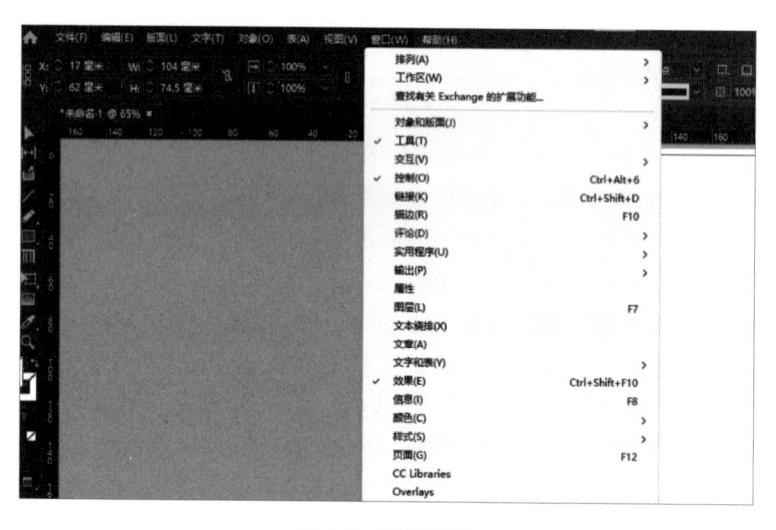

图 5.8　窗口面板

5.1.4　InDesign 的基本排版出图方式的介绍

在 InDesign 中，排版出图是指通过文档编辑和版面设计，创建具有专业外观和排版效果的图文混排作品。打开 InDesign 并新建文档，点击软件中的"新建"按钮设置文档页数、页面大小和横竖排版。在右边界面栏中找到"＋"图标插入新页面。

编辑主页时调节前缀、名称、页数等设置，如图 5.9 所示为编辑主页位置，然后右键点击"将主页应用于页面"，如图 5.10 所示。

微课程 5.4
基本排版出图
方式的介绍

图 5.9　编辑主页位置

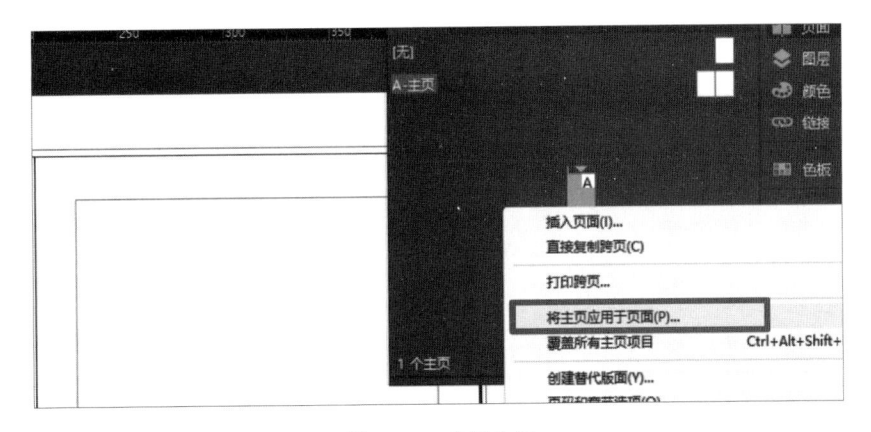

图 5.10　应用主页

插入页码时，使用文本工具创建文本框，右键选择"插入特殊字符"→"标识符"→"当前页码"，完成后调整样式和位置。添加标题/名称时，使用矩形工具创建文本框，并在其中添加内容。

排版完成后，点击"文件"菜单选择"导出"，选择导出格式和设置。根据需求调整导出选项，如 PDF 的压缩、标准、纸张等设置，或 JPEG 的品质、色彩模式、分辨率等。

对于排版出图，可以选择"文件"→"打包"文档，选择要包含的内容并指定保存路径，完成后可在打包文件夹中查看结果。

小　　结

本节基础操作涉及页面布局和文本处理，通过选择纸张大小、设置列数和边距，以及插入文本框和调整图像大小等步骤，创建文档。介绍了任务面板，利用编辑、绘画、排版和设计工具，满足不同的设计需求。在排版出图过程中，通过新建文档、插入页面、编辑主页、插入页码、添加标题/名称、导出文档和打包设置等步骤，确保最终生成符合要求的作品。

练习实训

1. 列举并解释 InDesign 工作界面中的主要元素（如工具栏、菜单栏、控制面板等）。

2. 选择一个熟悉的排版设计项目（如小册子、海报、名片等），并会描述如何利用 InDesign 中的工具和功能来完成这个项目。

3. 尝试使用 InDesign 进行页面排版，选择想要导出的页面，保存图片。

说明：可以在附带素材部分查找并下载相关的资源文件，素材库中有 ID 常用命令及快捷键汇总，可供查询学习。

> 技能模块

☑ 了解图文版式设计的基本原则和技巧；
☑ 了解专业竞赛版式设计的版式要求和标准；
☑ 掌握展板制作设计与排版的基本能力。

5.2 InDesign 的进阶操作

5.2.1 文本版式设计的技巧

文本版式设计是排版工作的核心，涉及字体、大小、行距、段落样式和对齐方式等方面。以下是进行文本版式设计时的技巧：

（1）字体选择和字号行距：选择易读且符合设计风格的字体，避免过多不同字体的使用，保持整体统一和清晰。合理设置字号和行距，确保文本易读，避免显得过于拥挤或稀疏。

（2）段落样式和对齐方式：制定一致的段落样式有助于确保文档的一致性和专业性。定义段落样式预设文本的字体、字号、行距和对齐方式，选择合适的对齐方式，保持文本整齐和可读性。具体可通过如图 5.11 所示的设置方式来修改段落与字符样式。

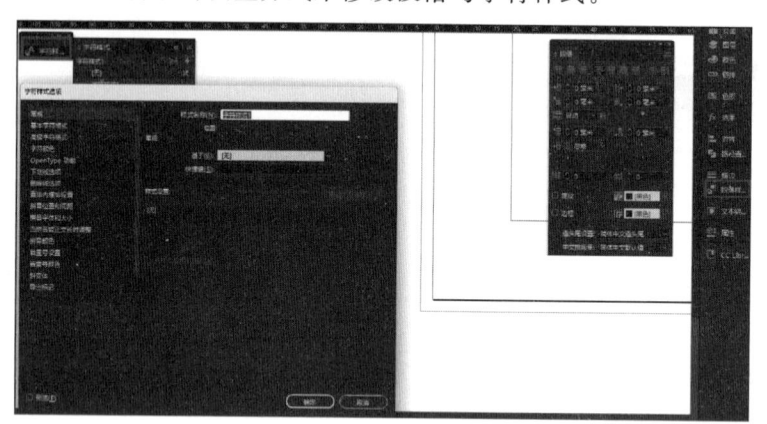

图 5.11 段落与字符样式设置

通过合理设置字体、字号、行距、段落样式和对齐方式，可以创造出美观、易读的排版作品，提供更好的阅读体验。

5.2.2 横向版式设计的技巧

在横向版式设计中，不同的构图方式可以赋予版面不同的视觉效果和设计感。以下是横版排版的构图技巧。

5.2.2.1 上下构图

上下排版版面富有视觉冲击力，可以通过以下方式增强效果：使用明显的中间分隔线，将版面分为上下两部分，使分隔线成为整张图的视觉中心，突出版面的主题和重点内容，如图 5.12～图 5.14 所示。

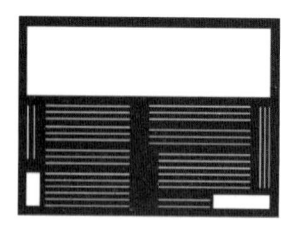

图 5.12 上下构图（一） 　　图 5.13 上下构图（二） 　　图 5.14 上下构图（三）

5.2.2.2 左右构图

左右构图可以赋予画面丰富的视觉效果和良好的设计感，如图5.15～图5.18所示。

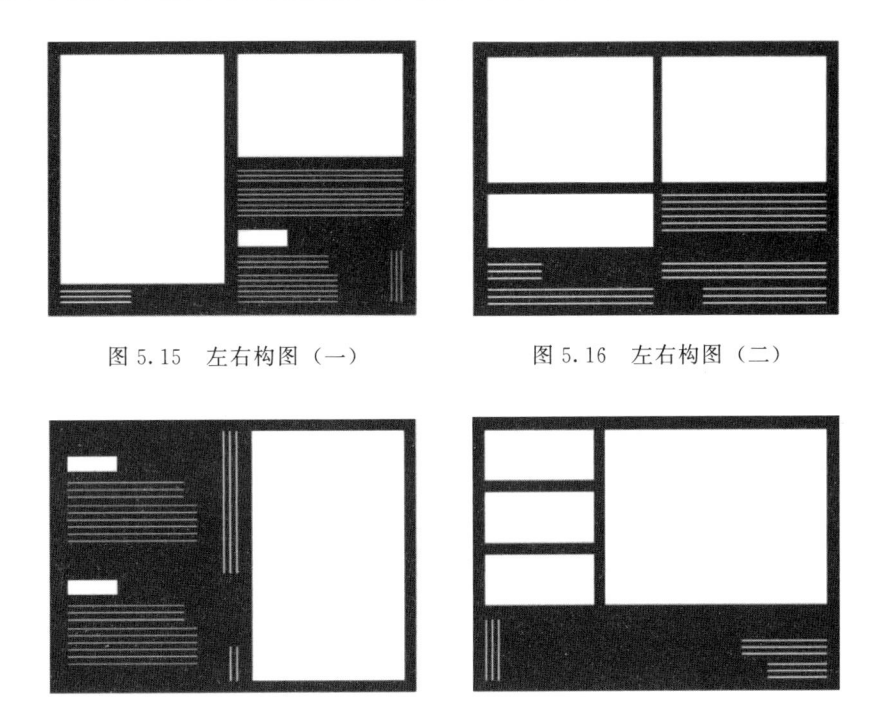

图5.15 左右构图（一）　　图5.16 左右构图（二）

图5.17 左右构图（三）　　图5.18 左右构图（四）

使用左右构图可以产生良好的阅读体验，使读者在阅读时可以自然地从左到右阅读内容。

5.2.2.3 对角构图

对角构图可以使画面更加生动活泼，增加版面的动感和视觉冲击感，如图5.19和图5.20所示。

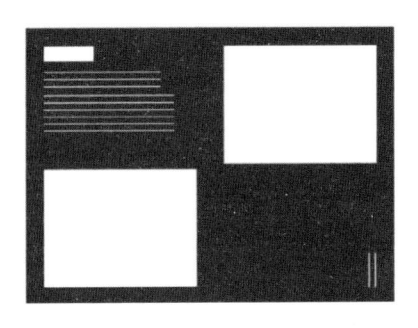

图5.19 对角构图（一）　　图5.20 对角构图（二）

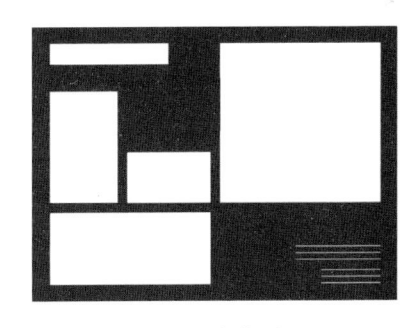

以上横向版式设计技巧可以根据具体的设计需求和内容来灵活应用，通过合理的构图方式，可以使排版在横向排列中展现出更多的创意和艺术感。这些技巧的运用不仅可以提升版面的美感，还可以增加内容的表现力和吸引力，使设计作品更加生动、独特和引人注目。

5.2.3 展板版式设计的技巧

竖向版式设计是一种将内容在垂直方向上进行排列的排版方式。在竖向版式设计中，文字、图像和其他元素沿着垂直方向依次排列，从上到下进行阅读和观看。这种排版方式适用于多种设计项目，如海报、杂志、传单、展板等，以下是竖向版式的一些排版技巧。

5.2.3.1 对比法

对比法是通过将效果图放大并占据画面一半的方式，与其他分析图形成对比，突出效果图的重要性。这种排版方式适用于以大图为主的展板，特别适合需要强调效果图的设计作业，如图 5.21 和图 5.22 所示。

图 5.21　对比法（一）　　　　图 5.22　对比法（二）

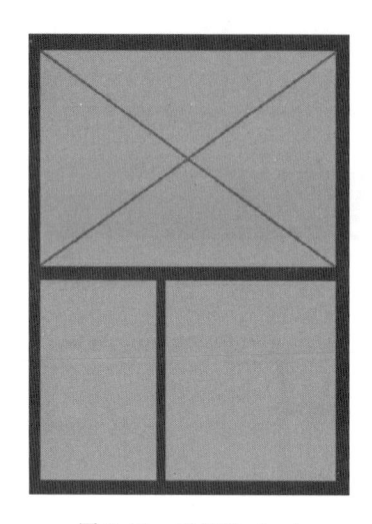

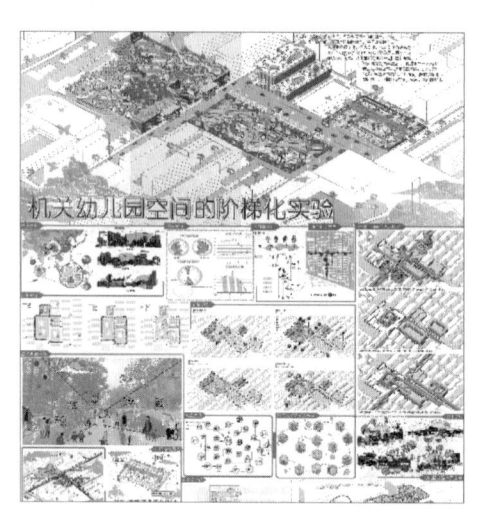

5.2.3.2 满版法

满版法是将效果图、平面图、分析图等填满整个展板，适当留白，以充分展示信息量丰富的设计内容。这种排版方式特别适用于展示效果图、平面图和分析图信息量大的设计作业，适合作为展板的第一张，如图 5.23 和图 5.24 所示。

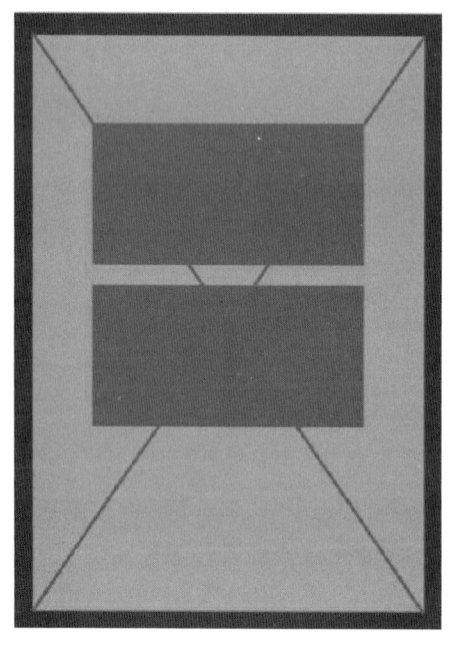

图 5.23　满版法（一）　　　　图 5.24　满版法（二）

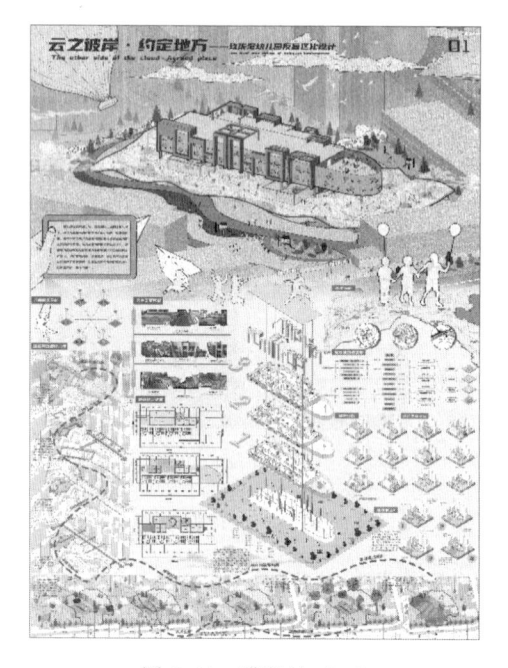

5.2.3.3 破边法

破边法是将场地边缘去掉，以河岸线或天际线等作为图纸边框，使场地与设计内容相融合。这种排版方式适合用于滨水场地或有明显天际线的设计作业，如图 5.25 和图 5.26 所示。

图 5.25 破边法（一）　　　　　图 5.26 破边法（二）

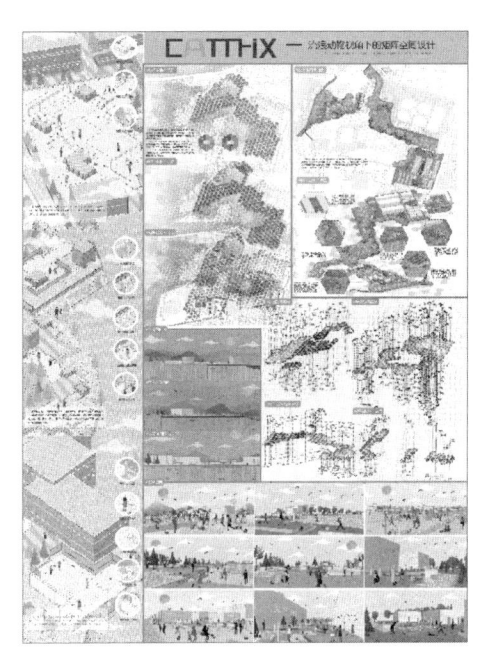

5.2.3.4 留白法

留白法是将效果图压底，将天空以上部分全部留白，使画面简洁明了。这是破边法的一种变体，适用于图纸较少的设计作业，如图 5.27 和图 5.28 所示。

图 5.27 留白法（一）　　　　　图 5.28 留白法（二）

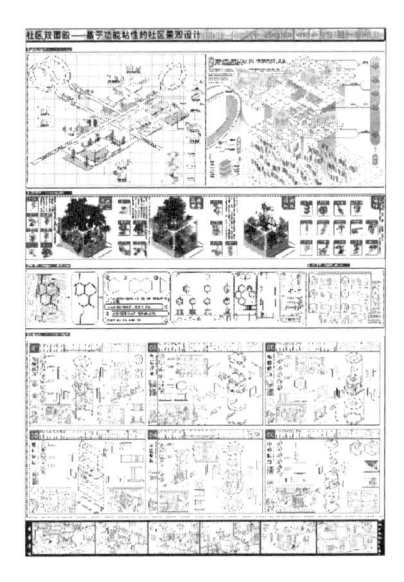

5.2.3.5 重复法

重复法是将排版规整有序，特别适用于类别排版，适用于展示分析图较多的设计作业，如图 5.29 和图 5.30 所示。

5.2.3.6 统一法

统一法是通过保持整体的颜色色调统一来进行排版，适用于图片特别多的设计作业，使整个展板呈现出统一和谐的视觉效果，如图 5.31 和图 5.32 所示。

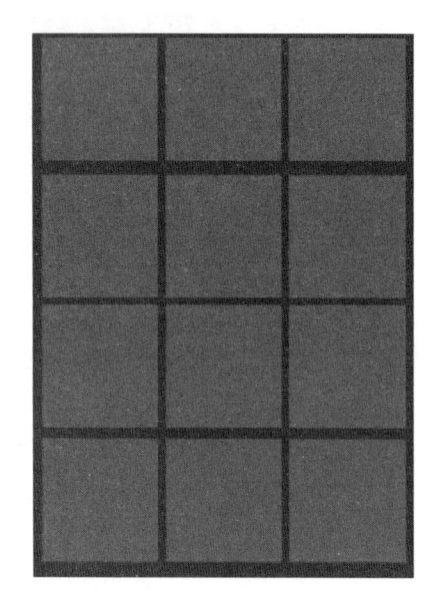

图 5.29 重复法（一）　　　　　图 5.30 重复法（二）

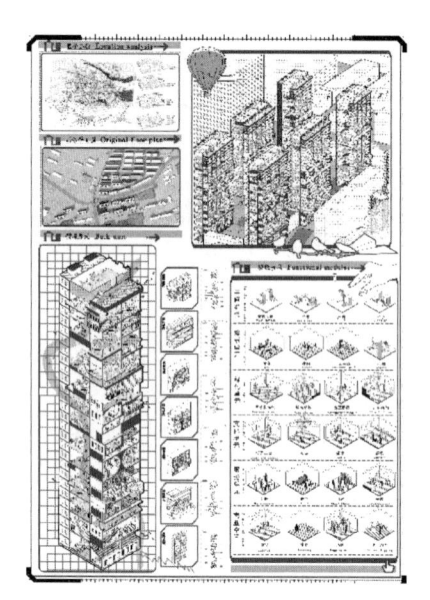

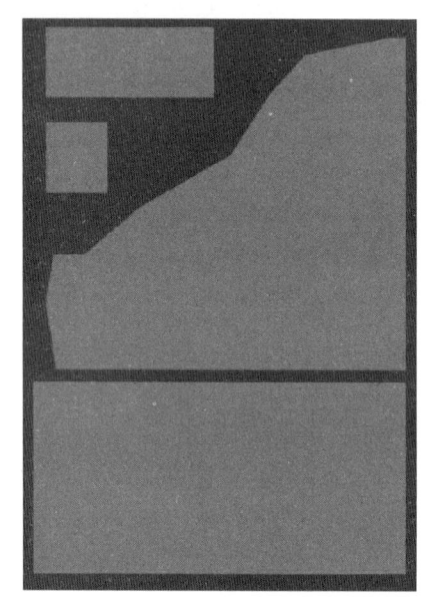

图 5.31 统一法（一）　　　　　图 5.32 统一法（二）

5.2.3.7 等分法

等分法是将最好的一张效果图放大，并将其他小效果图排列成一个大整体，常见的有三等分、四等分排版方式，适合展示效果图较多的设计作业，如图 5.33 和图 5.34 所示。

5.2.3.8 色带法

色带法是通过使用色块或线条将长宽不一的图纸归为一个整体，使整个展板呈现出有序的视觉效果，适合展示分析图较多的设计作业，如图 5.35 和图 5.36 所示。

5.2.4 掌握版式出图的技巧

在掌握基本排版与相关版式设计基础上，根据版式样式（横竖版或展板样式）进度版式设计，进一步掌握版式出图。

微课程 5.5
版式出图
技巧的解读

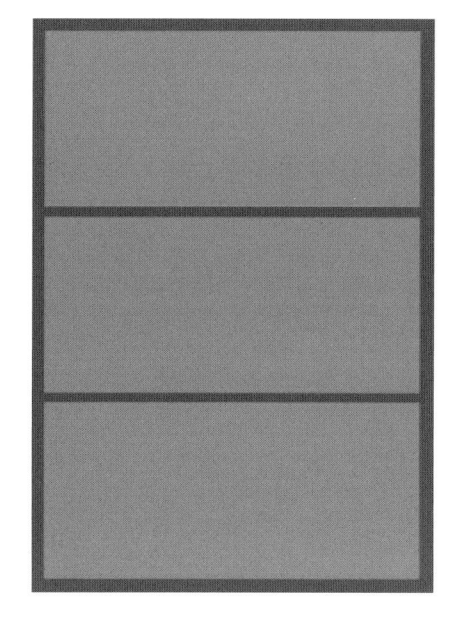

图5.33 等分法（一）　　　　图5.34 等分法（二）

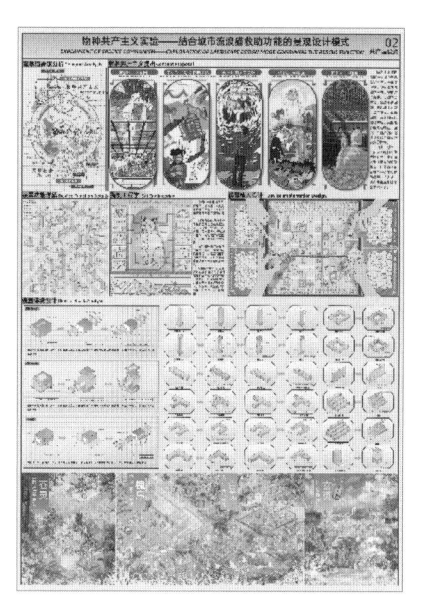

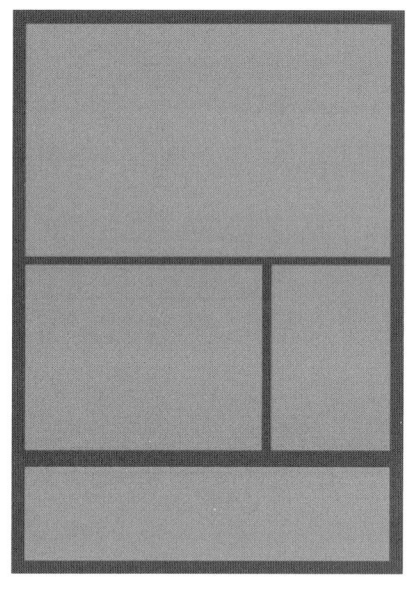

图5.35 色带法（一）　　　　图5.36 色带法（二）

（1）选择底板：在开始排版之前，首先选择一张合适的底板作为展板的背景图，这张底板图能够为整个排版提供视觉支撑，如图5.37所示。

（2）导入底板：将选好的排版版式贴在ID的面板上，即在InDesign软件中，导入已经准备好的排版版式，将其贴在展板的画布上。使用快捷键Ctrl+L将底图锁定在面板上，在屏幕的左上角会出现一个锁的标志。为了防止不小心移动或调整底图位置，使用快捷键Ctrl+L将底图锁定在展板上，确保底图位置固定。

（3）绘制版式框架：使用InDesign中的矩形框架工具，绘制出大致的版式框架，然后在框架内加入必要的文字或图片注释，如图5.38所示。

（4）导入图片：将准备好的图片按顺序拖动到相应的版式框架中，确保图片大小和内容适合框架，如图5.39所示。

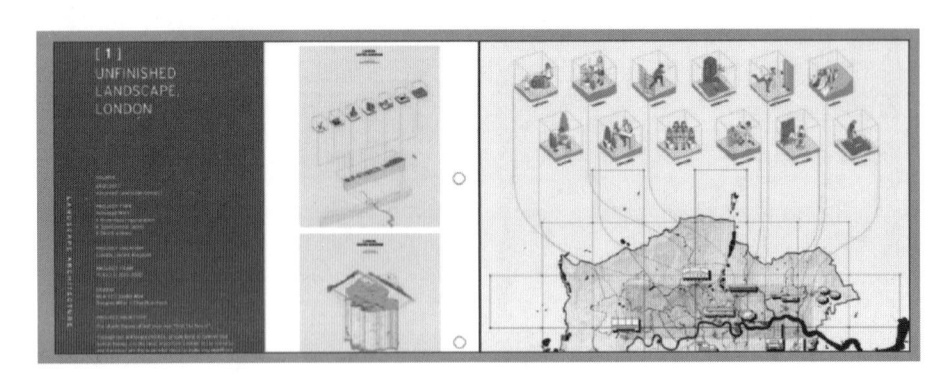

图 5.37 选择底板

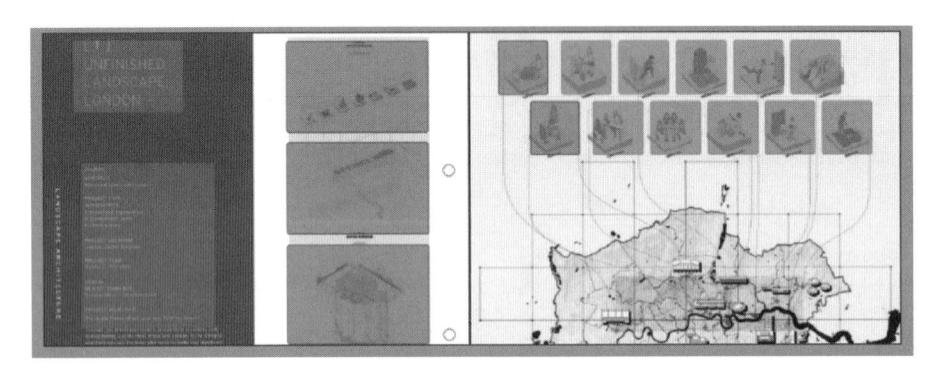

图 5.38 矩形框架应用

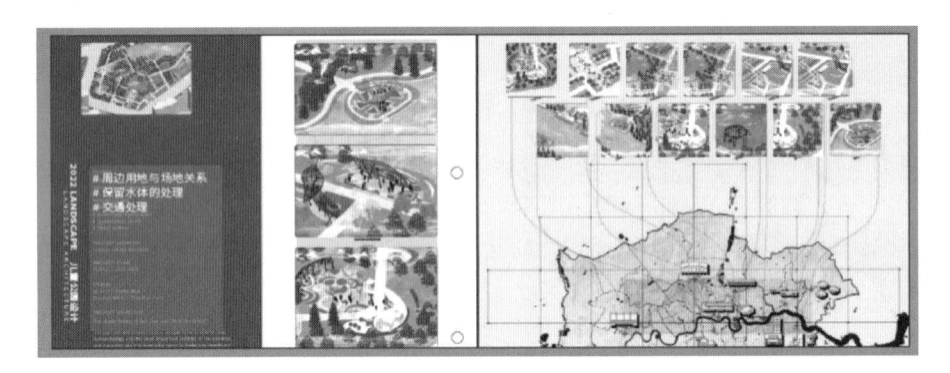

图 5.39 导入图片

（5）调整样式：进一步调整展板中元素及排版样式，使其更加美观，如图 5.40 所示。

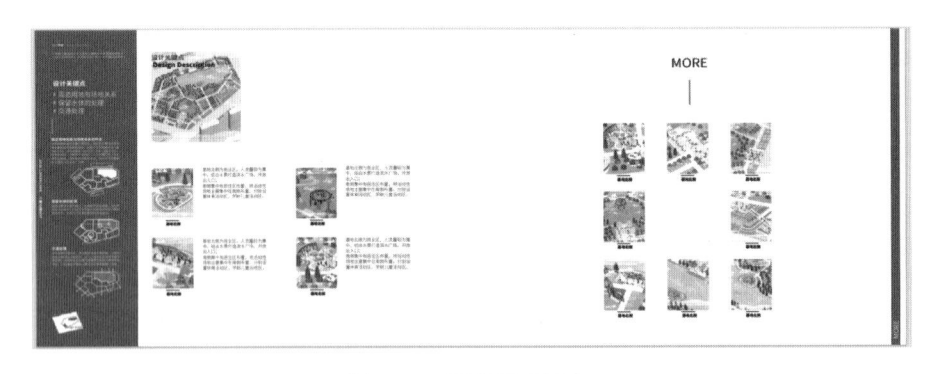

图 5.40 调整样式导出

通过以上的 InDesign 排版步骤，可以创建出具有专业外观的展板设计。灵活运用各种工具和功能，确保内容的清晰呈现和视觉吸引力，以达到优秀的排版效果。随时预览和调整，使得展板的排布和内容得到最佳展示。

小　　结

文本版式设计、展板版式设计和版式出图都是排版设计过程中不可或缺的重要环节。合理的文本版式设计能够提升设计表达的效果，展板版式设计使得信息呈现更加清晰和引人注目。综合运用这三个方面的技巧，可以创作出更具有吸引力和影响力的设计作品。

练习实训

1. 解释文本版式设计在排版设计中的重要性，并列举至少三个影响文本表达效果的因素。
2. 描述展板版式设计的关键要素，并说明如何通过合理的布局和视觉元素增强展板的信息传达效果。
3. 素材库中打开"练习"文件夹，尝试进行作业版式设计并导出。

说明：按照微课中提供的步骤和指导，在附带素材库查找并下载相关的资源文件，完成以上任务。

应用模块

☑ 了解方案阶段文本框架的逻辑；
☑ 了解方案阶段文本制作的方式。

5.3　InDesign 的拓展操作

在园林规划中，方案阶段是将规划理念和设计方案转化为可视化的图形表达的关键步骤，需要综合考虑设计目标、空间组织、要素配置和表达方式等多方面因素，以达到规划目标和满足用户需求。

5.3.1　方案阶段文本框架逻辑的介绍

景观设计文本包括封面、目录、摘要、项目介绍、设计分析与策略、设计方案、分区设计、专项设计与细部设计以及附录。封面提供基本信息，目录列出章节内容及页码，摘要简要介绍项目，项目介绍详细描述背景，设计分析与策略阐述核心理念，设计方案具体描述各方面，分区设计划分不同区域，专项设计与细部设计针对特定部分进行规划，附录补充相关内容和团队信息。

5.3.2　方案阶段的文本制作方式解读

本节将以某地区"概念方案"文本为例，对文本的制作进行详细解读。具体内容详见微课程 5.7～微课程 5.9 方案阶段文本制作的解读。

练习实训

1. 描述景观设计方案文本应该包括的主要内容和结构，并列举至少三个设计方案阶段的重要方面。
2. 根据素材库中提供的《概念方案》文本来进行简单的 InDesign 排版设计训练。
3. 根据微课提供的示例《概念方案》文本框架逻辑，尝试编写一个简要的景观设计方案文本框架，包括项目背景、设计理念、概念规划、分区设计等内容。

第 6 章 空间分析——ArcGIS 软件

ArcGIS 是 Esri 公司开发的地理信息系统软件,用于创建、管理、分享和分析地理信息。ArcGIS 包括 ArcMap、ArcCatalog、ArcToolbox 和 ArcScene 等,应用程序协同工作,支持各种 GIS 任务,如空间地图制作、空间数据分析与管理。ArcGIS 软件在风景园林领域应用广泛,为风景园林的空间规划、生态评估、景观维护等多方面提供了一套完整的工具和技术,从而有效地服务于规划和设计。

本章以 ArcGIS 10.8 版本为例进行介绍,内容涵盖了 ArcGIS 的基础功能、工作界面、软件操作和分析流程的具体步骤。

> **知识模块**
>
> ☑ 了解 ArcGIS 软件的基础功能;
> ☑ 熟悉 ArcCatalog 的功能及基础操作;
> ☑ 掌握 ArcMap 的功能及基础操作。

微课程 6.1
章节内容介绍

6.1 ArcGIS 的基本介绍

6.1.1 ArcGIS 的主要功能

本节介绍 ArcGIS 的主要功能,ArcGIS 的启动界面如图 6.1 所示。

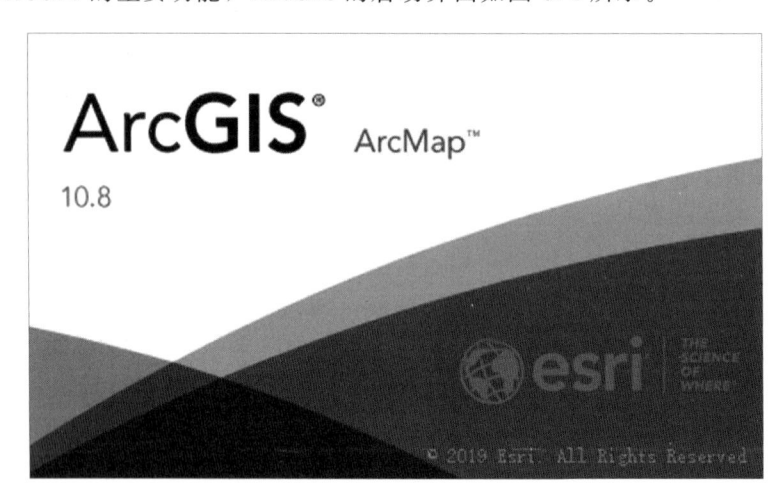

图 6.1 ArcGIS 10.8 启动界面

(1)地图制作工具:ArcGIS 10.8 提供地图制作和可视化工具,包括符号化、标注、图层控制、图例设计等，用户能够创建专业地图。

（2）地理空间分析：ArcGIS 10.8提供了地理空间分析功能工具，用于查询、选择、缓冲区分析、网络分析、地理加权回归等，用户能够进行复杂的空间分析和模型构建，以支持决策制定和问题解决。

（3）数据编辑和管理：用户能够轻松地采集、编辑和更新地理数据，进行数据库管理和连接，实现数据格式转换和投影等操作。

（4）遥感影像处理和分析：ArcGIS 10.8提供遥感影像处理和分析工具，用于图像显示、增强、分类、融合和变化检测等任务，用户能够处理和分析遥感影像数据，提取地表特征、监测变化和定量分析。

（5）数据可视化和共享：ArcGIS 10.8支持将地图和数据发布为Web地图和应用程序，以便用户能够轻松共享和交流地理信息；还提供了实时地理数据可视化和3D可视化能力，增强数据可视化的效果和交互性。

（6）地理应用开发和扩展性：ArcGIS 10.8提供了开发工具和API，支持自定义应用程序开发、Python脚本和工具开发，以及Web地图和应用程序开发，用户能够根据自己的需求扩展和定制ArcGIS功能。

6.1.2 ArcGIS的核心应用程序

ArcGIS中常用的应用程序包括ArcMap、ArcCatalog及扩展模块和工具箱，支持地图制作、空间分析、数据管理、三维可视化和网络分析等功能见表6.1。其中ArcCatalog和ArcMap是ArcGIS的核心组件，ArcCatalog用于浏览、组织和管理GIS数据，ArcMap用于创建和编辑地图。

表6.1　　　　　　　　　　　　　ArcGIS 10.8常用软件

应　用　程　序		具　体　内　容
ArcGIS 10.8	ArcMap	（1）打开地图文档
		（2）创建一个新的地图文档并加载与调整数据图层
		（3）专题地图的制作与输出
		（4）数据图层属性字段的修改与统计
	ArcCatalog	（1）打开ArcCatalog界面并进行文件夹连接
		（2）创建新的Shapefile文件
		（3）创建新的地理数据库文件
		（4）地理数据的输出

6.1.3 ArcCatalog的功能和操作

6.1.3.1 ArcCatalog的功能

ArcCatalog是ArcGIS软件中的应用程序，用于管理GIS数据。它提供了一个集中的目录和数据库系统，让用户查看、浏览和搜索各种地理数据集，包括矢量数据、栅格数据、图层文件、地理数据库等。

（1）数据浏览与管理：ArcCatalog允许用户轻松浏览和管理各种GIS数据，包括地理数据库、文件地理数据库、矢量数据、栅格数据、表格数据等。

（2）元数据管理：用户能够使用ArcCatalog来创建、编辑和管理元数据，包含GIS数据集的数据来源、更新频率、坐标系统等描述信息。

（3）数据搜索与查找：ArcCatalog 提供搜索工具，用户能够根据关键字、属性、地理位置等条件快速查找所需的 GIS 数据。

（4）数据预览与可视化：用户能够在 ArcCatalog 中预览数据集，查看其外观、符号化方式以及属性表内容。

（5）数据导入与导出：用户能够使用 ArcCatalog 将数据导入到 GIS 数据库中，也可以将数据导出为不同格式实现数据共享。

（6）图层管理：用户能够创建、编辑和组织地理图层，包括对图层属性、样式、标签等进行管理。

（7）地理处理工具：用户能够进行数据转换、投影、裁剪、合并等操作。

（8）数据集成：用户能够将不同格式和 GIS 源数据集成到一个项目中，以支持综合分析和可视化。

（9）数据库连接：支持连接到各种数据库管理系统，以访问和管理数据库中的 GIS 数据。

（10）脚本和自动化：用户能够使用 Python 脚本和 ArcPy 库来自动化数据处理和管理任务，提高工作效率。

6.1.3.2　ArcCatalog 的基本操作

（1）在 ArcCatalog 中，首先需要连接到数据源，格式为文件夹、数据库或网络数据。在"目录"窗格中，右键单击"文件夹连接""数据库连接"或"服务器连接"选择相应的连接类型并提供必要的连接信息。

（2）在"目录"窗格中，右键单击连接并选择"新建文件夹"或"新建数据库"来创建新的文件夹或数据库。

（3）元数据：查看数据的元数据信息，通过右键单击数据并选择"属性"或"元数据"以查看数据的描述信息、坐标系统和其他相关信息。

（4）复制、剪切和粘贴：能够在 ArcCatalog 中执行文件操作，如复制、剪切和粘贴数据。

6.1.4　ArcMap 的功能和基础操作

6.1.4.1　ArcMap 的功能

ArcMap 是 ArcGIS 软件套件中主要应用程序，通过 ArcMap 实现以下功能：

（1）地图制作：ArcMap 允许用户创建和制作专业地图，包括根据地理数据创建图层、配置符号样式、标注和注释、设置地图布局等。用户能够根据需求调整地图的外观和样式，以及添加其他地图元素，如比例尺、图例和标题等。

（2）数据编辑：ArcMap 提供的数据编辑工具，允许用户对地理数据进行创建、编辑和更新。用户能够添加、删除和修改矢量要素、属性数据和地理关系，以确保地理数据的准确性和完整性。

（3）空间分析：ArcMap 具备强大的空间分析功能，能够进行各种空间操作和地理处理。用户能够执行缓冲区分析、叠置分析、空间查询、网络分析、地理加权回归等，以了解地理现象的关系和趋势，并做出相应的决策。

（4）数据可视化：ArcMap 提供了多种数据可视化选项，包括符号化、分类、渲染和图表制作等。用户能够根据数据的特性和目的选择适当的可视化方法，以更好地展示和传达地理信息。

（5）地理处理：ArcMap 支持广泛的地理处理操作，包括地理数据的转换、投影、裁剪、合并、提取和计算等。用户能够使用 Model Builder 或 Python 脚本创建复杂的地理处理模型，以自动化和批量处理地理数据。

（6）数据查询和筛选：ArcMap 允许用户执行属性查询和空间查询，以从地理数据集中检索所需的信息。用户能够使用查询构建器来创建复杂的查询表达式，并根据查询结果进行数据筛选和筛查。

6.1.4.2 ArcMap 的操作界面

（1）菜单栏：位于顶部的水平条形菜单，包含各种功能和操作选项，如文件、编辑、查看、插入、选择等，数据视图和布局视图切换，视图菜单，用于切换显示地图数据的数据视图和布局视图。

（2）工具栏：位于菜单栏下方，包含一系列工具按钮，用于执行常规操作，如绘制要素、编辑、选择、放大缩小等。

（3）内容窗格：位于左侧，默认显示地图的图层列表。查看和管理地图图层，包括添加、删除、隐藏、重新排序等操作。

（4）地图视图：位于中央，用于显示地图数据。可在地图上进行绘制、编辑、选择、查询等操作。

（5）制图工具箱：位于右侧，默认显示地图制图相关工具。可选择和使用各种绘图符号、标签、图例、比例尺等工具进行地图制作。

（6）状态栏：位于底部，显示有关当前地图视图的信息，如坐标位置、比例尺、选择要素数量等。

6.1.4.3 ArcMap 的基础操作

（1）标准化地图：用户在左侧地图选项框中选择地图模版或直接选择空白地图，并点击"确定"进行下一步的操作，如图 6.2 所示。

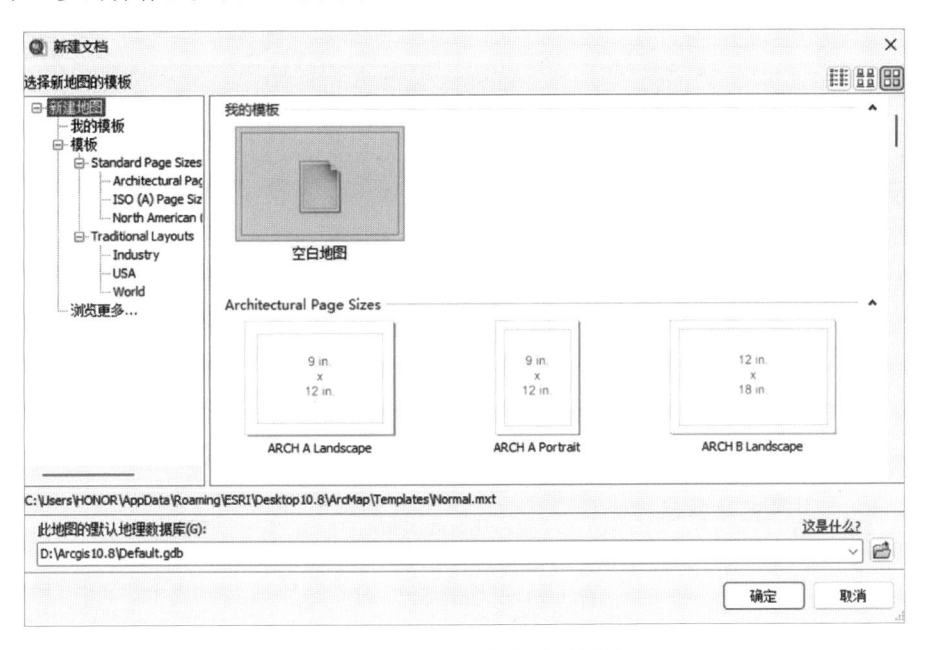

图 6.2　ArcMap 的启动对话框

（2）图形加载：进入 ArcMap 操作界面后，能够在菜单栏中看到加载按键，鼠标左键单击加载按键，可选择已下载的遥感影像或图片进行加载，通常包括栅格和矢量两类文件，如图 6.3 所示。

图 6.3　ArcMap-加载遥感影像

小　　结

利用 ArcGIS 的 ArcCatalog 和 ArcMap 等工具，能够处理与管理任务。ArcCatalog 用于连接数据源、管理元数据及执行文件操作，ArcMap 则支持地图制作、数据编辑、空间分析、数据可视化、地理处理及数据查询等功能，通过其操作界面（菜单栏、工具栏、内容窗格等）实现地图的创建与管理。

练习实训

1. 打开 ArcCatalog 软件，按照 6.1.3 节相关的步骤熟悉操作。
2. 打开 ArcMap 软件，按照 6.1.4 节相关的步骤熟悉操作。

技能模块

☑ 掌握 ArcGIS 的常用数据分析方法及具体操作流程；
☑ 了解不同分析方法在景观规划设计中可达成的分析结果。

6.2　ArcGIS 的进阶操作

6.2.1　影像处理

6.2.1.1　Landsat 卫星影像多波段合成

在 ArcGIS 10.8 中，调用工具箱"ArcToolbox"，使用"波段合成（Composite Bands）"工具来合成影像的多个波段。首先，通过"Add Data"图标将影像资料加载到地图中，如图 6.4 所示。

关键点提示：上述影像资料请下载路径为：第 6 章素材\影像处理\源数据文件夹中的"LT51290422008097BKT00"文件和"LT51290432008097BKT00"文件。通过"地理处理（Geoprocessing）"菜单或者点击 ArcToolbox 图标打开 ArcToolbox 窗口，在 ArcToolbox 窗口中，展开"数据管理工具（Data Management Tools）"文件夹，然后展开"栅格（Raster）"文件夹，如图 6.5 所示。

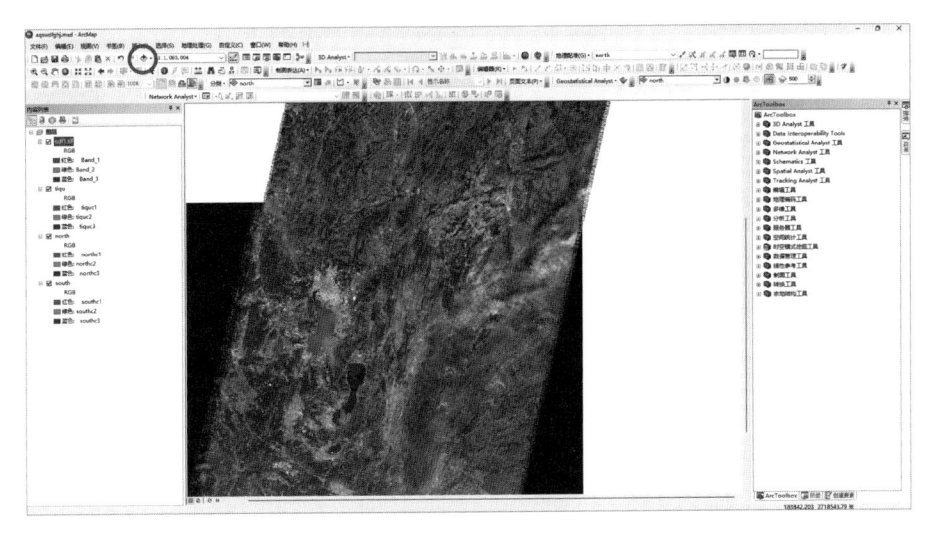

图 6.4 添加数据界面

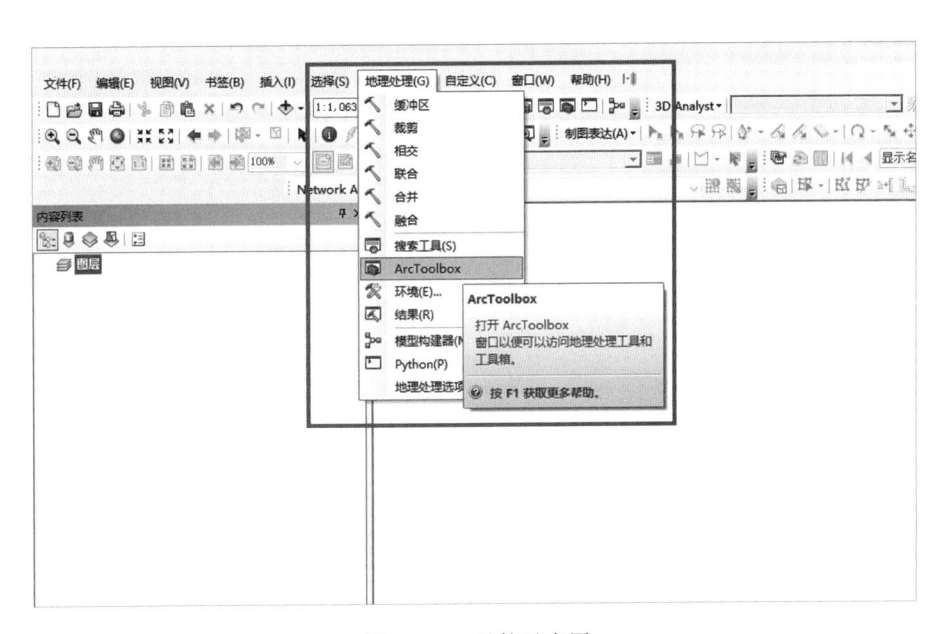

图 6.5 工具箱示意图

在"栅格（Raster）"菜单栏中，找到并双击"波段合成（Composite Bands）"工具，如图 6.6 所示。

在"Composite Bands"对话框中，选择要合成的影像文件。在"输入栅格"字段中，选择要合成的波段。在"输出栅格"字段中，选择输出合成影像的路径和文件名。在"像素类型"字段中，选择输出影像的像素类型。在"位深"字段中，选择输出影像的位深度。点击"OK"按钮合成多波段影像。

关键点提示：第 6 章素材 \ 影像处理 \ 源数据文件夹下图（LT51290431987039BJC00，LT51300421987046BJC01，LT51300431987046BJC01）按照图号顺序进行波段合成，如图 6.7 所示。

将素材 \ 6.2 技能模块 \ 影像处理 \ 课程源数据 \ LT51290422008097BKT00 文件夹 B1－B7 依次全部图输入命令栏中，开始波段合成，并将 LT51290432008097BKT00 文件夹的图输入并开始波段合成。影像图输出时能够更改输出的路径和进行文件重命名。

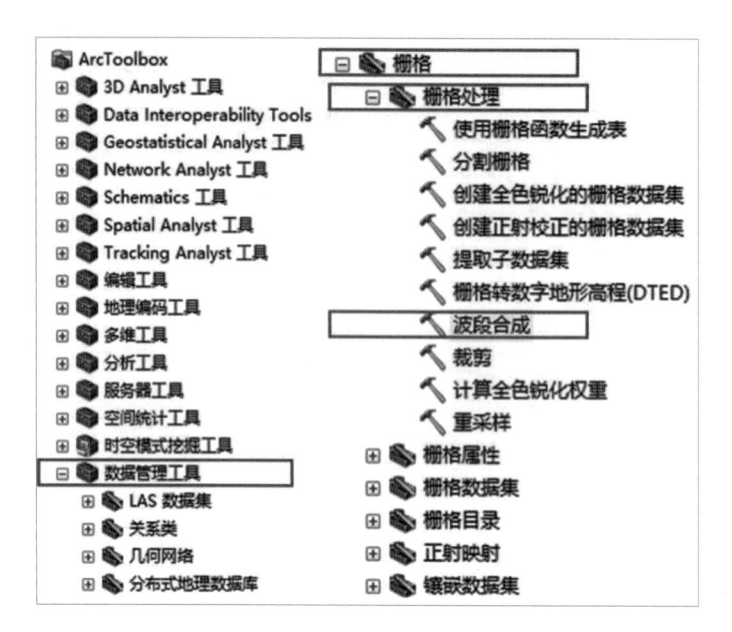

图 6.6 波段合成步骤

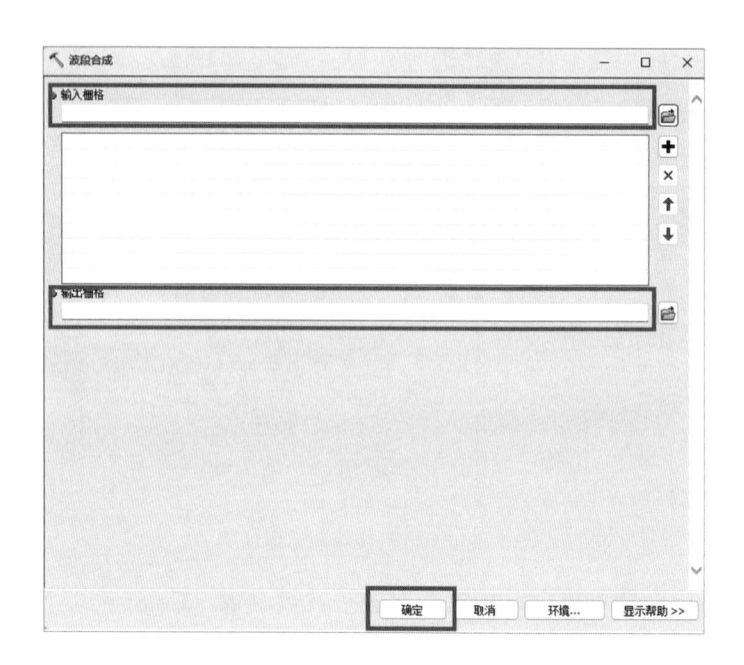

图 6.7 波段合成示意图

6.2.1.2 Landsat 卫星影像裁剪与拼接

ArcToolbox 窗口中，展开"Data Management Tools"工具，然后展开"栅格"文件夹。在"Raster"文件夹中，找到并双击"栅格数据集"工具。在"栅格数据集"对话框中，将裁剪后的影像文件添加到"输入栅格"列表中，可使用"Add Data"图标选择裁剪后的影像文件。

如若出现栅格背景值黑边情况，且调整属性"Nodata"值无效果情况下，使用函数的方式调整，在窗口工具中找到"影像分析"，并找到要添加函数的数据，点击"标识函数"按钮进行添加函数，最后在函数中选择"掩膜函数"，在掩膜函数的基础上将波段值全部定义为"0"，如图 6.8 所示。

图 6.8　添加掩膜函数

栅格数据集的空间参考、像素类型、镶嵌运算符和镶嵌色彩映射表，模式选择默认，最后点击"确定"。拼接后的影像将保存为一个新的栅格图层，并在地图上显示。请注意：裁剪和拼接影像的步骤是相对独立的，能够先裁剪多个影像，然后再拼接裁剪后的影像。确保在进行拼接之前，裁剪的影像具有相同的坐标系和像素大小。在扩展名的栅格数据集名称选项中命名，点击"确定"，如图 6.9 所示。

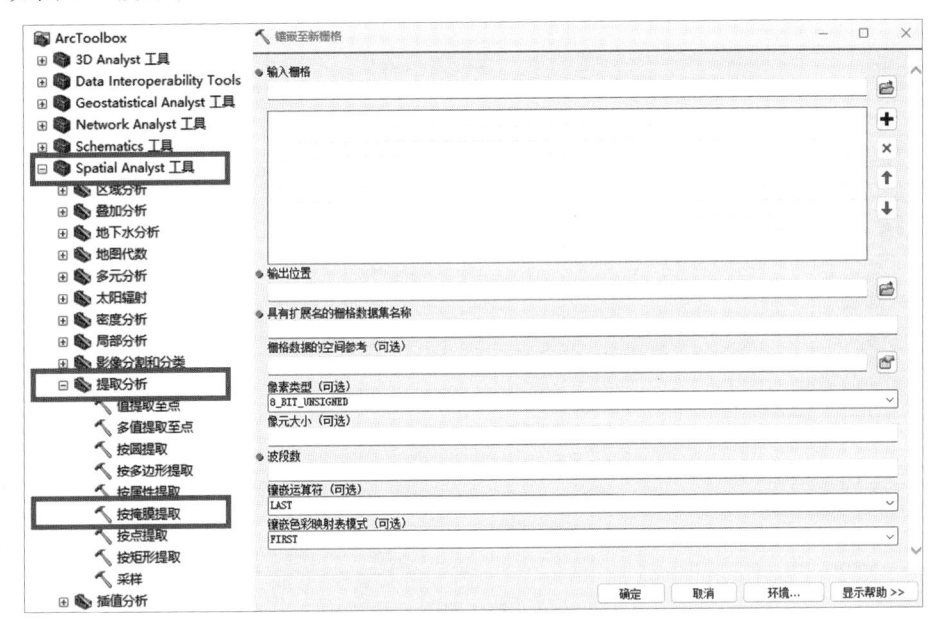

图 6.9　镶嵌至新栅格

波段数与影像波段数一致，能够在图层中单击左键查询，如图 6.10 所示。

影像的裁剪，采用 ArcMap 中常用的裁剪影像的方式"掩膜提取"，在 ArcMap 的工具栏中选择"Spatial Analyst 工具"工具栏，然后单击"提取分析"打开"按掩膜提取"对话框，在输入栅格中添加数据，再输入栅格数据或要素掩膜数据中增加提取范围的掩膜数据，输出栅格能够更改路径，如图 6.11 所示。

关键点提示：打开 ArcMap，将需要裁剪的栅格图加载进"输入栅格"，在第二行命令栏中输入掩膜数据，单击"确定"开始执行掩膜提取操作。

6.2.2　地形分析

6.2.2.1　数字高程地图的合并和裁剪

打开"第 6 章素材、地形分析、源数据"文件夹中的 6 个影像数据，加载进入操作界面，添加数据进行影像合并，波段数选择"1"。

微课程 6.3
地形分析——
DEM 的合并
和裁剪

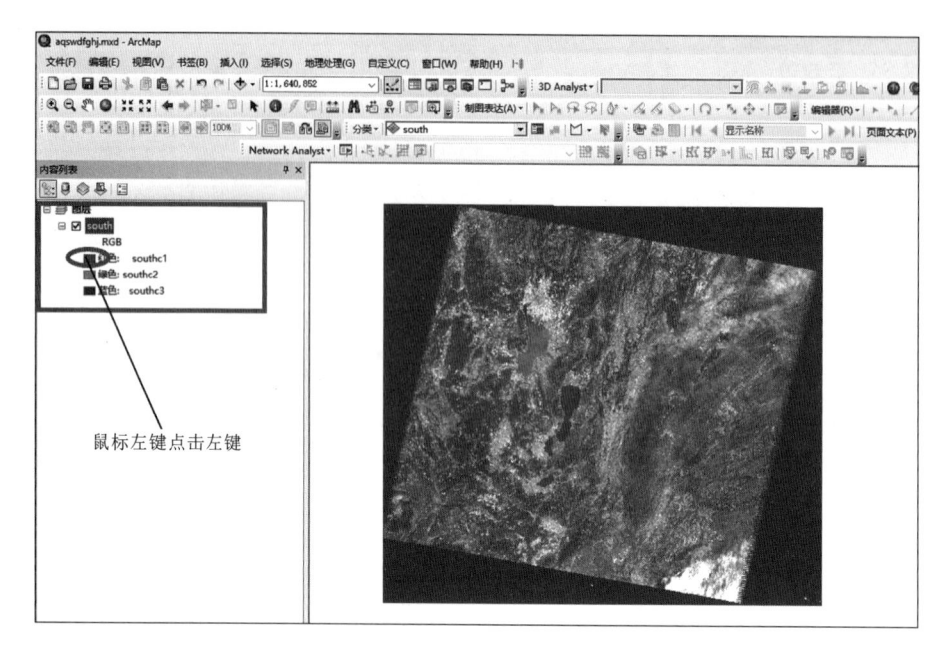

图 6.10　查询波段数量

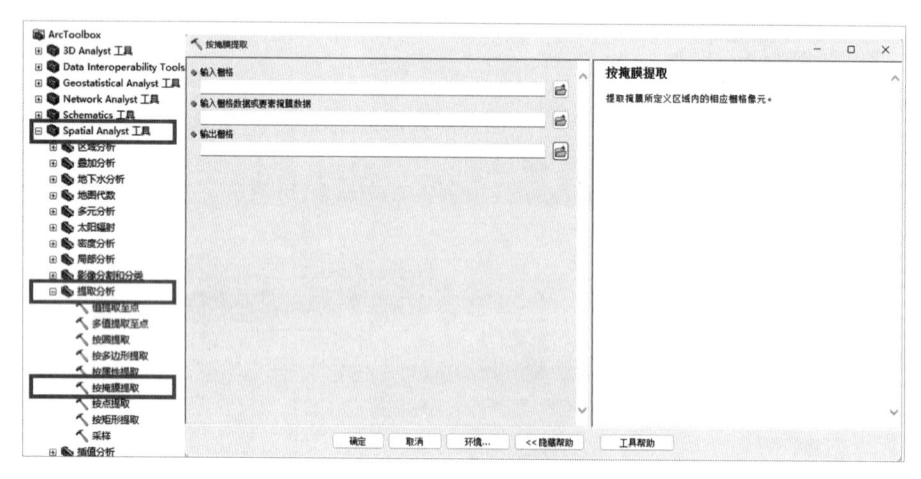

图 6.11　按掩膜提取步骤

6.2.2.2　坡度分析

将 DEM 或地形数据集加载进 ArcMap 中。数据来自"第 6 章素材 \ 地形分析 \ 源数据 \ ASTGTMV003_N24E102_dem"文件。打开 ArcToolbox 窗口，展开"3D Analyst Tools"工具集，展开"栅格表面（Raster Surface）"工具，打开"坡度"选项。在输出"测量单位（Output Measurement）"字段中，选择坡度的计量单位，能够选择"度（Degree）或百分比（Percent）"。在"输出栅格（Output Raster）"选项中，选择输出坡度图像的路径和文件名，点击"OK"按钮。

6.2.2.3　坡向分析

将 DEM 或地形数据集加载入 ArcMap 中，数据来自"第 6 章素材 \ 地形分析 \ 源数据"。打开 ArcToolbox 窗口，展开"3D Analyst Tools"工具集，展开"表面分析（Raster Surface）"工具，如图 6.12 所示。

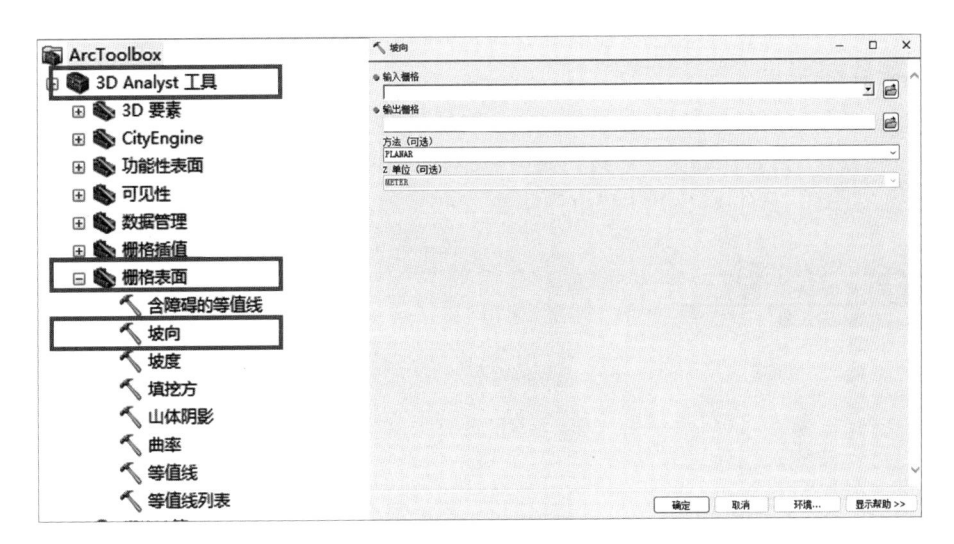

图 6.12 坡向分析

关键点提示：在"表面分析"文件夹中，左键双击"坡向"工具。在"坡向"对话框中，输入要进行坡向分析的地形数据。在"方法"字段中，选择坡向的方法，能够选择平面的（PLANAR）或测地线（GEODESIC），Z 单位（可选），默认"无"，在"输出栅格"字段中，选择输出坡向图像的路径和文件名。左键点击"确定（OK）"按钮开始进行坡向分析。ArcGIS 将生成一个新的坡向栅格图层。

6.2.2.4 等值线分析

将 DEM 或地形数据集加载进 ArcMap 中。数据来自"第 6 章素材 \ 6.2 技能模块 \ 地形分析 \ 源数据"。打开 ArcToolbox，展开"3D Analyst Tools"，展开"栅格表面"工具，找到"等值线"工具，如图 6.13 所示。

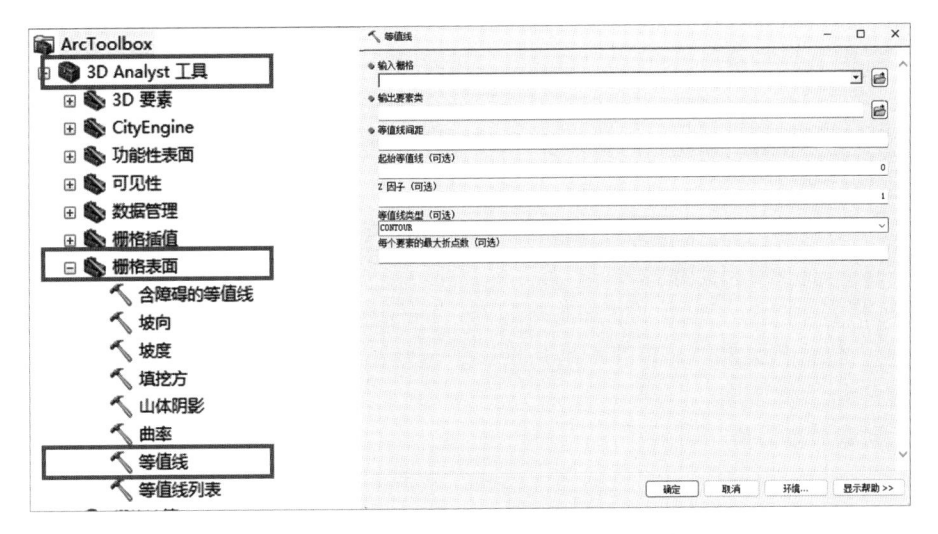

图 6.13 等值线

关键点提示一：在"等值线（Contour）"对话框中，选择要进行等值线分析的高程数据。在"Output Polyline Features"字段中，选择输出等值线要素的路径和文件名。

关键点提示二：在"等值线间距（Contour Interval）"字段中，输入等值线的间隔值，在"起始等值线（Base Contour）"字段中，选择一个基准等值线值。这是一个可选项，能够用于设置等值线的起始值。在"Z 因子（Z Factor）"字段中，根据的数据设置高程的垂直比例因子，最后点击"确定（OK）"按钮开始进行等值线分析。

6.2.2.5 山体阴影

将 DEM 或地形数据集加载进 ArcMap 中，数据来自"第 6 章素材\6.2 技能模块\地形分析\源数据"。打开 ArcToolbox 工具集，展开"3D Analyst Tools"工具集，然后展开"栅格表面（Raster Surface）"文件夹。找到"山体阴影（Hill shade）"工具，如图 6.14 所示。

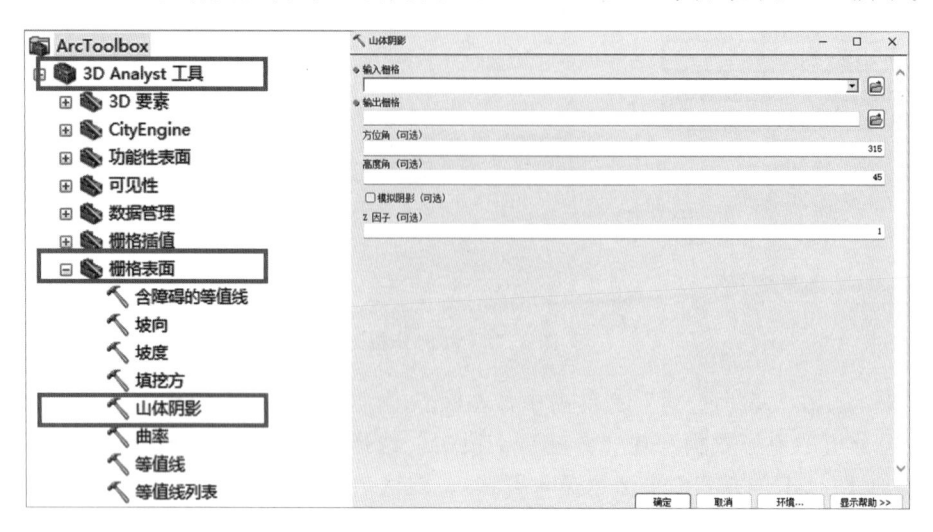

图 6.14　山体阴影

关键点提示："输入栅格"中输入需要分析的高程影像，输出栅格能够自己定义路径，点击"确定"。

6.2.3　地理配准

打开 ArcMap，加载需要配准的影像或地图，以某区域为例，下载地图。本节选用的基准影像是来自"第 6 章素材\影像处理\源数据中 Landsat5 影像"，在 ArcMap 中，点击"Georeferencing"工具栏上"Georeferencing"按钮，打开地理配准工具栏。

在地理配准工具栏上，选择"添加控制点"选项。在需要配准的地图和基准影像数据之间添加选择控制点，用于配准。在地图上选择一个控制点，通常选择有显著的地理特征的区域，例如交叉路口或水体边界。

关键点提示：在基准数据上选择相应的位置作为控制点。重复步骤，选择更多的控制点，至少 3 个控制点，以获得较好的配准结果。

在地理配准工具栏上，选择"更新地理配准（Rectify）"按钮，将配准结果应用到影像或地图上。选择输出位置和文件名，保存配准后的影像或地图。

6.2.4　插值分析

6.2.4.1　反距离加权插值

反距离加权插值用于推演不同控制点之间相关数的值，基于已知点的值和其距离的权重。在 ArcGIS 中，使用"IDW"工具执行反距离加权插值分析。

打开 ArcMap，以人口数据进行反距离权重分析"第 6 章空间分析 GIS\素材\6.2 技能模块\插值分析\课程源数据\16-9"，将数据下载并导入 Excel，在 ArcGIS 中找到矢量图层，开始编辑，如图 6.15 所示。

点击并加载人口数据，打开 ArcToolbox 工具，展开"Spatial Analyst Tools"工具，然后展开"Interpolation"工具，在"Interpolation"文件夹中，找到并双击"IDW"工具。在"IDW"对话框中，选择要进行插值的点数据集作为输入。在"Z Value Field"字段中，选择包含要插值

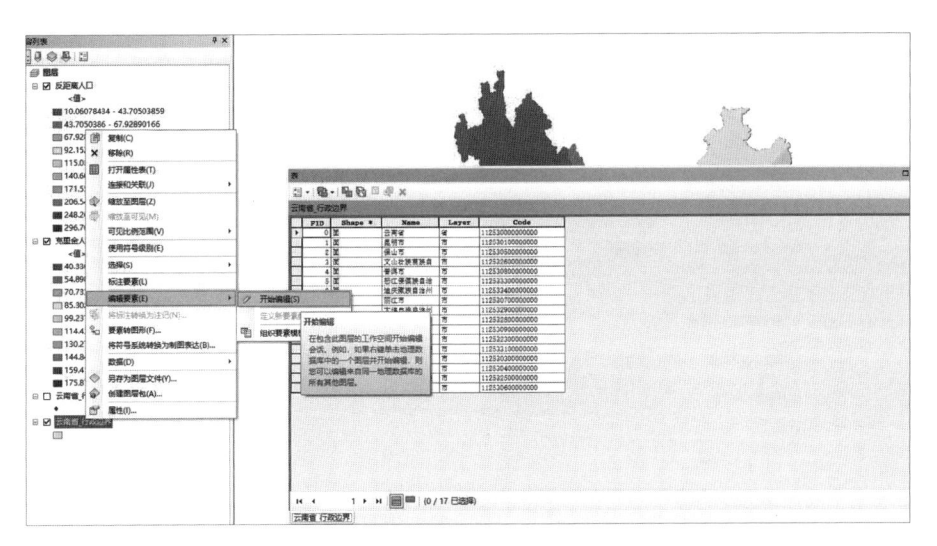

图 6.15 开始编辑命令栏

的属性值的字段。在"Output Cell Size"字段中，选择输出栅格的分辨率。在"Output Raster"字段中，选择输出栅格的路径和文件名。在"Power"字段中，指定反距离加权插值中使用的权重衰减幂次。默认值为 2，表示距离的平方。

关键点提示：在"Search Radius"字段中，指定在计算权重时考虑的邻域距离范围，点击"OK"按钮开始执行反距离加权插值。ArcGIS 将生成一个新的栅格图层，包含插值后的值。

6.2.4.2 克里金插值

克里金插值用于推测未知位置的值，基于已知点的值和它们之间的空间相关性。在 ArcGIS10.8 中，使用"Kriging"工具执行克里金插值分析。

打开 ArcMap，以某地区为例，以某地区水资源数据作为克里金权重的分析数据（第 6 章素材 \ 6.2 技能模块 \ 插值分析 \ 源数据 \ 16 - 7），将数据下载并导入 Excel，在 ArcGIS 中找到矢量图层，开始编辑，如图 6.15 所示。

点击并加载水资源数据，打开 ArcToolbox 工具，在 ArcToolbox 窗口中展开"Spatial Analyst Tools"工具，然后展开"Interpolation"文件夹。在"Interpolation"工具中，找到并双击"Kriging"工具。在"Kriging"对话框中，选择插值的点数据集作为输入。在"Z Value Field"字段中，选择包含要插值的属性值的字段。在"Output Cell Size"字段中，选择输出栅格的分辨率。

关键点提示一：在"Output Prediction Error"字段中，选择是否生成插值预测误差栅格。这将提供每个插值单元的误差值。在"Output Variance Prediction"字段中，选择是否生成插值方差栅格。在"Output Raster"字段中，选择输出栅格的路径和文件名。在"Kriging Type"字段中，选择克里金插值的类型，如普通克里金和泛克里金，如图 6.16 所示。

关键点提示二：在"Semi - variogram Model"字段中，选择半方差模型。在"Search Radius"字段中，指定在计算权重时考虑的邻域距离范围。点击"OK"按钮开始执行克里金插值。

6.2.5 空间统计

栅格计算器用于执行 GIS 栅格数据的数学和逻辑运算等空间统计。打开 ArcMap，加载要计算的栅格数据图层，以"LT51290422008097BKT00 影像图数据"为例，计算植被指数（NDVI，归一化植被指数）。在主菜单中选择"Spatial Analyst"，然后选择"栅格计算器（Raster Calculator）"，打开栅格计算器对话框，如图 6.17 所示。

关键点提示：在栅格计算器对话框中，输入表达式来定义计算操作。表达式能够包含各种栅

微课程 6.7
空间统计——
栅格计算器的
使用

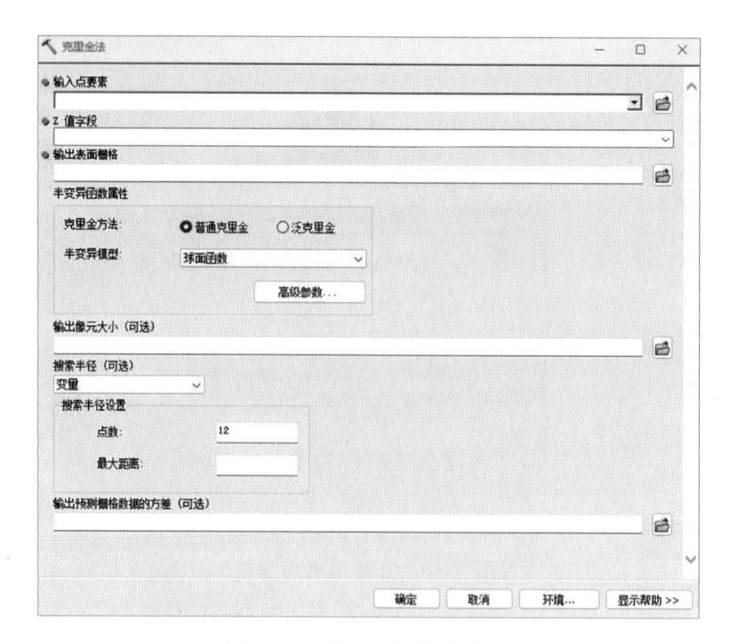

图 6.16 克里金插值命令栏

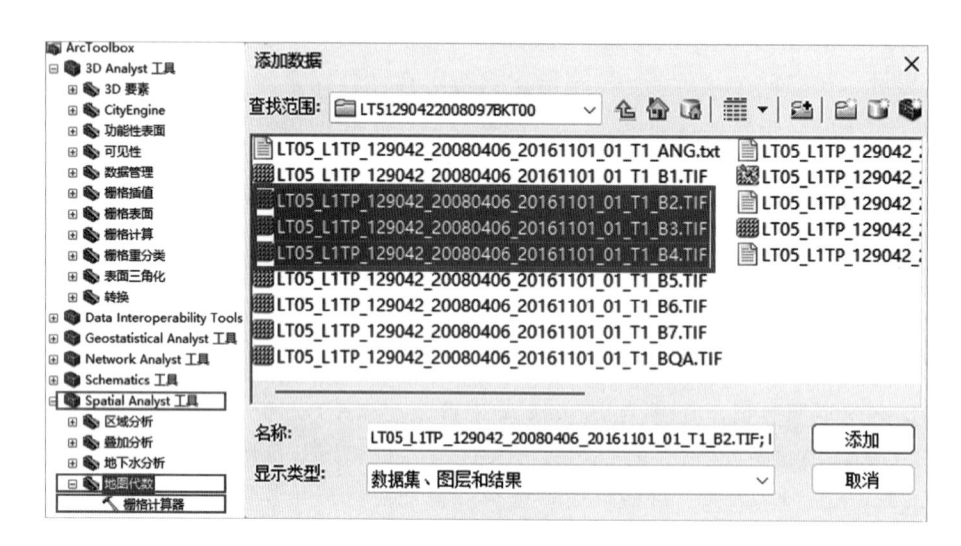

图 6.17 加载数据

格图层和数学/逻辑运算符。

输入 float 函数，根据波段 B2、B4、B5 不同性质进行计算，输入公式 [Float（B4）－Float(B3)]/[Float(B4)＋Float(B3)]，能够得到植被指数的分布图，如图 6.18 所示。

6.2.6 水文分析

6.2.6.1 填洼操作

打开 ArcToolbox→SpatialAnalyst→水文分析→填洼，输入研究区域 DEM，选择输出表面栅格位置选择 Z 限制，定义输出栅格，输出栅格路径，点击确定。

关键点提示：Z 限制是指要填充的凹陷点与其倾泻点之间的最大高程差。

6.2.6.2 流向分析

按照同样方式打开 ArcToolbox→SpatialAnalyst→水文分析→流向，输入上一步填洼结果数据，点击确定，如图 6.19 所示。

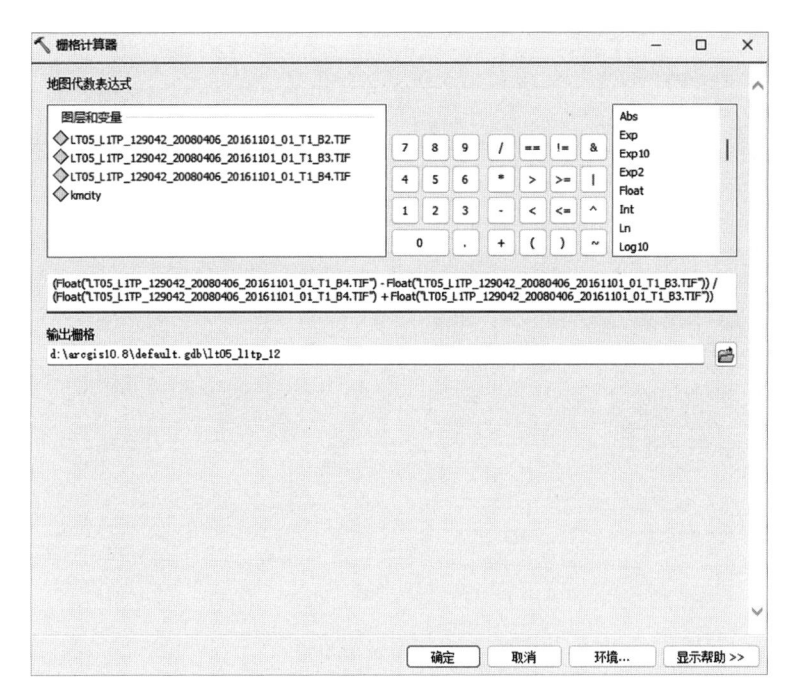

图 6.18 计算植被指数

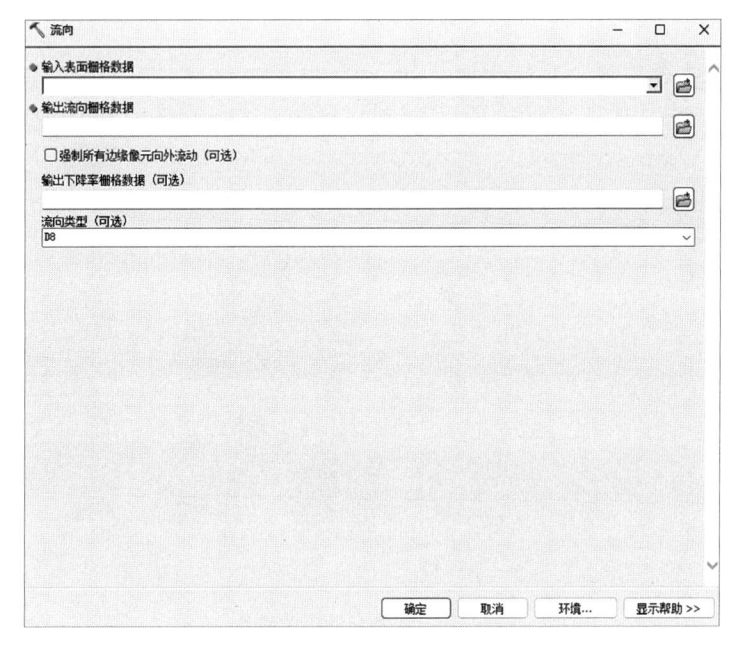

图 6.19 流向命令栏

6.2.6.3 流量分析

打开 ArcToolbox→SpatialAnalyst→水文分析→流量，输入流向栅格数据，点击确定。提取河流网络：打开 ArcToolbox→SpatialAnalyst→地图代数→栅格计算器，在这里强调的是应采用公式为 Con（流量数据＞权重值，1），流量数据就是这一步骤中生成的数据，在栅格计算器中输入 Con（流量数据 ＞1000，1），注意权重值在输入的时候需参考相应文献，此操作表明将栅格中水流累积量大于 1000 的栅格赋值为 1，然后小于 1000 的值定义为 Nodata，点击"确定"，栅格计算器的步骤见空间统计章节，如图 6.20 所示。

131

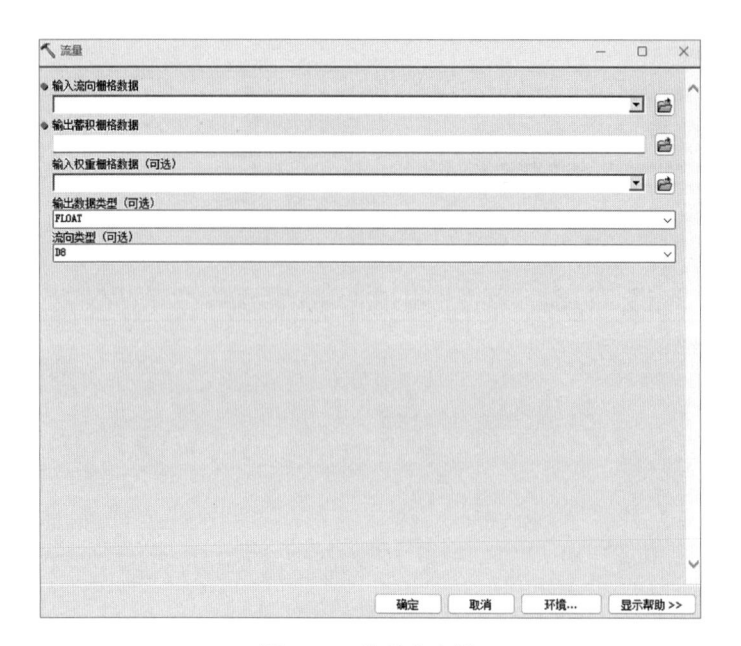

图 6.20 流量命令栏

6.2.6.4 河网矢量化操作

打开 ArcToolbox→SpatialAnalyst→水文分析→栅格河网矢量化，输入河网数据和河流流量数据，点击"确定"，如图 6.21 中左图所示。

关键点提示：打开编辑器（开始编辑）→右键矢量化图层打开属性表，选中全部河流数据；点击编辑器→更多编辑工具→高级编辑→平滑（按钮）→输入最大允许偏移为 4，如图 6.21 所示。

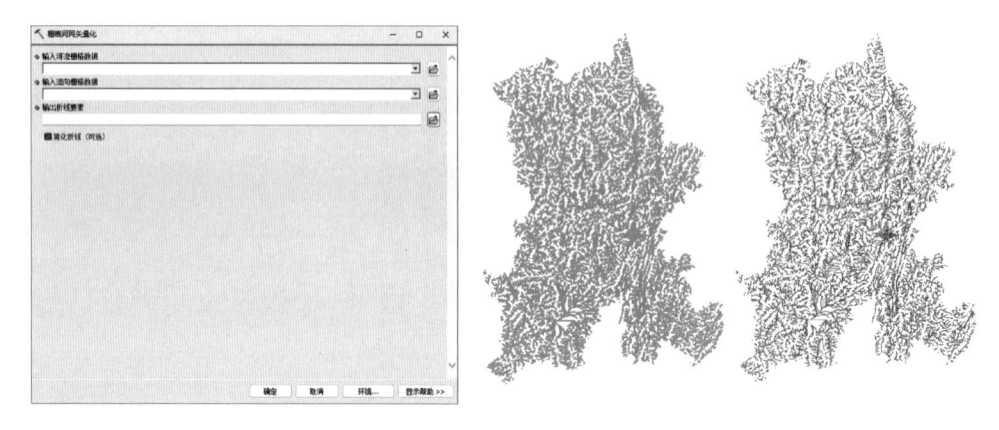

图 6.21 河网矢量化及处理

6.2.6.5 盆域分析

打开 ArcToolbox→SpatialAnalyst→水文分析→盆域分析，输入流向栅格数据，点击"确定"，流域栅格转为矢量图层。

关键点提示：打开 ArcToolbox→转换工具→由栅格转出→栅格转面，输入流域分析结果图层，点击"确定"，如图 6.22 所示。

6.2.7 拓扑分析

6.2.7.1 创建拓扑数据集

首先需要创建一个包含要素类和拓扑规则的拓扑数据集。拓扑数据集能够将要素类组织在一

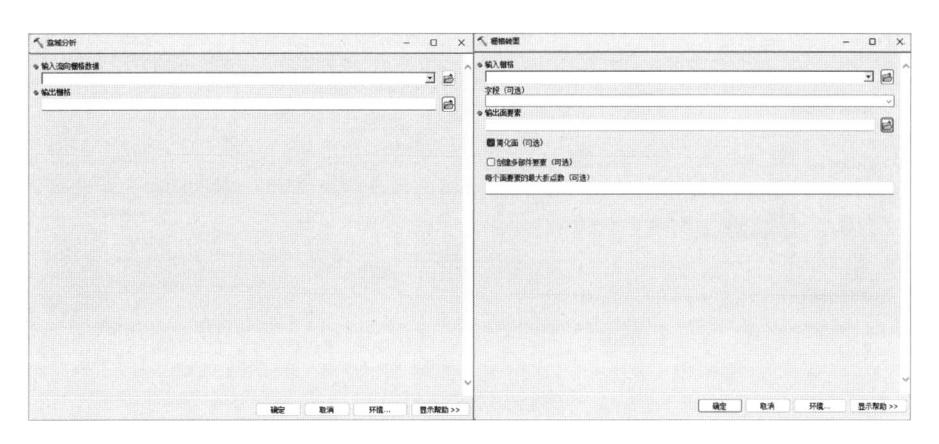

图 6.22 流域分析

起,并定义它们之间的拓扑关系。本节使用数据"第 6 章素材\拓扑分析\源数据"。打开 Arc-Catalog,连接到地理数据库。右键单击数据库,选择"New"→"Topology"创建一个新的拓扑数据集,如图 6.23 所示。

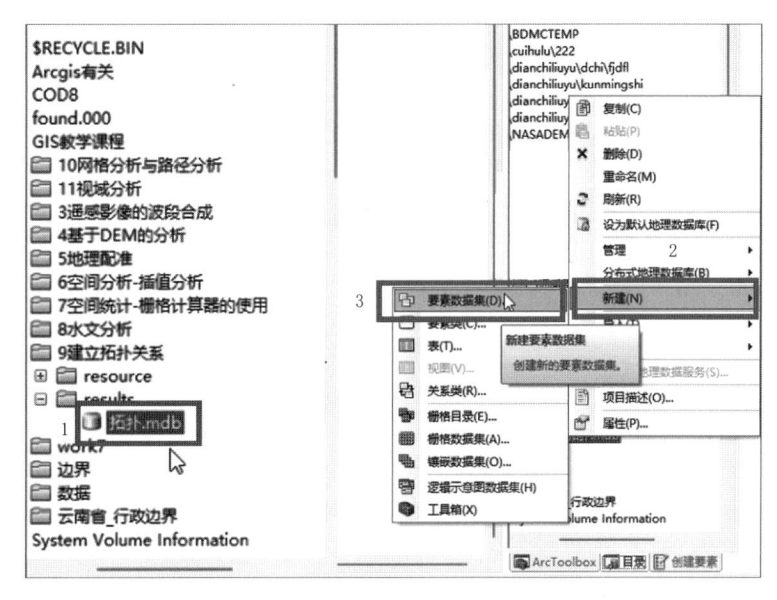

图 6.23 建立要素数据集

6.2.7.2 添加拓扑规则

按照向导的指导完成数据集的创建,选择要参与拓扑关系的要素类和定义适当的拓扑规则,如图 6.24 所示。

在 ArcCatalog 中,打开拓扑数据集。在"拓扑属性"窗口中,单击"添加规则"按钮,选择要添加的规则类型,并按照向导的指示设置规则参数。一旦设置了拓扑规则,需要运行拓扑校验来检查要素是否满足拓扑关系。校验结果将显示为错误或警告,若显示错误或者警告则代表规则创建失败,如图 6.25 所示。

6.2.7.3 校验拓扑规则并编辑修复

在 ArcMap 中打开地图文档,加载包含拓扑数据集的要素类。在 ArcMap 工具栏上选择"拓扑结构"工具栏。单击"验证拓扑"按钮,选择要验证的拓扑数据集并运行校验,校验结果将显示拓扑错误的位置和类型,能够使用编辑工具来修复这些错误。

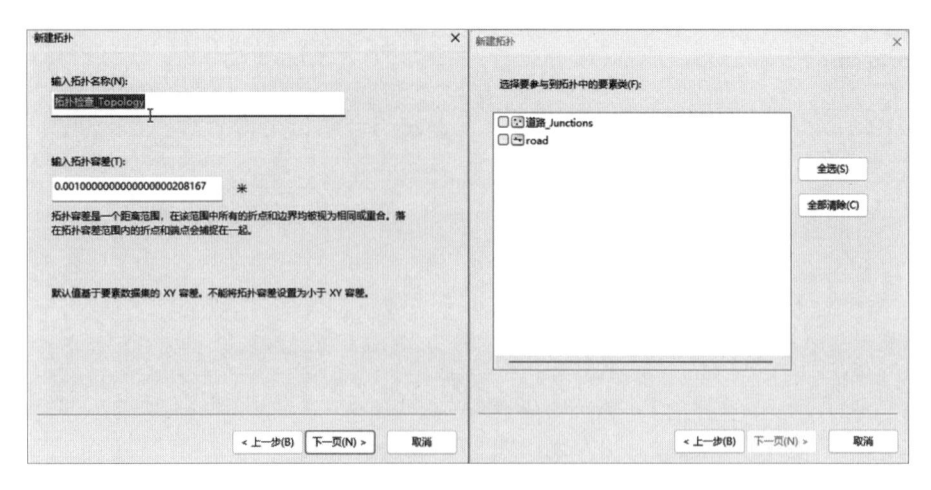

图 6.24 新建拓扑

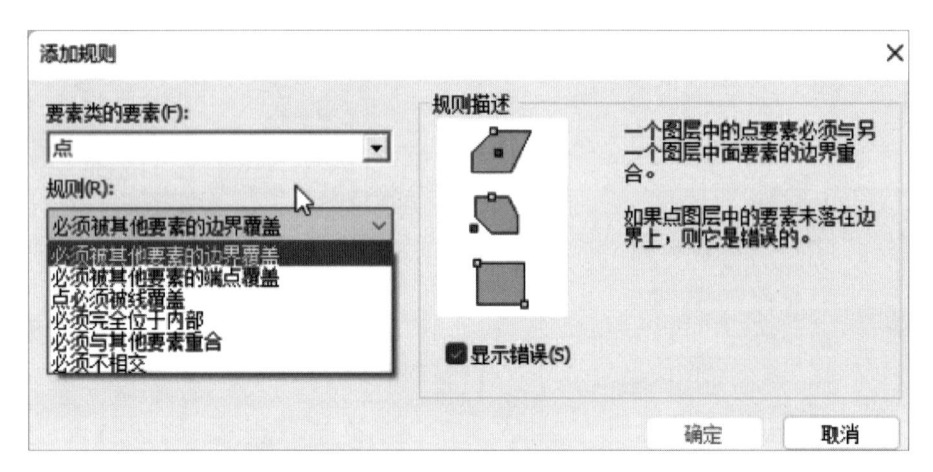

图 6.25 添加拓扑规则

关键点提示：在 ArcMap 中选择"拓扑结构"工具栏上的"编辑拓扑"按钮。在拓扑编辑工具栏上选择适当的编辑工具，选择要素并进行编辑以修复拓扑错误，要素编辑方法参考插值分析和空间分析，如图 6.26 所示。

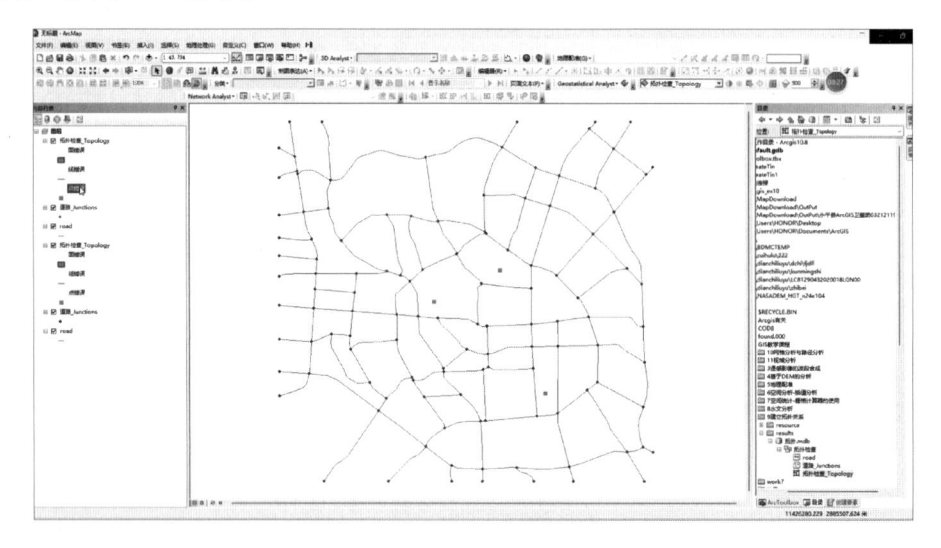

图 6.26 拓扑检查

6.2.8 网络分析
6.2.8.1 网络建立
网络分析在 ArcGIS 中的包括创建网络数据集、设置网络属性、执行路径分析和服务区分析等。其主要作用包括最佳路径分析、服务区域分析、旅行时间分析、网络连通性分析、资源分配、网络优化、网络流量分析及网络建模。下面是网络分析基本操作的步骤：

(1) 创建网络数据集。

使用 ArcCatalog，连接到地理数据库。右键单击数据库，选择"New"→"Network Dataset"创建一个新的网络数据集。按照向导的指示选择要素类作为网络要素和节点，并设置网络属性。创建网络数据集使用数据"第 6 章素材\网络分析\源数据"，如图 6.27 所示。

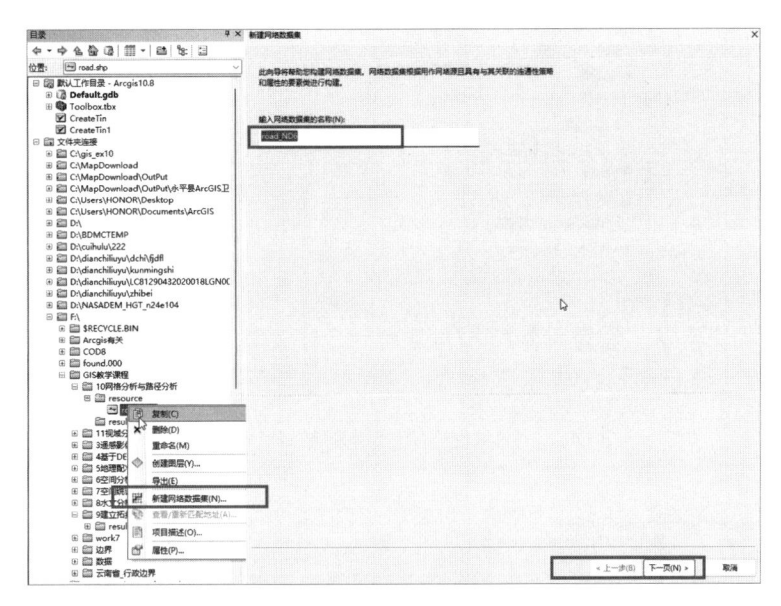

图 6.27 新建网络数据集

(2) 设置网络属性。

在 ArcCatalog 中打开网络数据集，在"Network Dataset Properties"窗口中，选择"属性"选项卡。设置网络属性的值，如道路的速度、通行限制、转弯限制等，还能够定义其他属性，如耗费属性。

6.2.8.2 路径分析
路径分析是网络分析中常用的功能，用于确定两个位置之间的最短路径、最快路径或最便捷路径。在 ArcGIS 中执行路径分析的基本操作如下：

(1) 创建路径分析层。

在 ArcMap 中选择"Network Analyst"工具栏。单击"New Route"按钮，创建路径分析层。在弹出的窗口中，选择网络数据集、起始点和终止点的位置，如图 6.28 所示。

(2) 配置路径分析设置。

在路径分析层的属性窗口中，进行以下设置：①路径分析类型：选择最短路径、最快路径或其他适用的路径类型；②避免障碍物：如果有障碍物或不可通行区域，请设置避免它们的选项；③限制条件：能够设置速度限制、车辆限制等条件；④可选设置：还能够设置分析输出的详细程度、道路限制的权重等，如图 6.29 所示。

6.2.8.3 运行路径
配置完路径分析设置后，单击"Solve"按钮运行路径分析。等待分析完成，结果将显示在地图上，包括最短路径线和经过的节点，如图 6.30 所示。

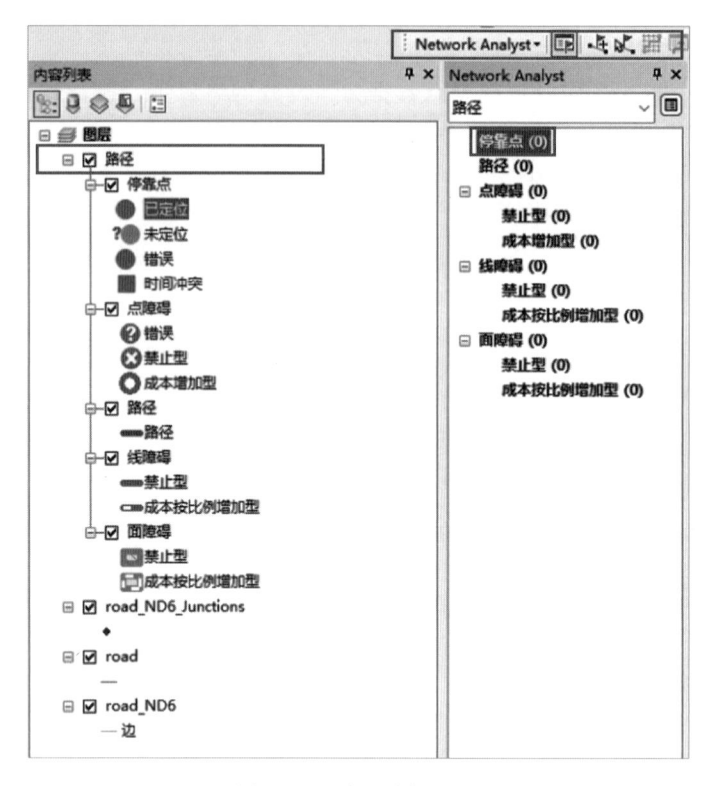

图 6.28 路径分析界面

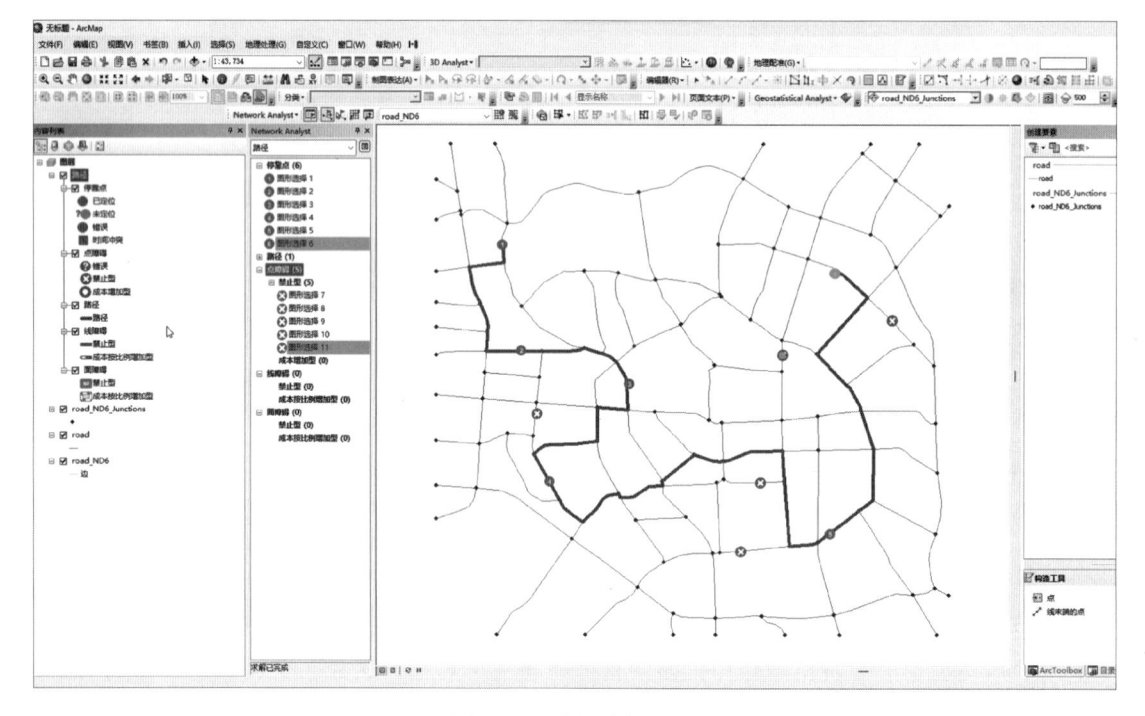

图 6.29 路径分析设置

6.2.8.4 分析结果

分析结果以路径线和节点的形式显示在地图上,能够根据需要使用分析结果进行进一步的分析、可视化或输出,得到最优路径,如图 6.31 所示。

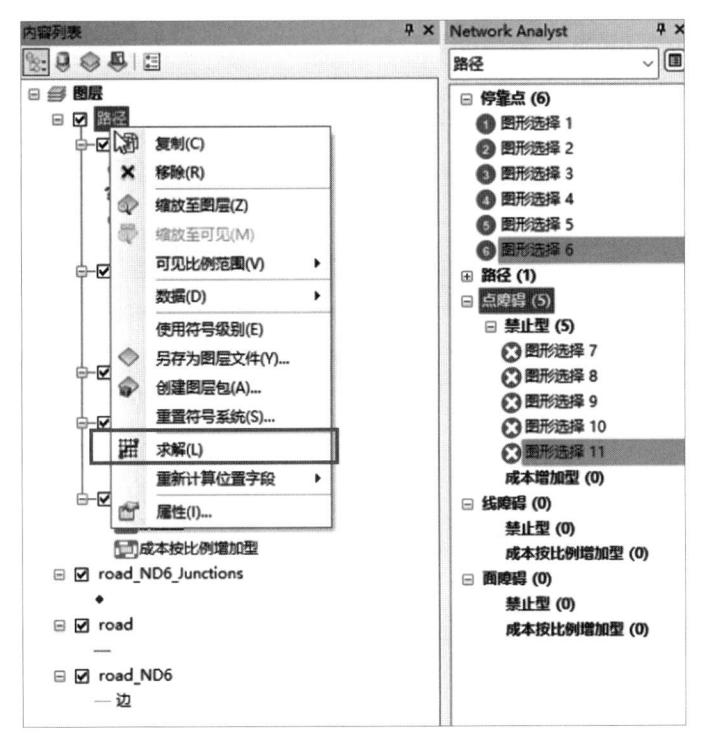

图 6.30 运行路径

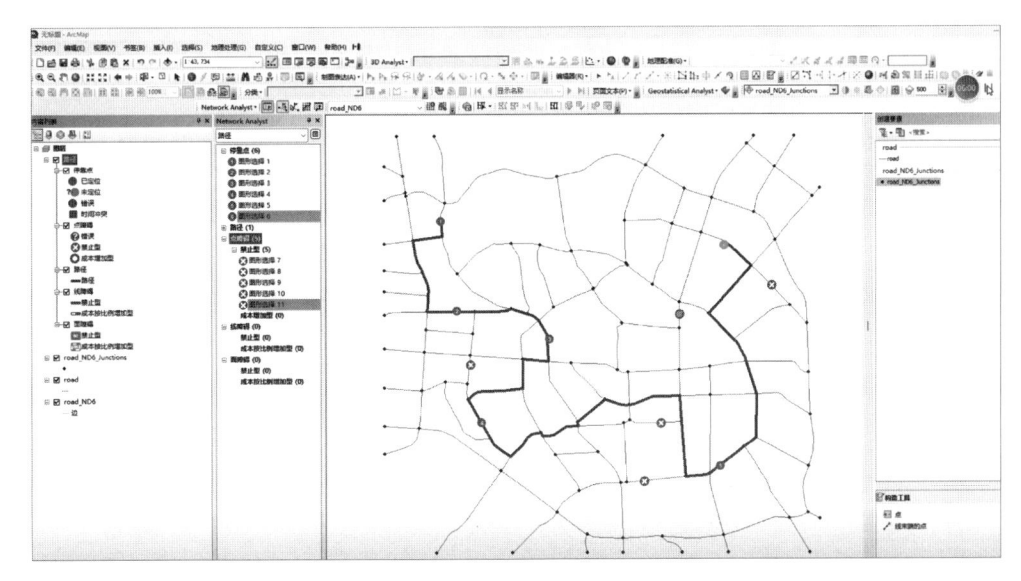

图 6.31 最优路径

6.2.9 视域分析

视域分析是地理信息系统中的一种空间分析方法，用于确定在地形表面上从给定观察点可见的区域范围。该分析能够帮助我们理解地形对观察和可视性的影响，并在决策制定、规划和环境评估等领域提供有用的信息。

6.2.9.1 数据准备

确保有包含 DEM 或高程数据的地图文档，数据链接可以参考 6.2.2 地形分析文件夹中的 DEM 文件。

微课程 6.11
视域分析

6.2.9.2 创建观察点

在 ArcCatalog 中找到需要创建矢量文件的目录，在文件夹中新建"shp."文件，并根据属性确定为点要素坐标与"ASTGTMV003_N24E102_dem"坐标一致，在新建的点要素中编辑要素点设置观察点，开始编辑的步骤详见插值分析和空间分析小节，最后保存编辑，如图 6.32 所示。

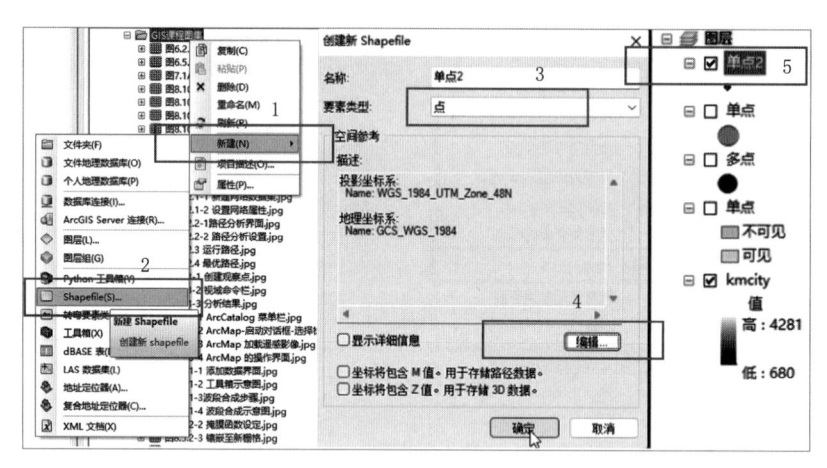

图 6.32 创建观察点

6.2.9.3 视域分析设置

在"Viewshed"工具栏上，能够进行以下设置：

（1）输入 DEM 数据；设置观察点的高度，通常是观察点地面上方的高度。

（2）设置视域分析的最大距离，超过该距离的区域将不进行分析。

（3）设置分析的分辨率、输出结果的格式等。

单击"Viewshed"工具栏上的"Run"按钮运行分析。等待分析完成，结果将显示为视域覆盖范围的栅格图层，如图 6.33 所示。

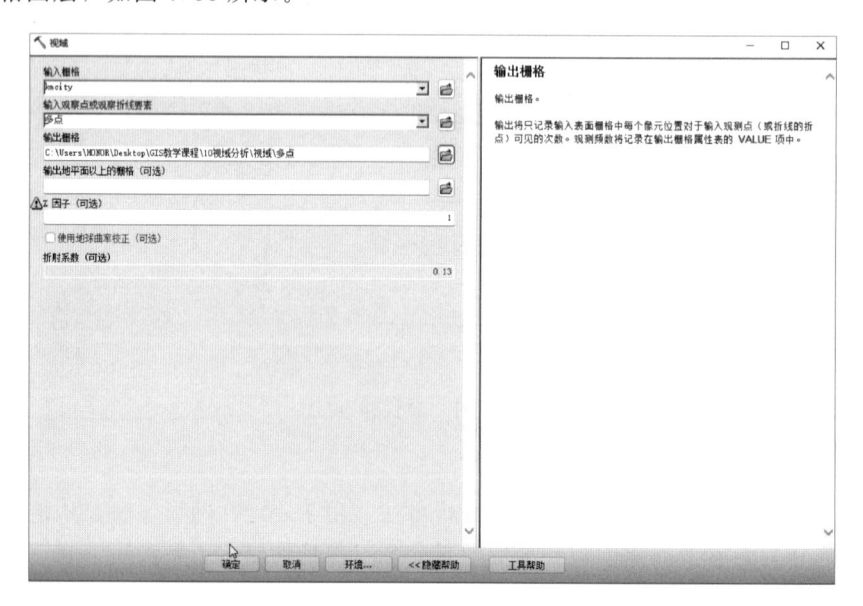

图 6.33 视域命令栏

关键点提示：视域分析的结果将显示为栅格图层，可通过符号化和渲染进行可视化，能够进一步分析结果，如确定可见性受限的区域、计算可见性百分比等，如图 6.34 所示。

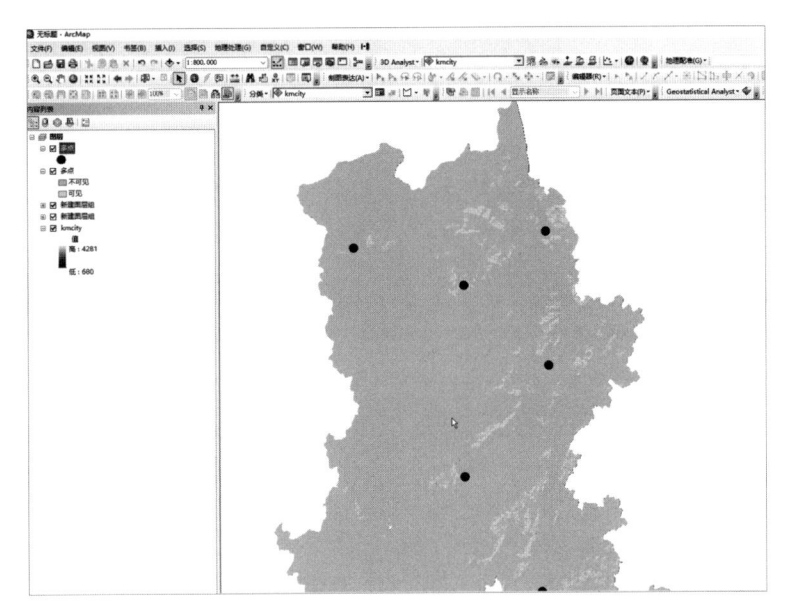

图 6.34　分析结果

小　　结

通过视域分析能够确定区域点的可见性受限的区域、计算可见性百分比等，在景观设计中可以确定景观轴线及景点位置，是风景园林景观设计中的重要环节。

练习实训

1. 使用 ArcGIS 进行遥感影像的合成、裁剪、拼接。
熟悉软件界面与操作环境。
掌握 ArcGIS 基础操作与绘图命令。
2. 使用 ArcGIS 进行 DEM 的合并和裁剪。
使用 ArcGIS 进行坡度和坡向分析。
使用 ArcGIS 进行等值线和山体阴影分析。
3. 使用 ArcGIS 进行栅格地理配准。
熟悉软件界面与操作环境。
掌握 ArcGIS 地理配准的要点。
4. 了解 ArcGIS 功能，认识 ArcGIS 插值分析的使用逻辑。
按照操作步骤练习并学会反距离权重法。
按照操作步骤练习并学会克里金插值法。
掌握 ArcGIS 基础操作中的插值分析。
5. 熟悉 ArcGIS 统计模块。
熟练操作栅格计算器命令。
使用数据进行 ArcGIS 空间统计操作。
6. 使用 ArcGIS 对 DEM 数据进行填洼。
使用 ArcGIS 进行流向和流量分析。
使用 ArcGIS 提取河网进行盆域分析。

熟练掌握 ArcGIS 基础水文分析操作。

7. 熟悉拓扑分析基本原理。

通过数据练习拓扑检查和拓扑分析。

掌握将拓扑分析知识应用于景观规划中。

8. 掌握 ArcGIS 网络分析基本知识。

掌握 ArcGIS 基础网络分析操作。

思考将网络分析知识应用于道路规划中。

9. 掌握视域分析基本内容。

掌握 ArcGIS 基础视域分析操作。

了解景观设计中视域分析的重要性。

应用模块

☑ 掌握利用 ArcGIS 进行土地利用分类的具体操作方法；

☑ 了解土地利用分类用于景观生态规划的作用。

6.3 ArcGIS 的应用实例

土地利用分类作为景观生态规划前期的基本调研数据准备，用常被用于景观生态评价、生态敏感性分析、生态系统服务价值计算以及景观格局指数的计算中。本节引入具体案例，使用卫星遥感影像对案例的土地利用情况进行分类，具体操作方法和步骤见下文。

6.3.1 遥感影像波段合成

在 ArcGIS 10.8 中，使用"波段合成（Composite Bands）"工具来合成 Landsat 影像的多波段。首先，点击"Add Data"图标将预先下载好的遥感影像数据加载到地图中。遥感影像数据检索路径为"第 6 章 素材\应用案例\源数据\LC81290432021084LGN00 中 LC08_L1TP_129043_20210325_20210401_01_T1_B1.TIF 至 LC08_L1TP_129043_20210325_20210401_01_T1_B7.TIF"，如图 6.35 所示。

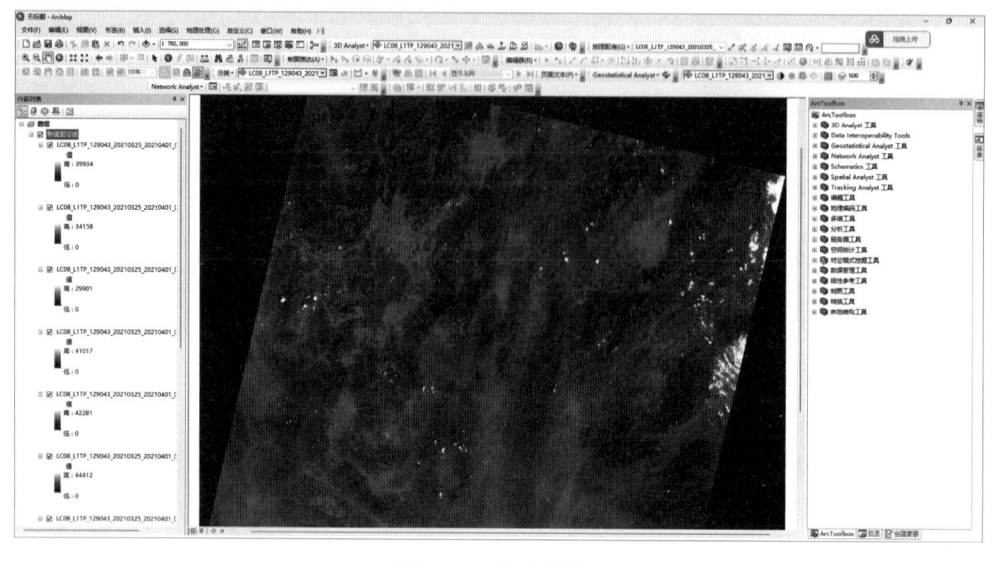

图 6.35 加载影像

在 ArcTool box 窗口中，展开"数据管理工具（Data Management Tools）"文件夹，然后展开"栅格（Raster）"文件夹。在"栅格（Raster）"菜单栏中，找到并双击"波段合成（Composite Bands）"工具，如图 6.36 所示。

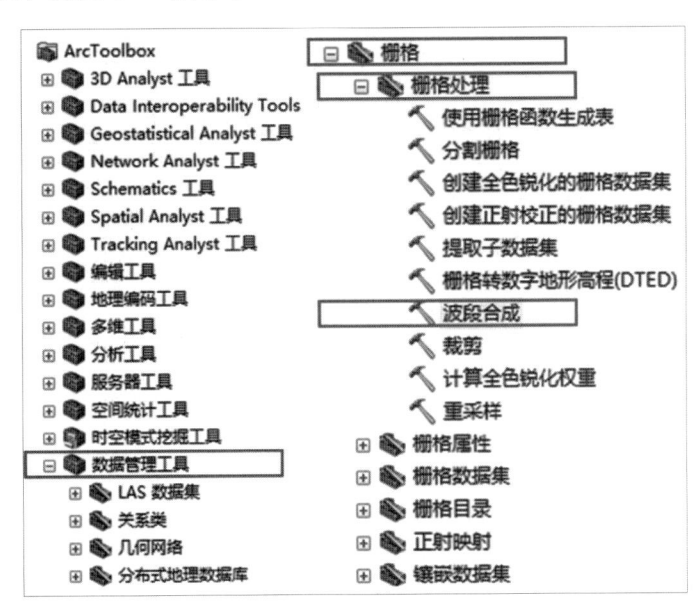

图 6.36 波段合成步骤

在"Composite Bands"对话框中，选择要合成的 Landsat 影像文件。在"输入栅格"字段中，选择要合成的波段。在"输出栅格"字段中，选择输出合成影像的路径和文件名。在"像素类型"字段中，选择输出影像的像素类型。在"位深"字段中，选择输出影像的位深度。点击"OK"按钮开始合成多波段影像。常见的波段组合效果见表 6.2。

表 6.2　　　　　　　　　　　　　　常见的波段组合效果

效　　果	波段组合	波段名称
自然色	4、3、2	Red Green Blue
假彩色（城地区）	7、6、4	SWIR2 SWIR1 Red
假彩色（植被）	5、4、3	NIR Red Green
农业	6、5、2	SWIR1 NIR Blue
大气渗透	7、6、5	SWIR2 SWIR1 NIR
健康的植被	5、6、2	NIR SWIR1 Blue
土地/水	5、6、4	NIR SWIR1 Red
移除大气影响的自然表面	7、5、3	SWIR2 NIR Green
短波红外线	7、5、4	SWIR2 NIR Red
植被分析	6、5、4	SWIR1 NIR Red

关键点提示：本次采用 7、5、3 波段合成排除大气影响的自然表面来做土地利用分类，如图 6.37 所示。

6.3.2　最大似然法分类

最大似然法分类（Maximum Likelihood Classification）：在两类或多类判决中，用统计方法根据最大似然比贝叶斯判决准则法建立非线性判别函数集，假定各类分布函数为正态分布，并选择训练区，计算各待分类样区的归属概率，从而进行分类的一种图像分类方法，又称为贝叶

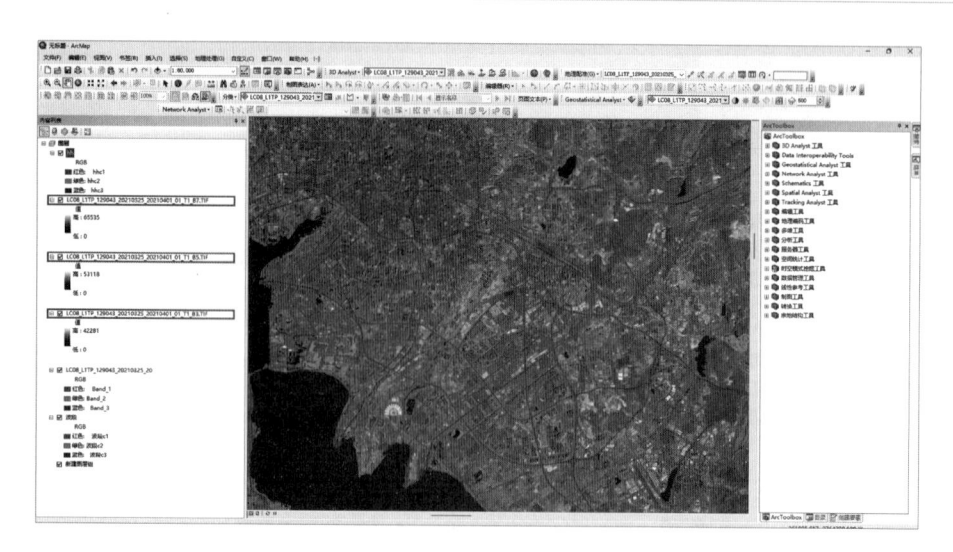

第6章 空间分析——ArcGIS软件

图6.37 波段合成效果

斯（Bayes）分类法，其是根据Bayes准则对遥感影像进行分类的。具体操作步骤如下：

（1）打开影像分类工具栏在"2"中选择波段合成好的图像，并单击"3"建立训练样本，"4"是绘制多边形能够绘制样本范围。根据LUCC分类体系，在本次实验中将用地分类分为水域、林地、耕地和建设用地。

（2）创建特征文件：从遥感影像中判断已知地类例如湖泊城镇等，在选择地类的时候应该选择多种类别，例如选择水体的时候勾选出湖泊、坑塘以及河道，在选择城镇用地的时候将农村居民点、城地区居民点以及简易建筑都列入训练样本范围内，合并相同地类并创建特征文件，如图6.38所示。

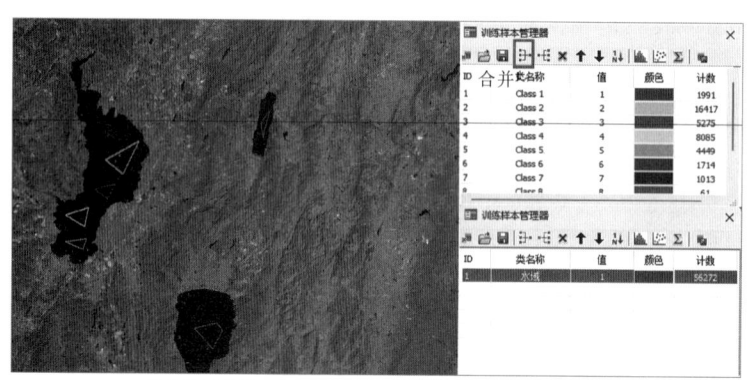

首先使用多边形工具画出样本范围，并将相同地类合并

以相同方法画出建设、农田和林地范围

图6.38 创建特征文件

在图6.39影像分类工具栏标注1中下拉小三角找到"最大似然法分类"，点击"打开"，输入遥感影像波段，然后输入在上一步中保存的特征文件，选择"输出路径"点击"确定"，如

图 6.39 所示。

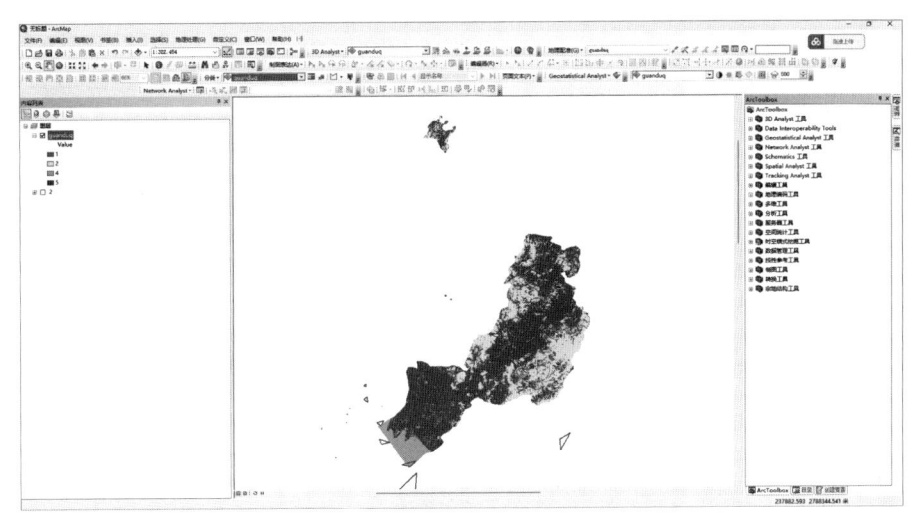

图 6.39 土地利用分类结果

6.3.3 Iso 聚类非监督分类

（1）打开 Iso 聚类非监督分类命令，输入之前合成的栅格波段，在类数目中根据自己需要分类的数量而定，例如在本实验中分类为 4 类（耕地、林地、水域、建设用地）就要输入所需分类的 2~4 倍然后再通过卷帘工具（6.2.3 地理配准中提及的操作）与卫星图进行对比，最后栅格重分类合并，如图 6.40 所示。

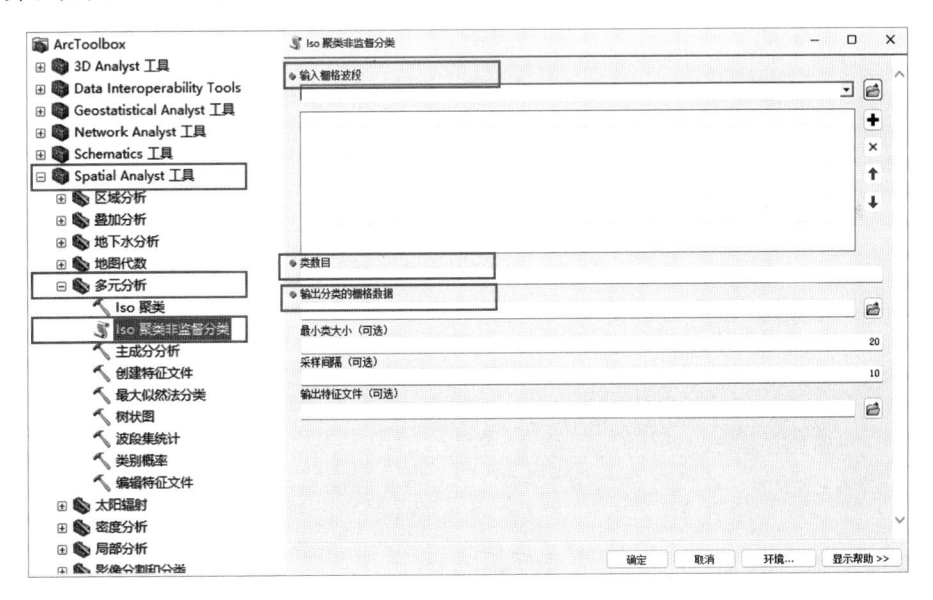

图 6.40 Iso 聚类非监督分类

（2）Iso 聚类非监督分类结果，目前将数据分成了 15 类需要下一步进入重分类进行合并，如图 6.41 所示。

（3）重分类：重分类是根据栅格字段 Value 分类，例如现在有 15 类数据命名形式分别从 1~15 按顺序排列，见表 6.3。旧值有 15 类，我们将相同地类或者认为相同属性的归为一类称之为重分类，下表中经过重分类之后将 15 个值合并成了 5 个值。重分类命令栏，输入经过 Iso 聚类非监督分类的数据，重分类新值填写到框中，点击"OK"，如图 6.42 所示。

图 6.41　Iso 聚类非监督分类结果

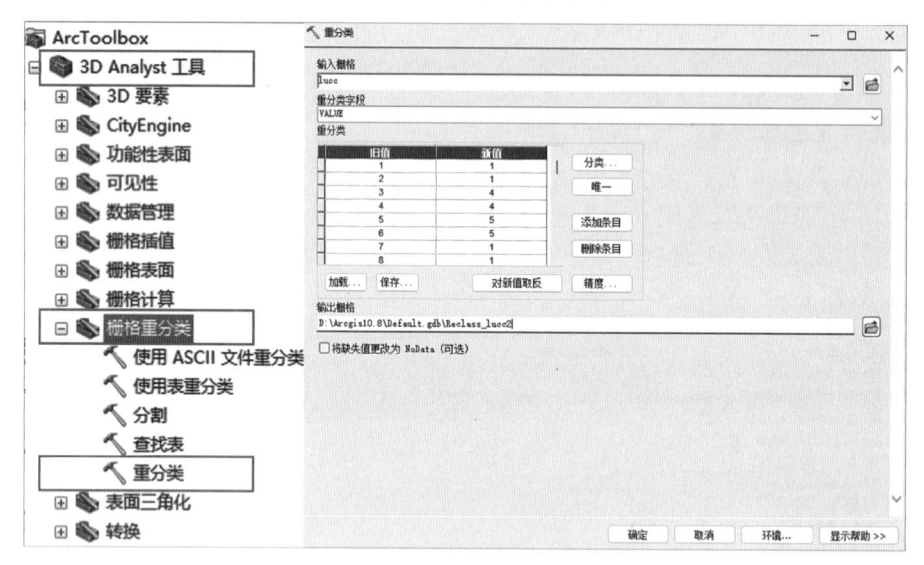

图 6.42　重分类命令栏

重分类结果，需提取研究区范围能够用参照影像处理章节中按掩膜提取方法，如图 6.43 所示。

图 6.43　重分类结果

6.3.4 标准出图设置

标准出图指的是在 ArcGIS 中,做完分析之后应该如何保存或如何保存质量更高清的图,具体操作步骤如下:

(1) 打开"布局"选项,如图 6.44 所示。

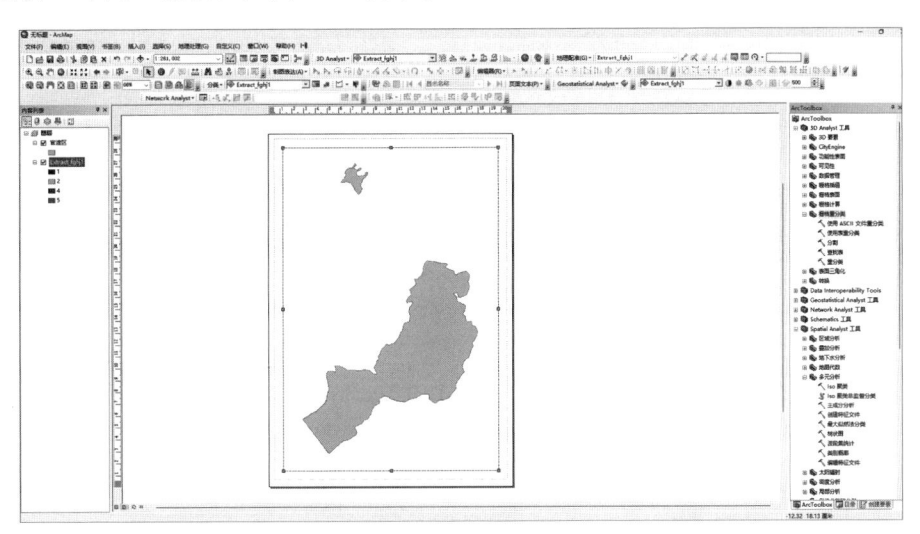

图 6.44 布局界面

(2) 在布局界面中找到布局窗口点击倒数第二个按钮"布局切换",这里能够切换不同类型、不同大小的模板,如图 6.45 所示。

图 6.45 选择模板

(3) 确认数据框与模板匹配,然后缩放至图层使得数据在此模板下最大化,如图 6.46 所示。

(4) 调整数据表现方式,在本案例中要把某区"shp.files"文件改为线框格式,以更好地突出研究区边界等,调整为无背景色显示,并适当根据布局大小调整轮廓宽度,如图 6.47 所示。

(5) 增加图例、指北针及比例尺,在图例中用户可以调整字体大小、标注样式以及行列组合。在指北针方面,ArcGIS 会根据数据中的方向信息自动进行标注。关于比例尺,务必注意保

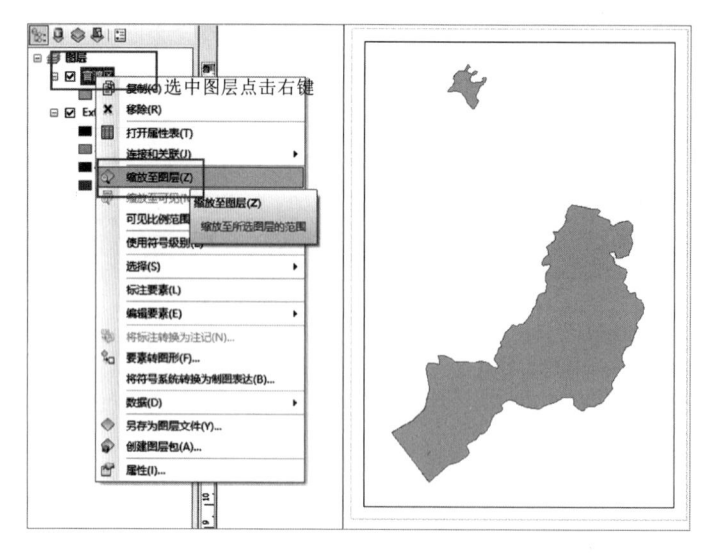

图 6.46 缩放至图层

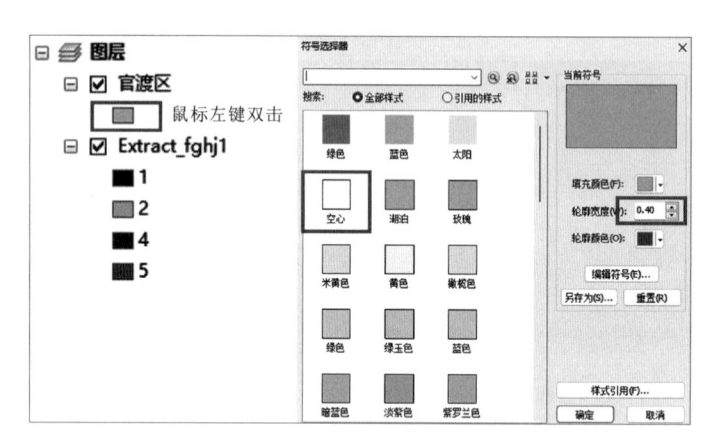

图 6.47 更改表达形式

持与国标单位的一致性，同时在样式选择时也要特别注意单位的正确性，如图 6.48 所示。

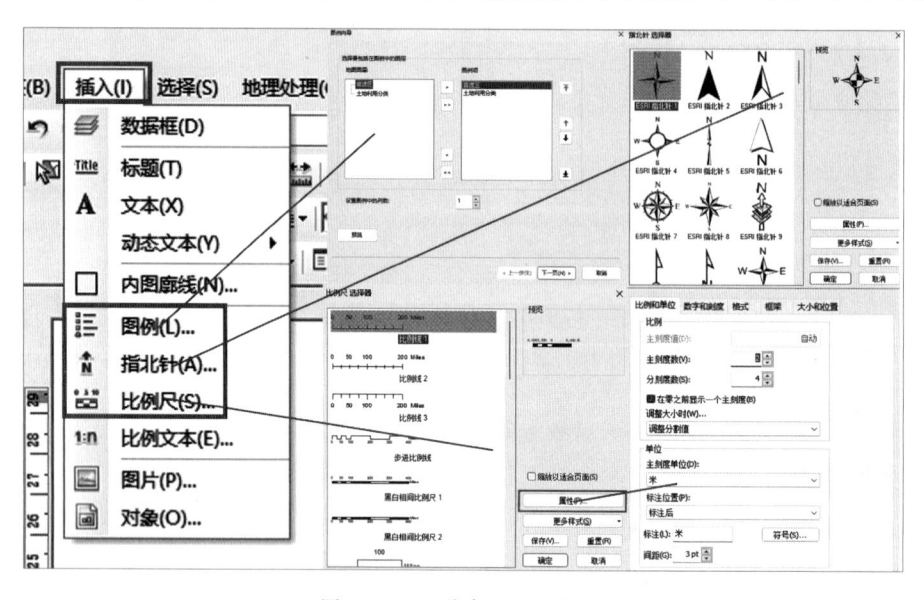

图 6.48 三种常用图注标识

以上五个步骤完成以后,选中菜单栏→文件→导出地图,选择合适的分辨率和图片大小,如图 6.49 所示,最终成果如图 6.50 所示。

图 6.49　出图设置

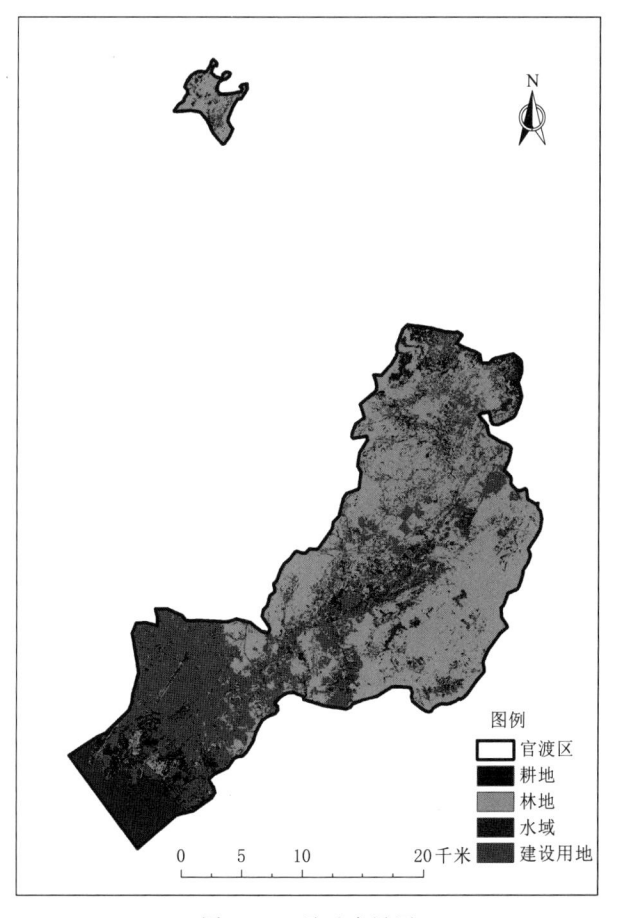

图 6.50　最后成果图

小　　结

在国土空间规划设计中,通过监督分类或非监督分类能够有效地识别和了解区域土地性质和现状,通过地理空间绘图技术能够更好地掌握规划区域需要实施的保护区域和开发区域。本章结合上文中的多种地理空间分析方法,最终实现通过土地利用分类和标准制图的方进行空间规划和景观设计场地前期分析。

练习实训

1. 熟悉 ArcGIS ISO 非监督分类操作步骤和内容。
2. 熟悉 ArcGIS 最大似然法分类操作步骤和内容。
3. 掌握 ArcGIS 土地利用分类的两种应用方法。
4. 掌握规范出图的步骤和流程。

第 7 章 施工设计——Autodesk Revit 软件

Revit 是由美国 Autodesk 公司开发的一款建筑信息模型（BIM）软件，是我国建筑 BIM 体系中使用最广泛的软件之一。Revit 的基本原理是通过建立三维数字模型，实现建筑设计、施工和运维等工作的集成和协作，而不仅仅是设计工具。Revit 的强大功能在于能够将一个确定的设计结果表达得十分精准，并用以辅助实际建造。如果说 SketchUp 适用于初期设计方案的推敲创作，Revit 的优势则在于施工图设计阶段的设计表达，可以将设计方案从最初的概念转变为现实的构造输出。因此，尽管 Revit 主要是为建筑行业设计的软件，但它也成了园林规划设计与建造施工行业常用的工具之一。

本章将以 Revit 2022 版本为例进行介绍，内容涵盖 Revit 2022 的基础功能了解、软件的基础操作演示，工作界面及操作环境的认知，建模的流程与具体步骤，同时对其在园林工程中的应用进行简要介绍。

知识模块

☑ 了解 Revit 软件的基本功能与原理；
☑ 熟悉 Revit 软件界面与操作环境；
☑ 掌握 Revit 基础操作与建模命令。

微课程 7.1
章节内容
介绍

7.1 Revit 软件的基础知识

7.1.1 Revit 软件的基础认识

7.1.1.1 Revit 的功能

Revit 提供了多种建模工具，帮助用户进行自由形状建模和参数化设计，并且还能够让用户对设计方案进行分析，可以通过简单的操作创建三维模型和相关数据，如图 7.1 所示。

（1）注释功能：Revit 提供各种标注和绘图工具，包括尺寸标注、文字标注、符号标注、照明分析标注、图例等。

（2）分析功能：Revit 包括能够分析建筑性能和设计问题的工具，如能耗分析、光照分析、风隙分析等。

（3）集成功能：Revit 可以与其他工具和软件进行集成，包括自动化工具、计算机辅助设计软件、图形软件等，以便于工程师和设计师利用现有的资源工作。

（4）协作功能：Revit 为设计团队提供合作和协调工具，如模型合并、可视化协调等。

（5）云服务功能：Revit 提供基于云服务的协作和共享工具，如云存储、云同步等。

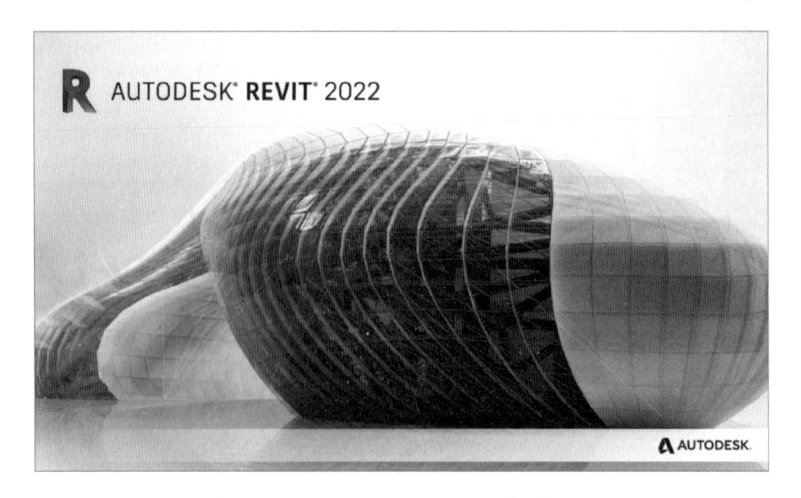

图 7.1　Autodesk Revit 2022 启动界面

7.1.1.2　Revit 的优势

（1）可视性：Revit 提供了强大的建筑信息建模功能和视图控制功能，可以轻松创建高质量的 3D 模型、平面图和立面图，通过渲染和动画制作，可以很好地呈现设计效果，从而帮助客户更好地理解设计方案。

（2）协调性：Revit 软件可以实现多设计师的协作。通过提交设计模型和更新，用户可以以轮换的方式进行工作，也可随着设计进程的深入以逐渐增量的方式协调设计文件。

（3）整体性：使用 Revit 可以将园林设计和其他专业设计结合起来进行一体化设计。建筑、室外空间和园林元素的模型在同一平台下进行，利用同一个数据模型，简化设计过程，提高工作效率，也能让设计方案更加协调一致。

（4）精细性：Revit 软件适用于精度高、细节复杂的设计，如建造模型、电气、管道系统的建造等，所以在细节部位的园林设计建模上也能体现出精度高的特点，更能帮助园林设计师呈现复杂的设计构思和细节部分。

（5）参数性：Revit 的参数化建模方式，使得修改园林模型变得非常容易，通过修改一个参数，就能同时适应模型的多个部分，从而快速更新设计方案和变更单。

（6）族库性：Revit 提供了灵活的构件和材料管理功能，为设计师提供了更好的材料选择和构件组合。设计师可以通过选择不同的构件和材料来优化景观设计，减少造价和维护成本，并保证景观的效果质量。

（7）延展性：Revit 各种视图和表格使设计师能够更好地跟踪施工状态和详细设计，并从设计阶段一直持续到施工结束。Revit 软件能够生成技术细节、分部分项工程量表和建筑施工图，使施工方能够更好地了解施工细节，最终达到高效安全的施工项目。

7.1.1.3　Revit 的原理

Revit 作为一款三维建模软件，它的建模基本原理与其他常用建模软件，如 SketchUp 或 Rhino 等存在一定差距，设计人员在接受这款软件的时需改变建模观念。

Revit 中基本的图形单元被称为图元，例如在项目中建立的墙、门、窗、文字、尺寸标注等。所有图元都是使用"族"（Family）来创建的，"族"中包括许多可以自由调节的参数，参数记录着图元在项目中的尺寸、材质、安装位置等信息，修改这些参数可以改变图元的尺寸、位置等，可以说熟练掌握族的创建与使用是 Revit 的建模基础，以下是 Revit 建模中与"族"相关的基本术语。

（1）项目：项目是整体设计信息数据库模型。项目文件包含了工程的所有几何图形及构造数据（包含但不仅限于工程元素、构造图纸、空间规划等）。项目定义了模型之间的关系和协调，使得各个模型能够共同协作，用户可以轻松管理和共享项目的信息。

（2）模型图元：模型图元是构成工程模型的最基本元素，指的是图形数据，所对应的就是绘图界面上看得见的实体。在 Revit 中，按照类别、族、类型对图元进行分类，三者关系如图 7.2 所示。

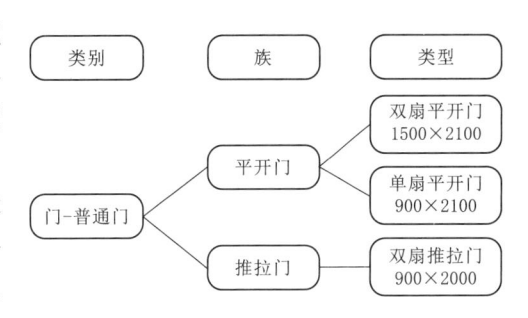

图 7.2 类别、族、类型之间的关系

关键点提示：如果说模型图元是成品，那族就是原材料，族是图元的基础形态，当族创建完成并载入到项目文件中，具有了实际意义后，族也就被称为图元。具体来说，图元与族是一个内容的两种不同的称呼，只是图元具有更广泛的概念性意义，例如一条草图线可以被称为图元，但不能称为族。

（3）族：是组成项目的构件，也是参数信息的载体。族根据其参数属性集的共用、使用上的相同和图形表示的相似来对图元进行分组。一个族中不同图元的部分或全部属性可能有不同的值，但是属性的设置是相同的。Revit 包含可载入族、系统族和内建族三种。

1）可载入族：可载入族也称标准构件族，在族创建完成后，可以保存为后缀名为".rfa"的独立文件，以便载入到其他项目中重复使用。可载入族具有较高的灵活性和较强的可操作性。Revit 的项目样板中已载入少部分可载入族，使用族编辑器创建和修改族，可以复制和修改现有族，也可以根据各种族样板创建新的族，必要时各种族之间可以通过相互嵌套的方式，创建出更加复杂的族。

2）系统族：系统族是在 Revit 中预定义的族，包含基本建筑构件，例如墙、窗和门。可以复制和修改现有系统族并传递系统族类型，但不能创建新系统族；可以通过指定新参数定义新的族类型。

3）内建族：内建族是在当前项目中新建的族，只能存储在当前的项目文件里，不能单独存成".rfa"文件，也不能用在别的项目文件中。内建族可以是特定项目中的模型构件，也可以是注释构件。

关键点提示：园林景观模型建立时特殊形状的构件较多，利用可载入族是最为常用的景观建模手段。

7.1.2 Revit 软件的操作准备

7.1.2.1 Revit 的操作界面

（1）初始界面。

打开软件，进入初始界面，如图 7.3 所示。在 Revit 软件中，新建文件分为新建模型和新建族。新建模型是指创建一个完整的项目文件，包括建筑物的基础结构、地板、屋顶等元素，对于园林工程来说新建项目可以用于创建整体地形、园路、管网。新建族则可以创建一个可载入族，可载入族可以在多个项目中或者在同一个项目中重复使用。对于园林工程来说，新建族可以用于创建苗木、灯具、廊架、栏杆等，建成后将其载入到项目文件中，即可建立完整的园林景观模型。

（2）项目操作界面。

新建项目后，进入项目操作界面，如图 7.4 所示。在 Revit 软件中，操作界面包含快速访问工具栏、文件程序菜单、功能区、属性选项板、项目浏览器、绘图区、视图控制栏、导航栏、View Cube 工具。

1）快速访问工具栏：位于界面顶部，包括一组常用工具，用于快速执行，如图 7.5 所示。单击右侧下拉按钮，打开如图 7.6 所示的对话框，可以对快速访问工具栏进行自定义。

图 7.3　Revit 2022 初始界面

图 7.4　Revit 2022 项目操作界面

图 7.5　快速访问工具栏

2）文件程序菜单：位于操作界面顶部左上角，提供了主要的文件操作管理工具，例如新建文件、打开文件、保存文件、导出文件、打印文件等，如图 7.7 所示。

3）功能区：位于快速访问工具栏下方，在创建项目文件时，提供创建项目所需的全部工具。功能区主要由选项卡、工具面板和工具组成，图 7.8 所示只是功能区"建筑"区域内容。

关键点提示：用鼠标左键单击任意选项卡将会展开对应工具面板，继续单击工具可以执行相应的命令进入绘制或编辑状态，用户可以开始选择工具进行绘制图形的操作，并且功能区的空白区会高亮显示，直到完成编辑。

4）属性选项板：位于操作界面右侧，如图 7.9 所示。提供了对已选择对象的属性进行设置的控制器，可以查看和修改图元属性特征。属性选项板由四部分组成，分别为：类型选择器、编辑类型、属性过滤器、实例属性。

7.1 Revit软件的基础知识

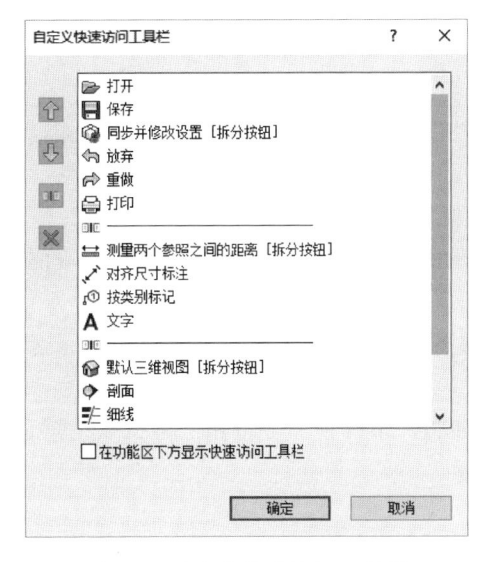

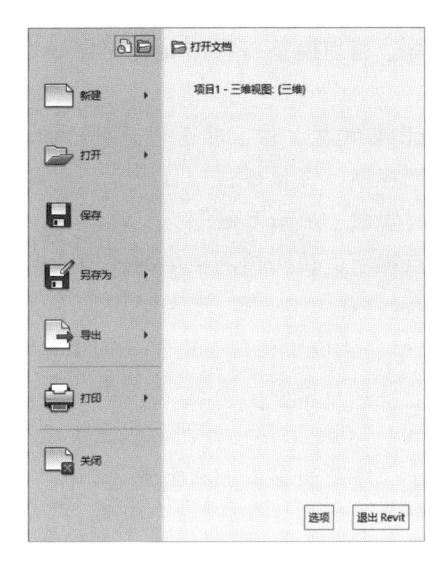

图7.6　自定义快速访问工具栏

图7.7　文件程序菜单

图7.8　功能区

5）项目浏览器：位于操作界面右侧，如图7.10所示是一种层次结构浏览器，各层级可以展开和折叠，用于管理整个项目中所涉及的视图、明细表、图纸、族、组和其他部分对象。

图7.9　属性选项板

图7.10　项目浏览器

153

6)绘图区域:显示当前项目的全部视图,如楼层平面图、天花板平面图、三维视图、图纸及明细表等。当切换至新视图时,会在绘图区域创建新的视图窗口,且保留所有已打开的其他视图。

7)视图控制栏:位于状态栏左侧,如图7.11所示。用于控制当前视图显示样式,包括视图比例、详细程度、视觉样式、日光途径、阴影设置、视图裁剪、视图裁剪区域可见性、三维视图锁定、临时隐藏、显示隐藏图元、临时视图属性、隐藏分析模型。

关键点提示:视图控制栏中的模型图形样式、阴影控制和临时隐藏图元是最常用的视图显示工具。

8)导航栏:位于窗口右上角,用于显示3D模型和2D图纸;用户也可以通过该区域缩放和旋转视图、选择对象等,如图7.12所示。

9)View Cube 工具:方便将视图定位至东南轴侧、顶部视图等常用三维视点。默认情况下,该工具位于三维视图窗口的右上角,如图7.13所示。

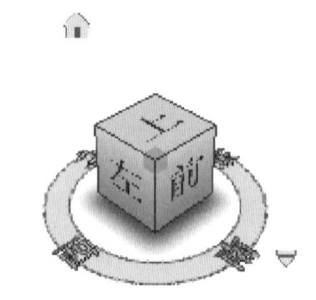

图7.11 视图控制栏　　图7.12 "控制盘"工具　　图7.13 ViewCube工具

(3)族操作界面。

在软件初始界面,选择新建族,即可打开族操作界面,如图7.14所示。族的操作界面与项目的界面相似,界面模块分区也主要由功能区各个工具面板、快速访问工具栏、项目浏览器、属性栏、绘图区、视图控制栏等组成,但相较于项目界面,族界面的逻辑关系更加简洁,以便于简单快速地创建族模型。

关键点提示:创建不同类别的族要选择不同的族样板文件,用户可根据项目需要创建自己的常用族文件,以便随时在项目中调用。

7.1.2.2 Revit 的系统设置

在实际建模操作前,打开文件程序菜单(图7.15)→选项(图7.16),为当前 Revit 软件进行系统设置,可以帮助设计人员更好地管理和控制软件的使用过程,提高工作效率和质量。系统设置包括常规、用户界面、图形、硬件、文件位置、渲染、检查拼写、SteeringWheels、ViewCube 以及宏,共计10个选项设置,对于园林景观工程的施工设计来说,常规使用的系统设置如下:

(1)设定文件位置:用户可以设定 Revit 2022 的默认项目和族文件的保存位置,以及备份和临时文件的保存位置。

(2)设定文件选项:用户可以设定文件的默认单位制、导出选项、打印选项等。

(3)设定用户界面:用户可以设定 Revit 2022 的用户界面语言、配色方案、图标尺寸等。

(4)设定性能选项:用户可以设定 Revit 2022 的性能模式、图形选项、缓存设定等,以便更好地适应不同的计算机系统。

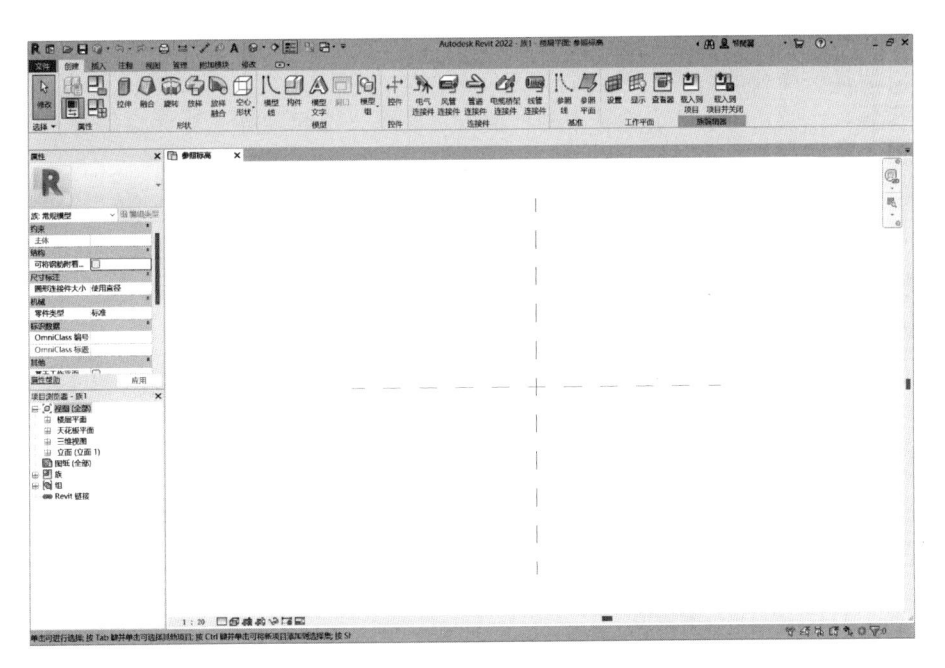

图 7.14 族操作界面

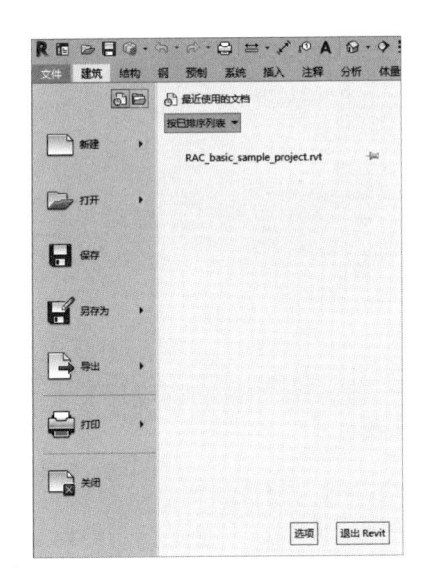

图 7.15 文件程序菜单　　　　图 7.16 "选项"设置

（5）设定扩展应用：用户可以选择安装并激活 Revit 2022 的扩展应用程序，并设定它们的默认设置。

（6）设定协作选项：用户可以设定 Revit 2022 的云服务、协作选项、安全选项等，方便团队协作和文件共享。

7.1.3　Revit 软件的基础操作

7.1.3.1　Revit 的文件管理

Revit 软件 2022 版本中的文件管理功能包括文件打开、保存、导入和导出等。操作步骤如下：

（1）文件打开：点击 Revit 菜单栏中的"文件"选项，选择"打开"命令，弹出"打开文件"对话框，在对话框中选择要打开的文件，点击"打开"按钮即可打开文件。

(2) 文件保存：点击 Revit 菜单栏中的"文件"选项，选择"保存"命令，弹出"保存文件"对话框，选择要保存的位置、文件名和文件类型，点击"保存"按钮保存文件。

(3) 文件导入：点击 Revit 菜单栏中的"插入"选项，选择"导入"命令，弹出导入文件对话框，在对话框中选择要导入的文件类型和文件，点击"打开"按钮即可导入文件。

(4) 文件导出：点击 Revit 菜单栏中的"文件"选项，选择"导出"命令，弹出导出文件对话框，选择要导出的文件类型和导出路径，点击"导出"按钮即可导出文件。

7.1.3.2 Revit 的族创建

(1) 新建族的目标选择。

启动 Revit，在初始界面选择新建族，弹出族样板文件选择界面，如图 7.17 所示。在选择族样板文件时，要根据所需创建目标进行选择，如需新建窗族，要选择基于"公制窗"的族样板文件；需创建乔木族，要选择基于"公制植物"的族样板文件等。

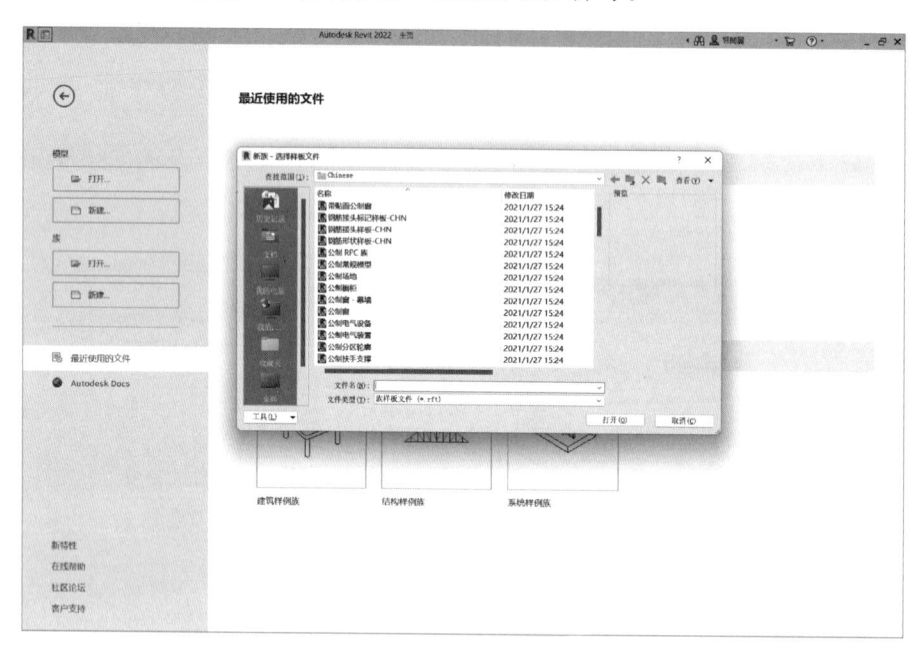

图 7.17 选择族样板

值得注意的是，"公制常规模型"适用于任何族的新建与修改，当系统样板文件库中没有适合使用的族样板文件时，可以选择"公制常规模型"创建所需族。在进行园林景观模型建立时，"公制常规模型"是最为常用的族样板文件。

关键点提示：当鼠标指针悬停于工具标识上不进行点击操作时，Revit 会自动播放软件系统自带的教程动画，使用户轻松掌握操作过程。

(2) 族创建的方法。

创建族的常用方式是创建实体模型和空心模型，下面将基于新建公制常规模型的新建族，分别介绍各个族创建工具的使用方法。

1) 拉伸工具：可以将一个二维轮廓沿着指定的方向和距离进行延伸，形成一个具有一定厚度的实心模型。以创建一个立方体实心模型为例，介绍拉伸工具的使用方法，步骤如下：

• 依次单击功能区中"创建→拉伸→绘制→矩形"，在绘制工具面板有各种绘制工具，选择合适的工具可以提高工作效率，如图 7.18 所示。选择矩形工具，在绘图区域绘制矩形，可以直接输入矩形的长与宽数值。

• 单击 ✓ 按钮，完成实体矩形的草图编辑模式。

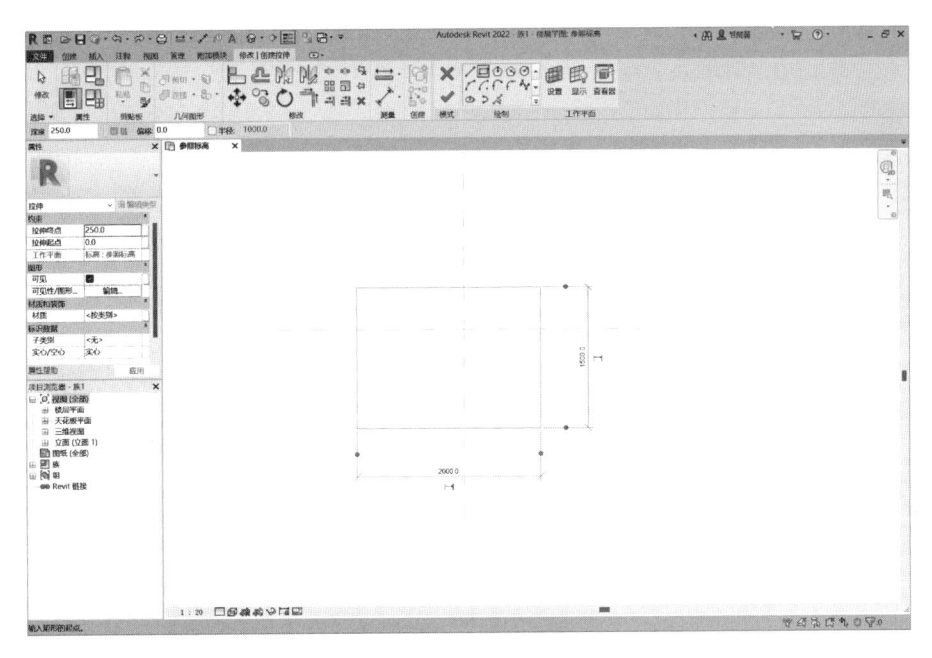

图 7.18　拉伸-绘制矩形

• 使用项目浏览器转换到任意立面（双击立面 -前/后/左/右），利用"拉伸：造型操纵柄"工具，如图 7.19 所示。指定拉伸的方向和距离，将其拉伸为任意长宽高数值的几何体，如图 7.20 所示。

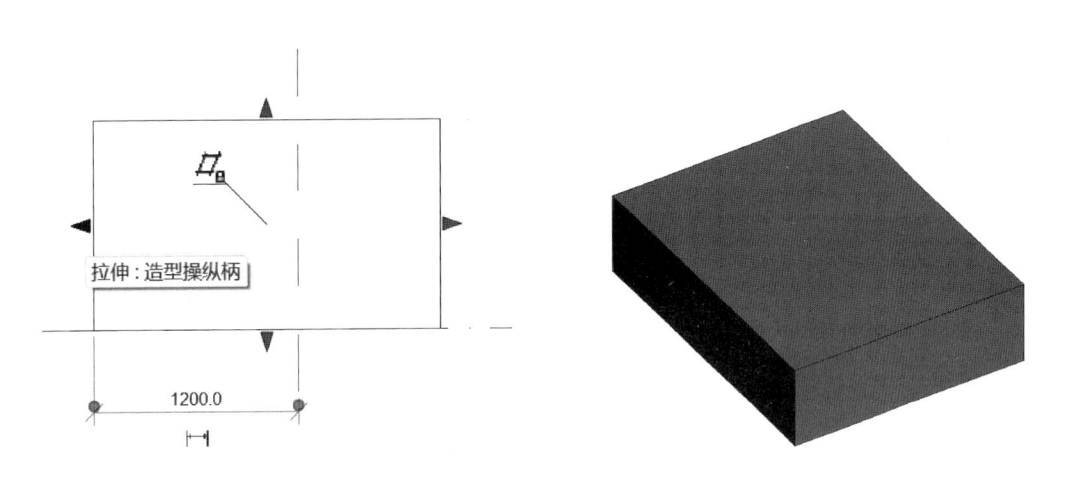

图 7.19　拉伸-造型操纵柄图　　　　图 7.20　拉伸-三维视图查看

关键点提示：可以通过指定一个方向矢量或输入具体的距离或高度来定义拉伸的范围。

2）融合工具：可以将在不同标高平面的两个轮廓，连接成实心模型。以创建一个立体圆台实心模型为例，介绍融合工具的使用方法，步骤如下：

• 依次单击功能区中"创建→融合"，首先进入"创建融合底部边界"模式，在绘制功能板，选择任意一个"圆形"工具，在绘图区域绘制一个圆形底部轮廓，如图 7.21 所示。

• 单击"编辑顶部"按钮，切换到顶部融合面的绘制，绘制另一个圆形顶部轮廓。

• 单击 ✔ 按钮，完成融合轮廓的草图编辑模式。

• 使用项目浏览器转换到任意立面，利用"融合-造型操纵柄"工具，如图 7.22 所示。指

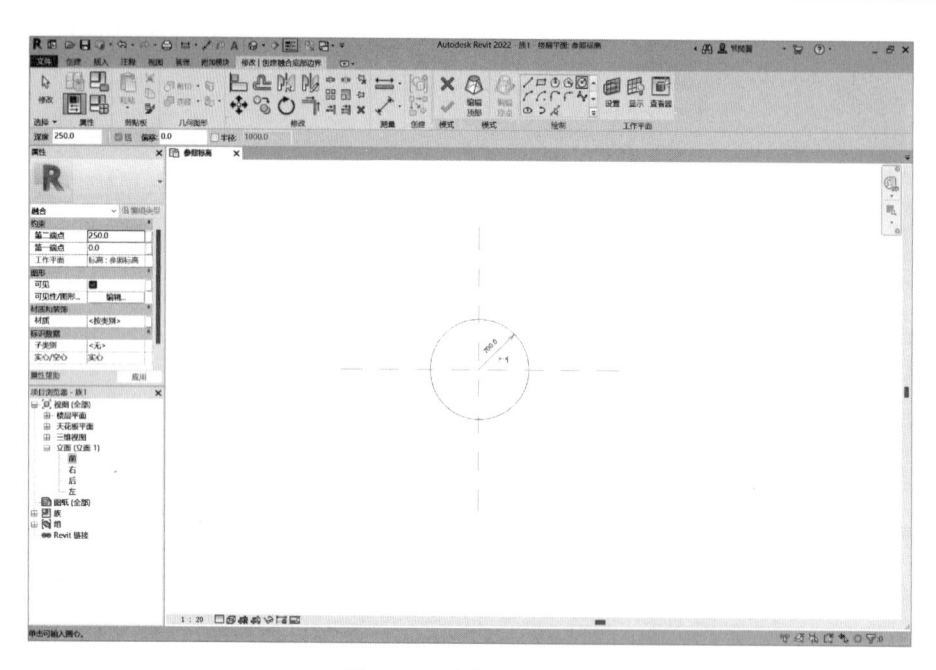

图 7.21 融合-绘制圆形

定的方向和距离,完成融合建模,如图 7.23 所示。

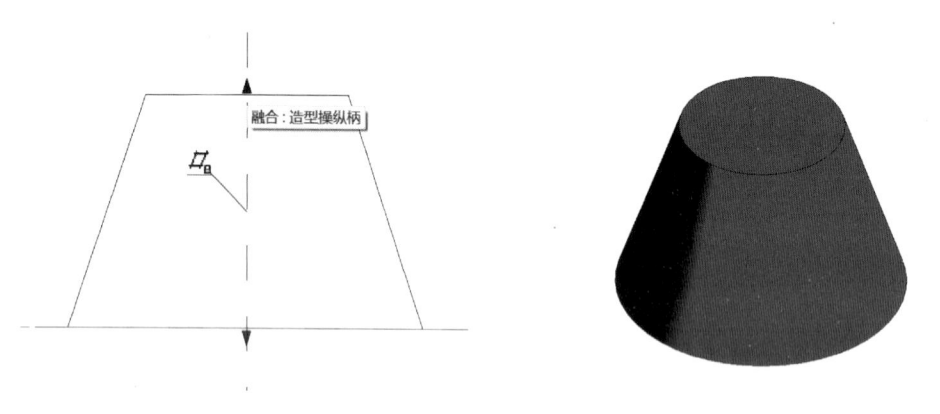

图 7.22 融合-造型操纵柄　　　　图 7.23 融合-三维视图查看

关键点提示:在使用融合建模的过程中可能会遇到融合效果不理想的情况,可通过增减数个融合面的顶点数量来控制融合的效果,具体操作可参考 Revit 族帮助,在此不再展开详述。

3)旋转工具：可以将二维轮廓绕固定轴旋转一圈,创建实心三维模型,但二维轮廓的线条必须在闭合的环内,否则无法完成旋转。以创建一个立体三角锥实心模型为例,介绍旋转的使用方法,步骤如下:

- 依次单击"创建→旋转",默认先绘制"边界线"边界线,选择绘制面板中的直线工具绘制一个三角形,然后单击"轴线"按钮 轴线,进行轴线的绘制或拾取,如图 7.24 所示。
- 单击 ✓ 按钮,完成旋转轮廓的草图编辑模式,完成旋转建模,如图 7.25 所示。

关键点提示:如果二维轮廓未闭合,则会在右下角弹出错误提示,单击"继续"按钮则可以对高亮显示处的轮廓线进行修改。

4)放样工具：可以将一个二维轮廓沿所创建的路径拉伸形成实心模型,以创建一个立体弧形柱实心模型为例,介绍放样的使用方法,步骤如下:

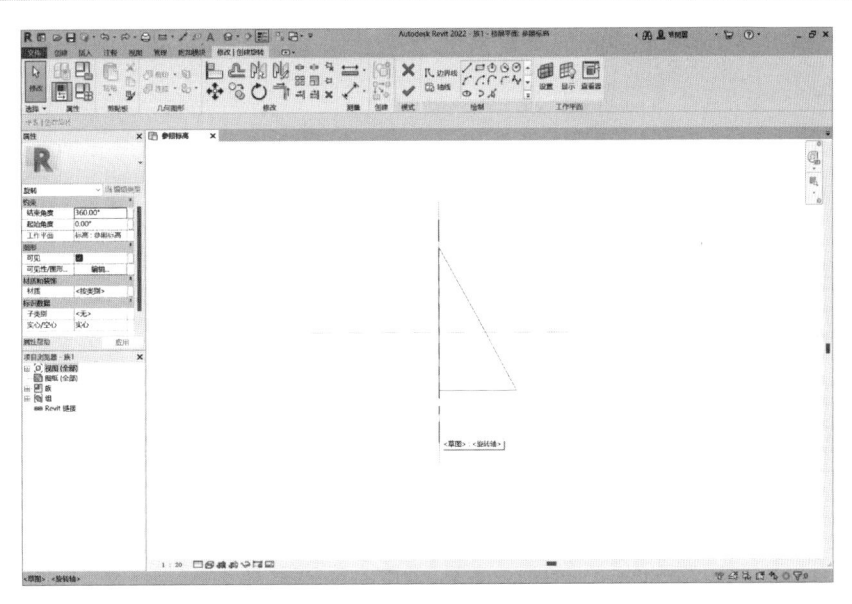

图 7.24 旋转-绘制三角形

- 依次单击"创建→放样",默认先绘制路径 绘制路径 / 拾取路径,选择绘制面板中的圆弧工具绘制一条弧线。
- 单击"编辑轮廓",在弹出的"转到视图"对话框中选择"立面:右",单击"打开视图"并在"右立面"上绘出封闭轮廓,单击 ✓ 按钮,完成轮廓绘制,如图 7.26 所示。
- 轮廓界面绘制完成后,再次单击 ✓ 按钮,完成放样建模,如图 7.27 所示。

5) 放样融合工具：可以将两个不同的二维轮廓沿所创建的路径融合形成实心模型。创建方法与放样工具相似,在绘制路径后,分别创建轮廓 1 和轮廓 2 两个不同的轮廓,最终完成放样融合,如图 7.28 所示。

图 7.25 旋转-三维视图查看

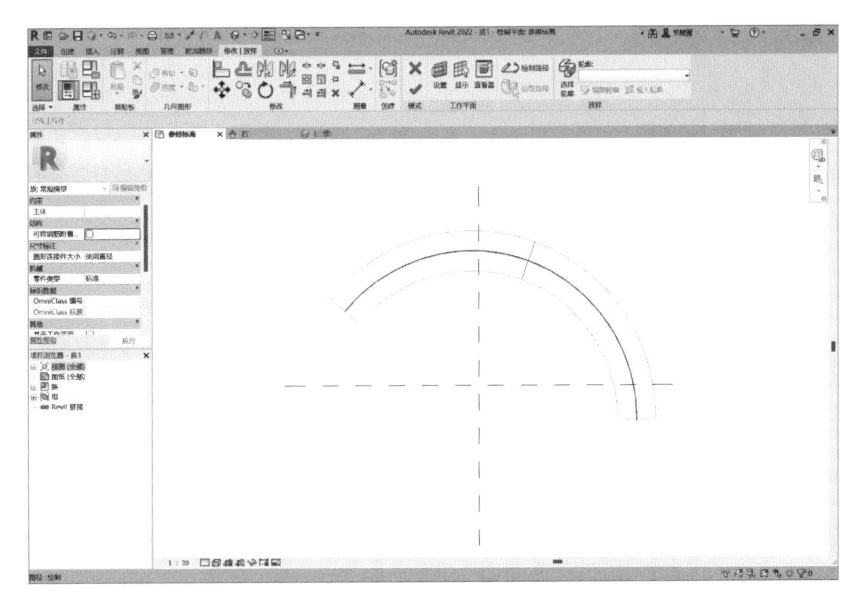

图 7.26 放样-绘制弧形路径及圆形轮廓

图 7.27　放样-三维视图查看　　　　　图 7.28　放样融合-轮廓创建

6）空心形状：创建方法有两种，一是与上述五种实心创建方法一样，如图 7.29 所示，选择创建"空心拉伸、空心融合、空心旋转、空心放样、空心放样融合"；二是实心创建与空心创建之间可以相互转换，可以将已绘制好的实心模型转化为空心模型：选中实心模型→点击"属性"对话框→"实体"转变成"空心"，如图 7.30 所示，即可创建空心模型。

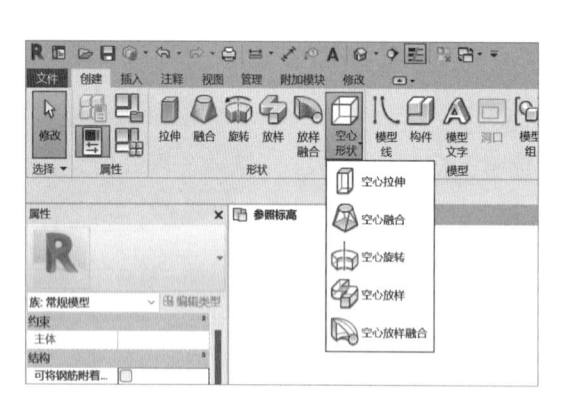

图 7.29　创建空心模型（一）　　　　　图 7.30　创建空心模型（二）

7.1.3.3　Revit 的项目创建编辑

Revit 项目中的创建编辑功能涵盖了构件、视图、注释、标记等多个方面。以下是常用方面的操作步骤。

（1）构件。

在 Revit 软件中，可以创建多种不同类型的结构，如楼板、墙、管道等。以下是创建构件的步骤：

1）在"建模"选项卡中选择所需的构件类型；

2）在视图中指定构件的位置和尺寸；

3）使用属性编辑器或工具栏上的工具修改构件的属性，如高度、材料、颜色等。

（2）视图。

Revit 中支持多种视图类型，如平面、立面、截面、3D 视图等。以下是创建视图的步骤：

1）在"视图"选项卡中选择所需的视图类型；

2）在"项目浏览器"中选择所需的视图，在视图上添加、删除或修改元素；

微课程 7.4
Revit 标准
构建族的
创建说明

3）使用属性编辑器或工具栏上的工具修改视图的属性，如视点、截面位置等。

（3）注释和标记。

在Revit中，注释和标记可以添加文字、阴影、符号、尺寸等，以便更好地表达设计意图，以下是创建注释和标记的步骤：

1）在"注释"选项卡中选择所需的注释或标记类型；

2）在视图上指定注释或标记的位置和尺寸；

3）使用属性编辑器或工具栏上的工具修改注释或标记的属性，如大小、样式、位置等。

7.1.3.4 Revit的图元编辑

（1）选择图元。

1）点选：配合Ctrl键可对多个单一对象进行点选；

2）框选：在Revit软件中，可通过鼠标框选批量选择图元，操作方式与AutoCAD相似。

关键点提示：当鼠标所处位置附近有多个图元，难以选定某一图元时，可以通过Tab键来回切换选择需要的图元类型或整条链。

（2）命令的重复、撤销与重做。

1）命令的重复：按Enter键可重复调用上一次操作；

2）命令的撤销：Esc键或鼠标右键"取消"；

3）命令的重做：点击功能区-快捷功能区-"重做"按钮。

快捷键：Ctrl+Y。

（3）恢复。

点击功能区-快捷功能区-"放弃"按钮。

快捷键：Ctrl+Z。

（4）修改编辑工具。

Revit提供了移动、复制、镜像、旋转等多种图元编辑和修改工具，如图7.31所示。在族模型和项目模型的创建中，使用这些工具都可以方便地对图元进行编辑和修改操作。

7.1.3.5 Revit的链接导入

链接导入功能可以链接到其他Revit项目或外部文件，如CAD图纸、点云数据等，方便设计人员更好地绘制模型，以下是链接导入功能的常见操作步骤：

图7.31 修改面板

（1）链接Revit项目。

1）在"插入"选项卡中，选择"连接Revit"；

2）选择所需的Revit项目文件，点击"打开"；

3）在"链接Revit"对话框中选择所需的视图、构件和设置，如构件的显示方式等。点击"确定"即可完成链接。

（2）链接CAD图纸。

1）在"插入"选项卡中，选择"导入CAD"；

2）选择所需的CAD文件，点击"打开"；

3）在"导入CAD"对话框中选择图层、坐标系、单位和设置等，点击"确定"即可完成导入。

（3）链接点云数据。

1) 在"插入"选项卡中,选择"导入点云数据";

2) 选择所需的点云数据文件,点击"打开";

3) 在"导入点云数据"对话框中选择坐标系、点云密度等设置,点击"确定"即可完成导入。

关键点提示:在导入或链接前,请确保将文件命名和规划好,以方便后续的编辑和修改;导入和链接后,可以使用"视图"选项卡中的"视图范围"和"视图范围倾斜"工具来选择或调整视图范围;对于链接对象,在"项目浏览器"中可以找到其相应的链接图层,方便编辑和控制;如果需要更改链接对象的属性或设置,可以使用"撤消"或"编辑链接"等选项卡中的相关工具。

小　　结

本节重点介绍了Revit的基本原理与操作界面,并进行了创建编辑、链接导入等工具的使用介绍,其中详细说明了族的创建中的各种工具的使用方法。需要注意的是,此部分是对Revit界面和园林景观工程建模中常见操作的简要概述,实际使用中可能涉及更多的功能和细节。

练习实训

1. 新建一个项目文件,完成项目属性设置。

2. 新建一个项目文件,完成一张CAD底图的导入。

3. 建立一个正棱台体实心模型,要求规格如下:底部为长宽为300mm×300mm的正方形、顶部为长宽为200mm×200mm的正方形,高度为400mm。

技能模块-软件应用

☑ 熟练掌握园林景观模型的建立流程;
☑ 熟悉简单结构模型建立的操作步骤;
☑ 了解复杂结构模型建立的操作步骤。

7.2　园林景观模型的建立

7.2.1　园林景观模型建立的基本流程

现阶段,Revit施工阶段的景观模型建立通常建立在CAD图纸完成的基础上。不同于正向设计,此种建模方式被称为翻模。翻模的基本流程如下:

(1) 新建项目。

打开Revit 2022,选择新建项目,然后再弹出的对话框中选择"建筑样板"。

(2) 导入CAD文件。

在项目界面功能区,"插入"选项卡中,选择"导入CAD图形",然后选择要导入的CAD文件。

(3) 开始建模。

使用Revit中的楼板、柱、梁、管道等基本建模工具,可以创建园林设计的几何形状。可以从Revit的族库中选择自然元素,例如树木和灯具等,也可以导入自定义的园林标准构件族。

(4) 添加材质和纹理。

使用 Revit 中的"材质编辑器"来为墙体、顶面和地面等建筑元素添加材质和纹理，并使用"纹理编辑器"对复杂的园林元素如树木进行渲染。

(5) 合模。

将独立绘制的项目模型整合到同一项目中，载入标准构建族，完成园林景观施工模型的建立。

关键点提示：要将族添加到项目中，可以将其拖动到文档窗口中，也可以执行"插入—载入族"命令将其载入。一旦族载入项目中，载入的族会与项目一起保存，所有族将在项目浏览器中各自的构件类别下列出，执行项目时无须原始族文件。可以将原始族保存到常用的文件夹中。

7.2.2 简单结构模型的建立

7.2.2.1 景观地形建模

(1) 方法和工具。

建立景观地形 BIM 模型方式有很多，其中最常用也是最基础的建模方式是以现有地形数据为基础，利用 Revit 2022 软件自带的体量与场地中的绘制工具进行地形建模。地形模型绘制工具包括：功能区"体量和场地"选项卡中，地形表面、拆分表面、合并表面、子面域等，如图 7.32 所示。园林景观工程的地形建模时最为常用的是地形表面与拆分表面工具。

微课程 7.6
Revit 中景观
地形建模操作

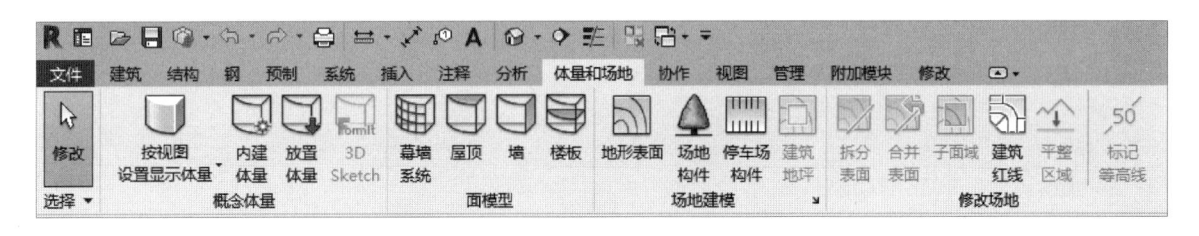

图 7.32 "体量和场地"选项卡

关键点提示：地形的绘制应新建项目。

(2) 操作说明。

1) 建立地形。在"功能区-体量和场地"选项卡，选择"地形表面"工具。"地形表面"工具可以通过两种方式来建立地形模型，包括"放置点"和"通过导入创建"。"放置点"是在绘图区域中手动放置多个点，通过逐一调整每个点的平面位置与高程，来定义地形表面；"通过导入创建"可以根据来自其他来源的数据创建地形表面，比如通过以 .DWG、.DXF 或 .DGN 格式导入的三维等高线数据自动生成地形模型。后一种方式应用更为广泛，前一种方式则只适合于较为规整的地形建模。

2) 地形底图调整。在开始使用"通过导入创建"工具之前，需要对 .DWG 格式的地形底图做一定调整，在 CAD 中把一圈圈等高线设 Z 轴数值，保证底图中地形线条成为三维线。

3) 地形编辑。"通过导入创建"工具所创建的地形模型通常会连成一片，需要利用"拆分表面"工具进行再编辑。选中需要拆分的地形，通过"拾取线"工具，绘制地形轮廓线，将地形分割成为两部分，重复拆分动作，将每块地形独立出来，删去不需要的部分，完成地形建模，如图 7.33 所示。

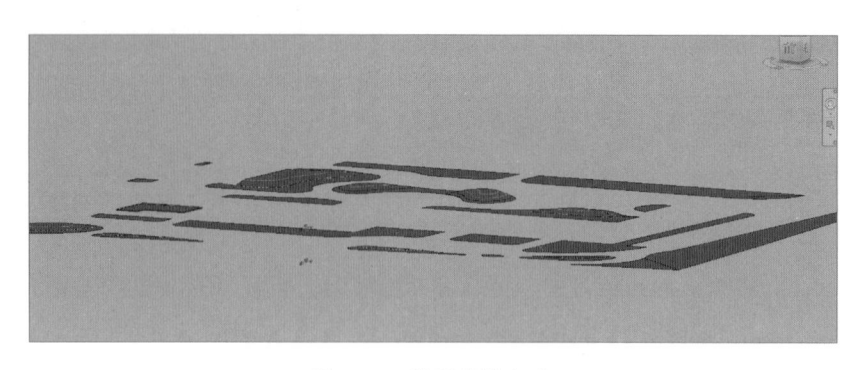

图 7.33 地形建模完成

关键点提示：景观地形建模的具体操作详见微课程 7.6 Revit 中景观地形建模操作，微课详细阐述了地形表面和拆分地形工具的使用方法。

7.2.2.2 景观园路建模

（1）方法和工具。

在建筑模型的建模中，Revit 的楼板绘图命令是最为常用的建筑建模命令。景观园路的结构与建筑楼板十分相似，因而建立景观园路模型，最为简单的操作就是利用建筑建模中楼板工具进行绘制。园路模型绘制工具包括：功能区"建筑"选项卡中，楼板 工具，如图 7.34 所示。

图 7.34 "建筑"选项卡

关键点提示：园路的绘制应新建项目。

（2）操作说明。

1）建立楼板。

- 点击功能区"建筑"选项卡→选择"楼板-楼板：建筑" 工具，进入楼板绘制模式。
- 在绘制工具板选择"拾取线"工具，拾取底图上园路边界线，完成园路轮廓的绘制，点击 ✓ 按钮，完成形状绘制，退出楼板绘制模式。

2）属性编辑。选中上述步骤所绘制的楼板，在右侧属性栏，如图 7.35 所示。可以对其类型名称、结构、材质等进行修改（参照所绘制的园路的结构详图）。

- 点击"编辑类型"，如图 7.36 所示→选择"复制"→根据要求命名楼板→确定，完成类型名称修改。
- 点击"编辑类型"→选择"结构-编辑"→根据剖面图在对的各层的材质、厚度等属性进行选择、输入→"确定"，完成楼板的属性编辑，园路模型绘制基本完成，如图 7.37 所示。

3）编辑高程。选定园路楼板，功能区选择"修改子图元" 工具，进入子图元修改模式，根据 CAD 平面图纸上本条道路的标高等信息，在相应位置添加点和修改点的高度，即可编辑园路高程。

关键点提示：不同结构的楼板需分开绘制，否则无法分别进行属性赋值；景观园路建模的具体操作详见微课程 7.7 Revit 中景观园路建模操作。

7.2 园林景观模型的建立

图 7.35 楼板-属性栏

图 7.36 楼板-类型属性对话框

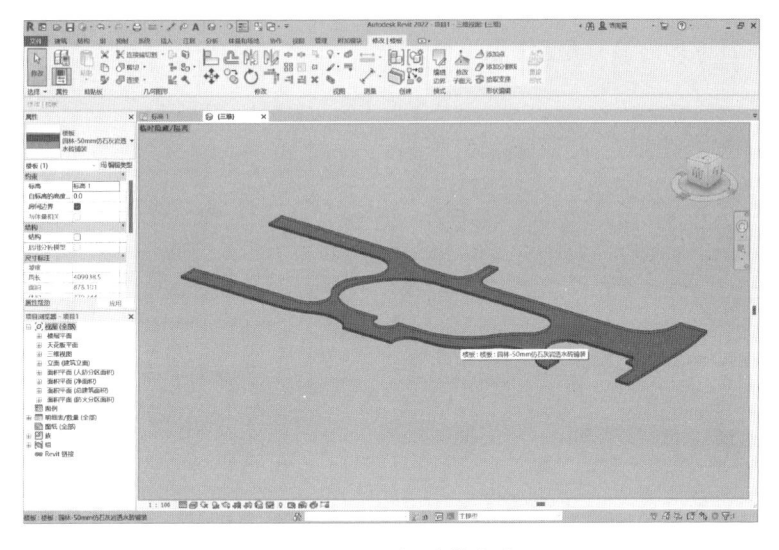

图 7.37 园路-建模完成

7.2.2.3 景观苗木建模

(1) 方法和工具。

Revit 2022 软件的样板文件中已内嵌部分植物可载入族（RPC 族），但这部分 RPC 族未建立土球模型，而植物土球对于园林景观施工模型来说十分重要，可以利用 Revit 中族可以相互嵌套的特性，建立新的包含土球结构的苗木模型。苗木模型绘制工具包括：功能区"创建"选项卡中，拉伸（土球部分）、放置构件（枝干部分）工具，如图 7.38 所示。

关键点提示：苗木模型的绘制应新建族。

(2) 操作说明。

1) 打开公制植物样板。

打开 Revit 软件，新建族，在弹出的"选择样板文件"对话框中，选择"公制植物"，点击

微课程 7.8
Revit 中参数化苗木建模操作

165

第 7 章 施工设计——Autodesk Revit 软件

图 7.38 创建选项卡

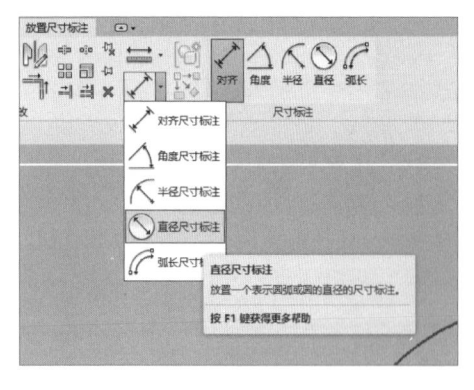

图 7.39 土球直径标注

"打开"按钮。

2)建立土球。

在园林景观模型建立时,土球的形态可以用实心圆柱体来做简单示意,在族的创建章节,我们介绍了"拉伸"工具的使用方法,此处即可以利用拉伸工具来完成土球的绘制,在为了方便植物族在导入项目文件后能够编辑修改,对其进行参数化绘制。

• 点击功能区"创建"选项卡→选择"拉伸"工具,进入编辑模式。

• 在绘制工具板选择"圆形"工具→绘制圆形轮廓→选中轮廓、点击直径尺寸标注(图 7.39)→选中标注→点击"标签"→选择"添加参数"(图 7.40)→将参数名称改为土球直径(图 7.41),点击 ✔ 按钮,完成土球平面轮廓的参数化绘制。

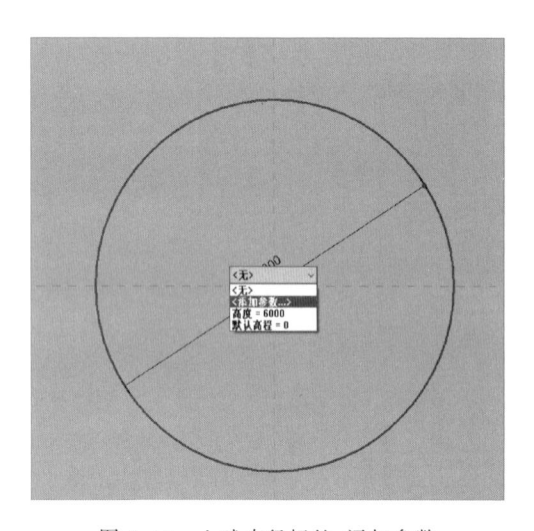

图 7.40 土球直径标签-添加参数    图 7.41 设置土球直径参数属性

• 切换视图至立面,创建两个参照平面 ![参照平面] ,将刚刚创建的土球轮廓上下两端使用"对齐 ![对齐] "命令至相应的参照平面并锁定,采用与上述步骤中同样的方法设置土球深度的参数化。

关键点提示:使用对齐命令时,应当先选择对齐位置,再选择目标(即先选择参照平面再选择轮廓线);此种利用绘制参考平面来建立参数化模型的方式十分简便,可以在多种场景中灵活应用。

3)土球材质编辑。

选中土球,点击"属性栏-材质",新建土球材质,为其选择合适的外观,点击"确定",完成土球材质编辑。

4)导入 RPC 植物族。

在功能区点击"创建"选项卡,选择"构件"工具,在右侧选择合适的植物 RPC 族,将其移动到上一步绘制的土球模型相应位置，另存为新可载入族，则完成苗木模型的建立，如图 7.42 所示。

关键点提示：景观苗木建模的具体操作详见微课程 7.8 Revit 中参数化苗木建模操作，微课详细阐述了参数设置、材质编辑等具体操作。

7.2.2.4 景观台阶建模

（1）方法和工具。

在建筑模型的建模中，Revit 的楼梯绘图工具，是较为常用的绘图工具之一，可以在项目中利用此工具建立简单的台阶模型示意，但此方法绘制的台阶模型不能够完整表达景观复杂结构。为了能够将景观台阶的设计意图表达完整，可以采用新建族的方式进行建模。台阶模型绘制工具包括：功能区"创建"选项卡中，拉伸 工具，如图 7.40 所示。

图 7.42 RPC 族载入完成

关键点提示：台阶的绘制应新建族。

（2）操作说明。

1）导入底图。

- 打开 Revit 2022 软件，新建族选择公制常规模型，调整视图为右立面，点击插入→导入 CAD→选中台阶剖面详图 .dwg→导入单位调整为毫米→打开。
- 调整视图为参照标高，点击插入→导入 CAD→选中台阶平面详图 .dwg→导入单位调整为毫米→打开。

2）剖面绘制。

调整视图至左立面，在常规情况下台阶剖面共有面层-砂浆层-钢筋混凝土层-混凝土层-碎石层共五个层次。为了能够保证层次差异，需每一层次单独绘制拉伸，按照图示顺序，点击创建→拉伸→拾取线→绘制层次轮廓→打钩，重复上述操作至五个层次的剖面轮廓全部绘制完成。

3）平面绘制。

调整视图至参照标高，按照平面图将两个类型的台阶拉伸至正确宽度和位置，拉伸时注意每个层次都要拉伸。

4）材质赋值。

为每一层次赋值，按照图示顺序点击材质→新建材质（若库中有合适材质则可直接选用，不用新建）→重命名→选择材质着色、纹理→确定，重复上述操作至五个层次的材质全部赋值完成，至此台阶建模完成，如图 7.43 所示。

关键点提示：景观台阶建模的具体操作详见微课程 7.9 Revit 中景观台阶建模操作。

7.2.3 复杂结构模型的建立

7.2.3.1 景观驳岸建模

（1）方法和工具。

驳岸是园林景观工程特有的结构形式，Revit 项目中的系统族无法直接完成驳岸的建模工作，需要利用族的创建来完成驳岸的建模。驳岸的建模逻辑同上述所介绍的台阶建模逻辑类似，即根据不同结构层分层绘制。与台阶不同的地方在于，台阶的每一结构层都可以用"拉伸"工具进行绘制，而驳岸具有更为复杂的形态，单一的工具无法满足其绘制需求。在绘制驳岸时，需要仔细

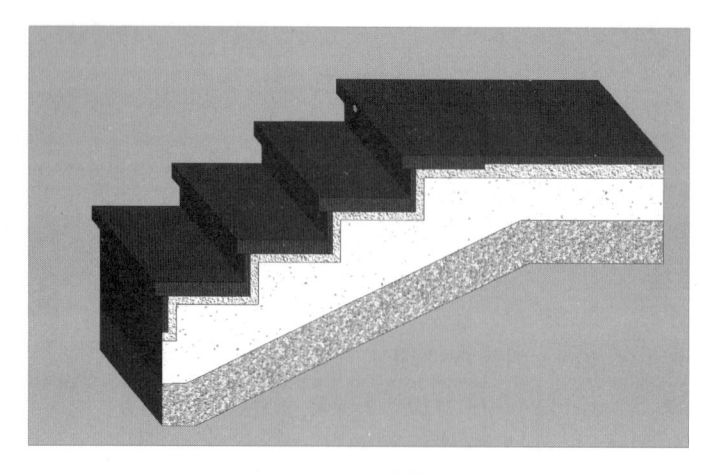

图 7.43　台阶建模完成

分析驳岸结构组成，为每个结构层选择合适的绘制工具。驳岸模型绘制工具包括功能区"创建"选项卡中，放样 [放样]、旋转 [旋转] 工具，如图 7.40 所示。

关键点提示：驳岸模型的绘制应新建族。

(2) 操作说明。

1) 导入底图。

• 打开 Revit 2022 软件，新建族选择公制常规模型，调整视图为前立面，点击插入→导入 CAD→选中驳岸剖面详图.dwg→导入单位调整为毫米→打开。

• 调整视图为参照标高，点击插入→导入 CAD→选中驳岸平面.dwg→导入单位调整为毫米→打开。

• 将平面底图移动至剖面图相应位置。

2) 主体结构绘制。

调整视图至前立面，在常规情况下，驳岸主体结构共有顶贴面-砂浆层-混凝土压顶-侧贴面-自嵌式挡土块-混凝土承台-碎石垫层共七个层次，需每一层次单独绘制放样。按照下列顺序，点击创建→放样→拾取路径→编辑轮廓→拾取线→打钩，重复上述操作至七个层次的剖面轮廓全部绘制完成。

3) 主体结构材质赋值。

为每一层次赋值，按照图示顺序点击材质→新建材质（若库中有合适材质则可直接选用，不用新建）→重命名→选择材质着色、纹理→确定，重复上述操作至五个层次的材质全部赋值完成，至此驳岸主体结构建模完成，如图 7.44 所示。

4) 桩基绘制。

利用 Revit 中族可以相互嵌套的特性，新建族绘制桩基，将其载入上述完成的主体结构族中即可完成整体的驳岸绘制。分析驳岸结构可知，桩基形状可以由一个圆柱体和一个锥形体组合完成，圆柱体的绘制可以采用拉伸工具，锥形体的绘制可以采用旋转工具，如图 7.45 所示为建模完成的桩基结构。

5) 桩基载入。

将桩基族载入主体结构族中，通过阵列工具将其放置到相应位置，完成驳岸的整体建模，如图 7.46 所示。

关键点提示：景观驳岸建模的具体操作详见微课程 7.10 Revit 中景观驳岸建模操作。

图 7.44 驳岸主体结构建模完成　　　图 7.45 桩基建模完成　　　图 7.46 驳岸建模完成

7.2.3.2 景观廊架建模

（1）方法和工具。

在园林景观工程中，廊架也是一种常见的景观小品形式。廊架的形态多种多样，但其结构组成通常包括基础、立柱、梁等，以包含基本组成的钢结构廊架为例说明景观廊架的建模步骤。廊架模型绘制工具包括：功能区"创建"选项卡中，放样、拉伸工具，如图 7.40 所示。

关键点提示：廊架模型的绘制应新建族。

（2）操作说明。

1）导入底图。

同驳岸建模类似，廊架建模的底图导入同样需要将平面底图与剖面底图导入不同视图中，并调整至合适位置。

2）梁绘制。

分析横梁结构，廊架中梁通常包含圈梁、中心主梁及多根次梁，需分别绘制。

- 功能区"创建"选项卡，选择"放样"工具，点击创建→放样→拾取路径→编辑轮廓→拾取线→打钩；同样的方法绘制中心梁。
- 次梁同样采用放样工具绘制，不同于主梁，次梁需要分段绘制，先绘制一段次梁，再采用阵列工具进行复制完成其他次梁的绘制。

3）立柱绘制。

- 拉伸工具绘制柱身，功能区"创建"选项卡，选择"拉伸"工具，点击拉伸→绘制轮廓→拉伸至相应高度，完成一个柱身绘制，复制完成其他柱身。
- 放样工具绘制柱脚，功能区"创建"选项卡，选择"放样"工具，点击创建→放样→拾取路径→编辑轮廓→拾取线→打钩，完成一个柱脚绘制，复制完成其他柱脚。

4）基础绘制。

拉伸工具绘制基础，功能区"创建"选项卡，选择"拉伸"工具，点击拉伸→绘制轮廓→拉伸至相应高度，完成一个基础绘制，复制完成其他基础。

5）材质编辑。

对各结构层材质等属性进行编辑，点击属性栏-材质，新建各层材质，为其选择合适的外观，点击"确定"，完成廊架材质编辑，至此廊架模型绘制完成，如图 7.47 所示。

关键点提示：景观廊架建模的具体操作详见微课程 7.11 Revit 中景观廊架建模操作。

7.2.3.3 综合管网建模的方法和工具

Revit 2022 有强大的系统-管道绘制功能。在园林景观工程中,通常情况会存在多个系统的管道,比如灌溉系统、雨水系统、污水系统、强弱电系统等,每个系统应分别进行绘制。管网模型绘制工具包括:功能区"系统"选项卡中,管道、管路附件工具,如图 7.48 所示。

关键点提示:管网的绘制应新建项目。

操作说明:

(1)管道设置。

不同于前述建模工具,管网绘制需先设置管道类型,首先将所有涉及的管道类型全部输入软件中,后续绘制时才可进行选用。

图 7.47 廊架绘制完成

图 7.48 系统选项卡

• 在功能区"系统"选项卡,选择"管道"工具,进入管道绘制模式。

• 右侧属性栏点击编辑类型,在弹出的对话框中,如图 7.49 所示,点击编辑,根据图纸中管道的规格数据等,进行管道类型设置。

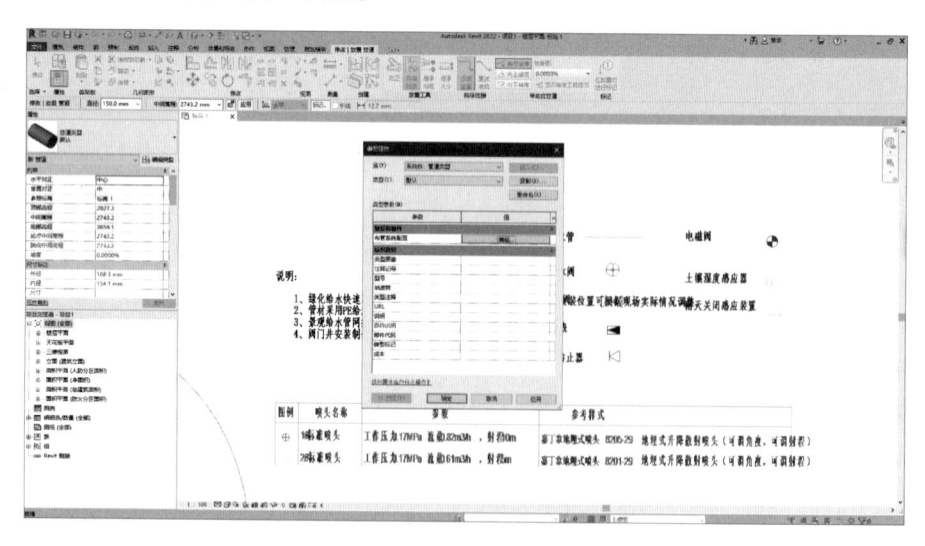

图 7.49 管道类型编辑

• 在弹出的布管系统配置对话框,如图 7.50 所示,按照列表顺序依次进行选择或者新建。配置完成后,复制类型,重命名为相应管道名称,如图 7.51 所示。

(2)管道绘制。

• 在管道绘制之前,应先放置管路附件,项目所需管路附件族在前述布管系统配置时,完成载入。

关键点提示:管路附件放置时注意放置方向,应平行于管道方向。

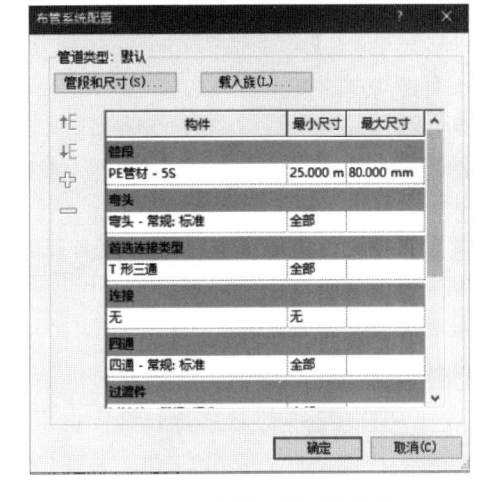

图 7.50　布管系统配置对话框　　　　图 7.51　布管系统配置完成

• 所有管路附件放置完成后，进行管道的绘制连接，Revit 2022 可以自动实现附件与管道的连接，无须手动对准连接。

(3) 综合管网绘制。

按照上述步骤可以完成一个类型的管道绘制，继续导入底图，重复上述步骤，可以完成多个类型的管道绘制，最终形成完整的综合管网。

(4) 工作集。

通过功能区"协作"选项卡中"工作集" 工具可以进行管道类型的分类管理，将不同类型的管道归类至相应的管道系统中，如图 7.52 所示，此功能类似于 CAD 的图层功能。

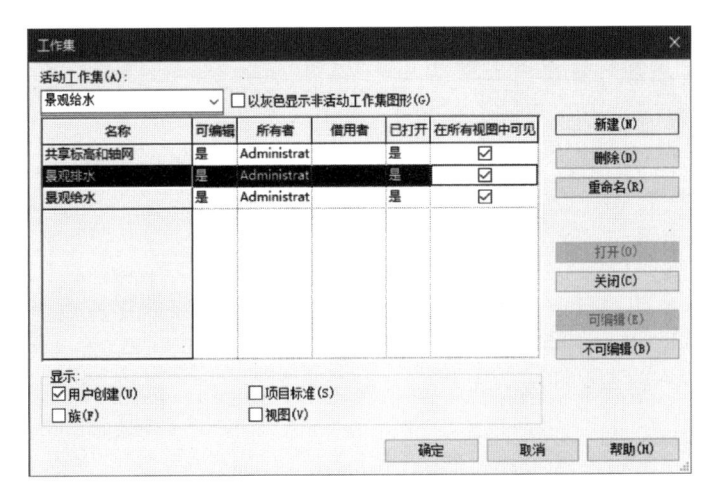

图 7.52　管网系统工作集设置

关键点提示：综合管网建模的具体操作详见微课程 7.12 Revit 中综合管网建模操作。

7.2.3.4　模型的整合

Revit 具有模型合并（Model Merge）的功能，使用者可以在不同的 Revit 项目文件中分别进行独立建模，最后进行整合以创建更大的、整体的项目文件。在园林工程中，一般可以按照园林要素的相关性分为三个项目文件进行建模：项目文件一包含景观地形、园路铺装和苗木，项目文件二包含台阶建栏杆廊架景墙等相对独立的构筑物，项目文件三包含给排水强弱电等管网系统。

模型整合的关键是需要所有 Revit 使用者在进行模型搭建前必须统一所有项目文件的项目基

微课程 7.13
Revit 中的
合模操作

点和高程。只有这样，在分散建模工作完成后才能够根据统一的项目基点和高程将不同项目文件进行快速整合。

(1) 项目基点的概念。

Revit 中有三个定位点，分别为测量点、项目基点和内部原点。

测量点：项目在世界坐标系中实际测量定位的参考坐标原点，一般可以理解为项目在世界坐标系统中的位置。

项目基点：项目在用户坐标系中测量定位的相对参考坐标原点，需要根据项目特点确定此点的合理位置。

内部原点：这一点是不可见的，不能移动，大多数用户甚至不知道它存在。默认情况下，导入或导出 CAD 或 Revit 文件基于此点进行。

Revit 中项目基点为默认隐藏状态，点击功能区"视图"选项卡，点击"可见性"按钮，在弹出的对话框中，选择"模型类别"，展开场地下拉条目，勾选"测量点"和"项目基点"将其显示，如图 7.53 所示。或者使用快捷键"vv"打开对话框。

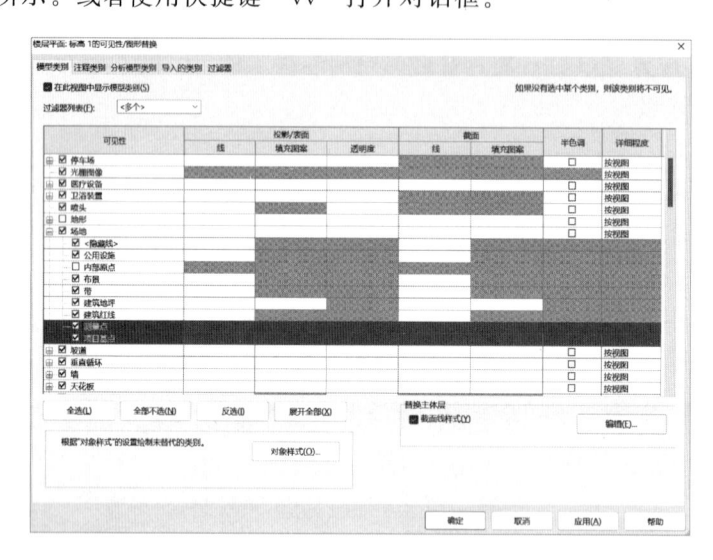

图 7.53 可见性/图形替换对话框

(2) 项目基点的坐标设置。

• 选中测量点→关闭测量点回形针锁（出现红色斜线）→修改测量点坐标为（0，0）→打开项目基点回形针锁，如图 7.54 所示。

• 选取项目底图上某两根轴网交点，移动底图和对应图元，保证该交点与修改后的测量点重合，如图 7.55 所示。

• 选中项目基点，将项目基点同样移动至该交点处，与测量点重合，保证项目基点坐标为（0,0），如图 7.56 所示。

(3) 项目基点高程设置。

Revit 中，默认情况下项目±0.00 标高与绝对标高 0.00 重合。在园林工程施工图中，一般都标注绝对标高，而建筑、结构、机电等专业的高程一般均标注相对标高。为了实现多专业协调统一，需要调整项目基点的高程。

• 转换视图至任一立面，点击功能区"视图"选项卡，点击可见性按钮，在弹出的对话框中选择"模型类别"，展开场地下拉条目，勾选"测量点"和"项目基点"将其显示。

• 同上述坐标设置方式类似将测量点高程修改为 0→项目基点移动至测量点，保证项目基点

7.2 园林景观模型的建立

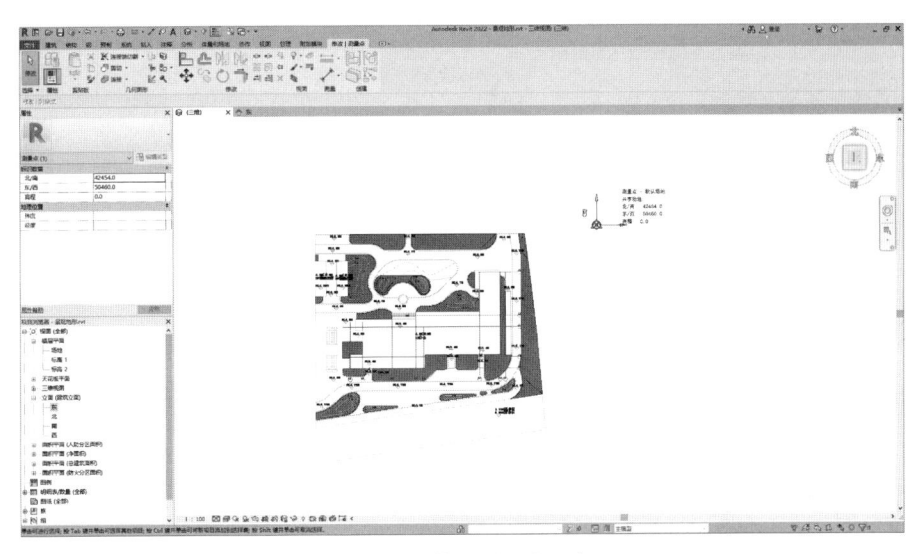

图 7.54 修改测量点坐标

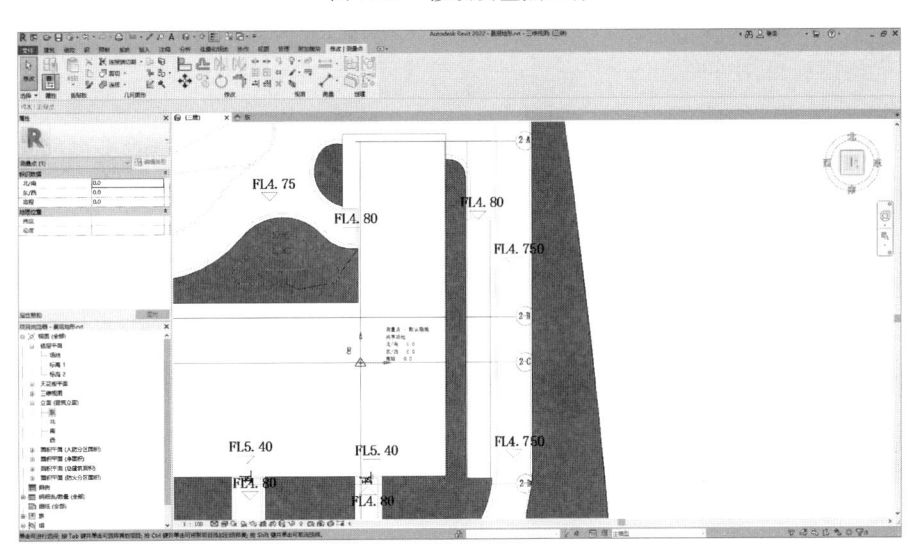

图 7.55 移动底图与图元

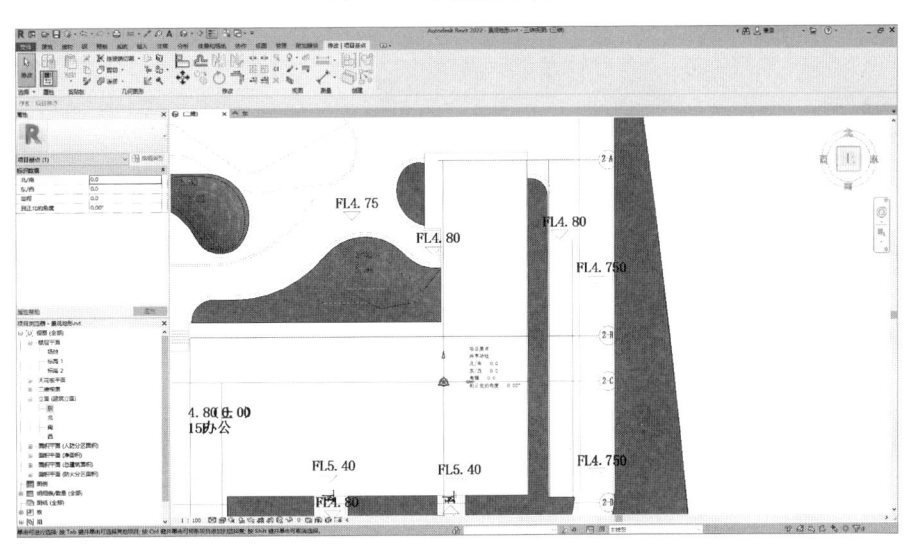

图 7.56 移动项目基点

高程为 0，如图 7.57 所示。

（4）项目模型的整合。

不同的 Revit 使用者在同一阶段建立不同园林要素的项目文件，可以通过直接复制和链接复制这两种复制方式整合到同一个最终项目文件中。

1）直接复制。

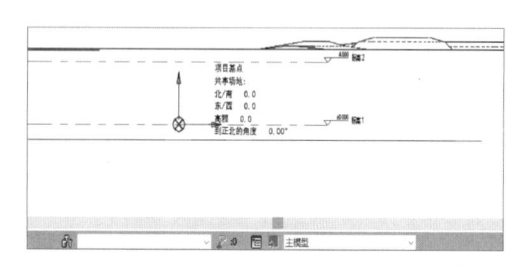

图 7.57　移动基点

同时打开多个 Revit 项目文件，选中需要复制的项目文件中的模型元素，直接通过快捷键 Ctrl+C 进行复制。进入最终项目文件，通过快捷键 Ctrl+V 进行粘贴。在粘贴过程中可以选择粘贴的标高。Revit 没有原位粘贴功能，只能粘贴进行项目文件后，通过不同项目文件中相同位置的模型元素或者项目基点进行对齐。

2）链接复制。

不同园林项目文件可以通过链接的方式引用其他 Revit 项目文件，与 AutoCAD 的参照文件功能相似。链接完成后，可以通过复制链接文件中的文件这一功能将外部链接的项目文件中的模型元素复制到最终项目文件中。

小　　结

本章以几个典型工程结构的建模为例，介绍了实际工程环境下，Revit 软件的建模操作，设计人员应对 Revit 的建模逻辑有了初步认识。总体来说，传统建模软件的建模是通过形体的组成来完成的，而 Revit 的建模则是通过组合不同的景观元素来完成，不同结构层的模型绘制必须分开进行。设计人员必须对方案、图纸乃至施工实操有详细的了解和深刻的理解，才能顺利地完成园林景观施工模型的建模工作。

练习实训

配套素材中提供了本章节中所讲述的全部园林要素建模所需要的底图，以及建模完成的样板文件，请根据章节内容及微课程，进行地形、园路、苗木、台阶、驳岸、廊架、综合管网建模的实操训练，并完成合模，绘制一个完整的园林模型。

应用模块

☑ 了解 Revit 在园林景观工程施工中的应用流程和要点；
☑ 了解协同原理，能够使用工作集的方法进行多专业协同。

7.3　在园林景观工程施工中的应用

7.3.1　Revit 的应用说明

7.3.1.1　模型精细度

园林景观工程建设项目是随着规划、设计、施工、运营各个阶段逐步发展和完善的，从信息积累的角度观察，项目的建设过程就是项目信息从宏观到微观、从近似到精确、从模糊到具体的创建、收集和发展过程。

Revit 具有的参数化特性，使得 Revit 建立的三维模型可以是一个不断生长递进的过程，模型的精细度可以随着工程项目的推进而实时调整，这也使得 Revit 在全过程工程应用中具有突出优势。在项目初期，最好多使用概念性构件（只包含简单的几何轮廓和参数），而随着模型逐步深化，再用更多的细节去充实模型。在这个过程中，设计人员需要切实考虑哪些细节信息是确实需要的，哪些细节实际上并不需要。Revit 模型的应用能否达到满意的效果，最终取决于设计者对设计方案和对园林工程施工的了解程度。

不同精细度模型的应用要点如表 7.1 所示。

表 7.1　　　　　　　　　　　　不同精细度模型的应用要点

	精细度要求		图示	应用要点
L1	几何信息	具备基本外轮廓形状，粗略的尺寸和形状		概念建模（整体模型）、可行性研究、场地建模、场地分析、方案展示、经济分析
	元素信息	包括非几何数据，仅长度、面积、位置		
L2	几何信息	近似几何尺寸，形状和方向，能够反映物体本身大致的几何特性。主要外观尺寸不得变更，细部尺寸可调整		初设建模（整体模型）、可视化表达、性能分析、结构分析、初设图纸、设计概算
	元素信息	构件宜包含粗略几何尺寸、材质、产品信息		
L3	几何信息	物体主要组成部分必须在几何上表述准确，能够反映物体的实际外形，保证不会在施工模拟和碰撞检查中产生错误判断		真实建模（整体模型）、结构详细分析、工程量统计、施工组织模拟
	元素信息	构件应包含几何尺寸、材质、产品信息等。模型包含信息量与施工图设计完成时的 CAD 图纸上的信息量应该保持一致		
L4	几何信息	详细的模型实体，最终确定模型尺寸，能够根据该模型进行构件的加工制造		详细建模（局部模型）、施工安装模拟、施工进度模拟
	元素信息	构件除包括几何尺寸、材质、产品信息外，还应附加模型的施工信息，包括生产、运输、安装等方面		

7.3.1.2　施工模型应用流程

园林景观设计院各专业（总体规划、硬质结构、绿化种植、给排水、强弱电）均在同一个 BIM 模型上开展协同工作。由总体规划专业创建模型中心文件，其他各专业在此模型的基础上进行各自的专业设计。通过多个专业不断地加深 BIM 模型的精度和深度，进行实时的协同优化，在整个设计结束后，向业主提供完整的、包含全专业设计内容的综合模型。业主根据园林景观设计院提供的 BIM 模型，可以直接对施工及运维进行要求，实现园林工程全生命周期的 BIM 能力。

一个由 Revit 搭建的、完善的园林景观施工模型，能够链接园林工程不同阶段的数据、过程和资源,是对工程建造对象的完整描述,可被建设项目各参与方普遍使用。可以解决分布式、异构工程数据之间的一致性和全局共享问题,支持建设项目生命期中动态的工程信息创建、管理和共享。施工模型可划分为深化设计模型、施工过程模型和竣工验收模型,其应用流程如图 7.58 所示。

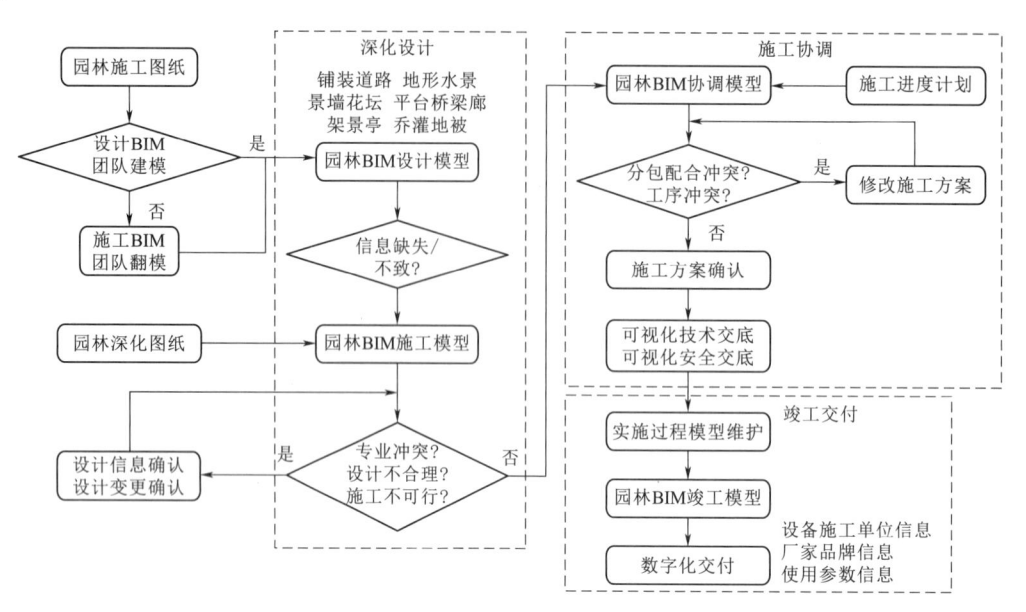

图 7.58 园林景观施工模型应用流程

7.3.2 施工阶段应用场景

7.3.2.1 深化设计阶段应用场景

该阶段的应用对协同深化、碰撞检测与方案优化,以及预制构件的加工能力等方面起到关键作用。设计人员要结合施工工艺及现场情况将设计模型加以完善,以得到满足施工需求的深化设计模型。

(1) 协同深化。

通过工作集工具,如图 7.59 所示。将模型中的图元根据工作需求进行人为的分类,工作集经过认领后,设计师可以对自己权限内工作集图元进行修改。如果需要修改其他设计师的图元,则会弹出警告对话框。园林景观各个专业在同一个平台上进行工作绘图,不同专业之间可以实时看到其他专业的设计内容,一个专业模型变化后整体模型会随之更新,减少设计师相互之间的沟通时间,提高整个设计工作的效率。

图 7.59 工作集

(2) 碰撞检查。

通过 Revit 软件"碰撞检查"命令可以检查到各分部模型之间是否有冲突碰撞,根据景观模型与各专业模型的碰撞清单进行沟通协调和图纸深化,接着将园林施工模型进行同步修改。通常情况下,会借助 Navisworks 软件检查深化设计阶段的碰撞。

主要步骤:整合各专业模型→导出 NWC 格式文件→打开 Navisworks 软件→选择需要进行

碰撞检测的文件→运行测试→在生成的碰撞报告中筛选出有效碰撞点，选中某个碰撞点可返回 Revit 模型中修改，逐个修改后再重复进行冲突检测，直至完成有效碰撞修改。

(3) 三维可视化。

通过 Revit 软件建立参数化模型后，可以在含有项目参数信息的场地模型进行 4D 模拟，通过漫游系统命令进行虚拟漫游，直观地了解项目的布置和整体效果，及时了解不同构件的三维信息。

7.3.2.2 施工过程阶段应用场景

(1) 工程量核算。

Revit 中的明细表可以帮助用户统计模型中的任意构件，例如楼板、乔木，明细表内所统计的内容由构件本身的参数提供。用户在创建明细表时，可以选择需要统计的关键字即可。当场地内构件发生变化时，明细表数据也会发生相应的变化，从中提取数据即可进行工程量的核算。

Revit 中的明细表共分为六种类型，分别是"明细表\数量""图形柱明细表""材质提取""图纸列表""注释块"和"视图列表"，如图 7.60 所示。

图 7.60 明细表示意

关键点提示：在 Revit 中，明细表就是项目的另一种表示或查看方式。

(2) 施工组织模拟。

园林景观工程元素复杂，涉及施工专业繁多，各个施工段分包之间的组织协调是施工顺利实施的关键。因道路、小品、绿化、给水、排水及电气工程等施工段由于组织调配及施工构成不同，各个班组之间不可避免地会在施工现场产生冲突，利用 Revit 软件对各专业工程进行施工模拟，可以使各个施工段的施工更加便利。对施工班组来说，传统的图纸不够立体化，而用 Revit 所构建的模型可以多方位对施工部位进行观察，同时可以对各个施工段的施工部位进行动画模拟，使施工部位更加直观明了，从而达到控制施工进度的目的。

(3) 质量控制。

Revit 软件中生成的参数化模型可以自动生成和导出施工图纸，由三维模型直接导出二维图纸，模型的数据发生变化，生成的图纸也会相应地发生改变，避免了烦琐的改图过程。在具体施工阶段还可以根据参数化三维模型随时调整，确保整个施工流程的精确度。

小 结

本章介绍了施工模型在园林景观工程中的应用流程，以及施工模型在各个阶段的典型应用场景。通过 BIM 技术，园林景观工程可以实现更加精确、高效的规划、设计和施工，提升项目质量、减少成本，并改善项目的可持续性。总的来说，BIM 在园林景观工程中的应用不仅提高了设计效率和质量，还优化了施工过程，对于提升整个项目的可持续性和管理水平都具有重要意义。

练习实训

学习微课程 7.14 园林景观工程中施工模型的应用介绍，通过施工模型应用的实际案例，进一步了解施工模型应用的各类场景。